新编21世纪职业教育精品教材

机械基础

主　审◎孙日霞
主　编◎肖保燕　李钢锋　叶　龙　钟荣林
副主编◎别云琴　程德平　王玉洁　姚　武
　　　　郑　喆　杨家敏　王鸿雁　蒙小艳
　　　　覃　树
参　编◎刘　瑶　蒋威华　陈　标

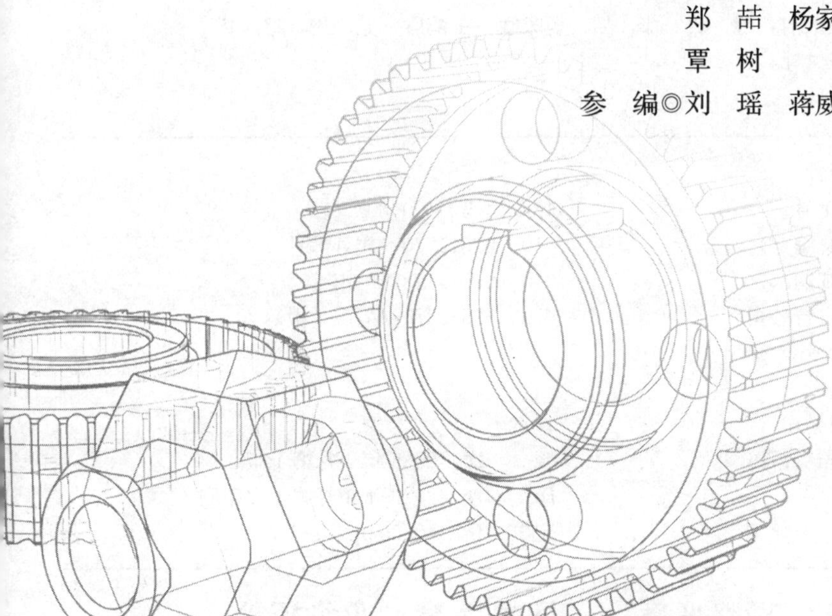

中国人民大学出版社
·北京·

图书在版编目（CIP）数据

机械基础 / 肖保燕等主编. -- 北京 ：中国人民大学出版社，2025.1. --（新编 21 世纪职业教育精品教材）. -- ISBN 978-7-300-33570-4

Ⅰ. TH11

中国国家版本馆 CIP 数据核字第 2025740B44 号

新编 21 世纪职业教育精品教材

机械基础

主　审　孙日霞

主　编　肖保燕　李钢锋　叶　龙　钟荣林

副主编　别云琴　程德平　王玉洁　姚　武　郑　喆　杨家敏　王鸿雁　蒙小艳　覃　树

参　编　刘　瑶　蒋威华　陈　标

Jixie Jichu

出版发行	中国人民大学出版社		
社　　址	北京中关村大街 31 号	**邮政编码**	100080
电　　话	010－62511242（总编室）		010－62511770（质管部）
	010－82501766（邮购部）		010－62514148（门市部）
	010－62515195（发行公司）		010－62515275（盗版举报）
网　　址	http://www.crup.com.cn		
经　　销	新华书店		
印　　刷	北京七色印务有限公司		
开　　本	787 mm×1092 mm　1/16	**版　　次**	2025 年 1 月第 1 版
印　　张	14.5	**印　　次**	2025 年 1 月第 1 次印刷
字　　数	301 000	**定　　价**	42.00 元

党的二十大报告指出，教育、科技、人才是全面建设社会主义现代化国家的基础性、战略性支撑。教育是国之大计、党之大计。职业教育是我国教育体系的重要组成部分，肩负着“为党育人、为国育才”的神圣使命。本教材以习近平新时代中国特色社会主义思想为指导，深入贯彻落实党的二十大精神，将思想道德建设与专业素质培养融为一体，着力培养爱党爱国、敬业奉献，具有工匠精神的高素质技能人才。

本教材根据职业院校学生的认知水平和实际教学情况编写，体现了“以综合素质为基础，以职业能力为本位”的教学指导思想，加强实践性教学，注重提升学生的职业岗位能力。

本教材的主要特点如下：

（1）按照项目式教学模式编排内容，在项目开篇提出具体的目标，帮助学生明确学习重点，有的放矢。

（2）围绕具体任务讲解相关知识，理论知识紧密结合生产实践。

（3）每个项目设置相应的技能训练，使学生能够在学中做、做中学，提高实操能力。

参考学时如下：

项目	内容	学时
项目1	机械概述	8
项目2	工程材料	10
项目3	常用机构	12
项目4	轴与轴承	16
项目5	机械传动	20
项目6	轮系	16
项目7	联接	20
项目8	液压与气压传动	14
项目9	机械的节能环保与安全防护	8
机动		6

本教材由湖北十堰职业技术（集团）学校肖保燕老师牵头联合本校别云琴老师、程德平老师、刘瑶老师，佛山市顺德区胡宝星职业技术学校李钢锋老师、杨家敏老师、蒋威华老师，来宾职业教育中心学校叶龙老师、蒙小艳老师、覃树老师，惠州工程职业学院钟荣林老师，湖南省工业贸易学校王玉洁老师，荆州技师学院姚武老师，红安县职业技术教育集团郑喆老师，郸城县科技职业中等专业学校王鸿雁老师，颍上县职业技术学校陈标老师共同编写。湖北十堰职业技术（集团）学校的孙日霞老师担任主审。

由于时间仓促，加之编者水平有限，教材中难免存在不足之处，恳请广大读者批评指正。

编者

CONTENTS

目　录

项目 1

机械概述

人类在长期的生产实践的过程中创造了各种机械，以减轻劳动强度，提高生产效率，完成复杂的工作。人们很早就知道利用杠杆、滚子、绞盘等简单机械从事建筑和运输工作。晋朝的连机碓和水碾就应用了凸轮原理，西汉时的指南车和记里鼓车还应用了轮系。现代机械中应用的青铜轴瓦和金属的人字齿轮，在我国东汉时期的文物中可以找到它们的原始形态。

随着时代的发展，人们设计制造了汽车、开采机、机床等各种各样的机器，在现代生产活动中发挥着巨大的作用。机器已成为人类不可缺少的生产工具，同时也是社会生产力发展的重要标志。

任务1 认识机械的有关名词

任务目标

(1) 了解机器的组成。

(2) 了解机器与机构的含义与区别。

(3) 会分析机械构件与零件。

知识链接

一、机械

机械是机器和机构的总称。

（一）机器的组成

机器是执行机械运动的装置，用来变换或传递能量、物料（包括被加工对象、被搬运物体等）和信息。就基本组成来说，一部完整的机器一般包含以下 4 个主要部分：动力部分、工作（执行）部分、传动部分和控制部分。

（1）动力部分。原动机是驱动整个机器完成预定功能的动力源。常用的有电动机、内燃机等。

（2）工作部分。工作机是机器中具体完成工作任务的部分。其运动形式以及运动和动力参数依据机器的用途不同而不同。执行构件有的做直线运动、有的做间歇运动或回转运动。

（3）传动部分。传动部分用于将原动机的运动和动力传递给工作部分。

（4）控制部分。控制部分可使动力部分、传动部分、工作部分按照一定的顺序和规律实现预期运动，完成给定的工作循环。有些机器无此部分。

凡是将其他形式的能量变换成机械能的机器统称为动力机器，如电动机、内燃机分别将电能和热能变换成机械能。凡是利用机械能实现能量、物料、信息的变化或传递的机器统称为工作机器，如金属切削机床、运输机、发动机、打字机、包装机、轧钢机、缝纫机、自行车等。

（二）机器的特征

机器的种类繁多，其构造、性能和用途也各不相同。不过，从机器的组成部分、运动的确定性以及功能关系来分析，机器都有以下 3 个共同特征：

（1）机器是由许多构件组成的。例如，图 1－1 所示的单缸内燃机是由气缸、活塞、连杆、曲轴等构件组成的。

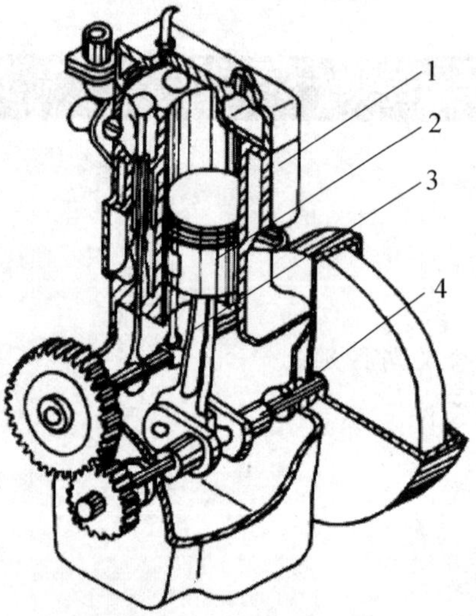

图 1－1　单缸内燃机

1—气缸；2—活塞；3—连杆；4—曲轴

(2) 各构件之间有确定的相对运动。例如，图 1-1 所示的活塞相对气缸的往复运动，曲轴相对两端轴承的连续转动。

(3) 能代替人劳动，完成有用的机械功或实现能量转换。例如，金属切削机床能改变工件的外形尺寸，运输机能改变物体的空间位置，发电机可以把机械能转换为电能，打字机可以变换和传递信息等。

所以说，机器就是构件的组合，各构件之间有确定的相对运动，并能代替人劳动或实现能量转换。

(三) 机构

机构是机器的主要组成部分。机器与机构的主要区别在于：机器包含机构，机器除传递运动和力外，还能变换或传递能量、物料和信息，而机构只能传递运动和力。各种机器普遍使用的机构称为常用机构，如连杆机构、凸轮机构、齿轮机构、步进传动机构等。

二、构件和零部件

(一) 构件

机器中的构件是指能做相对运动的物体，如图 1-1 所示的气缸、活塞、连杆和曲轴都是构件。组成构件的相互之间没有相对运动的物体称为零件。机构由构件组成，构件又由零件组成。如图 1-1 所示的连杆是一个构件，它是由螺栓、连杆盖、螺母和连杆体等零件组成的。因此，构件是运动的单元，而零件则是制造的单元。机构是由两个以上构件通过运动副连接起来的组合体，具有机器的前两个特征。

(二) 零件和部件

各种机器普遍使用的零件称为通用零件，如螺钉、轴、轴承、齿轮、弹簧等。只在某一类型机器中使用的零件称为专用零件，如内燃机的活塞、曲轴（如图 1-2）、汽轮机的叶片。由一些零件组成的具有特定功能的实体称为部件，如轴承、联轴器、离合器等。

图 1-2　曲轴零件

技能训练

一、训练目的

认识内燃机活塞连杆机构的各个零件。

二、训练器材

活塞连杆组实物。

活塞连杆组由活塞、活塞环、活塞销、连杆、连杆瓦等组成，如图 1-3 所示。

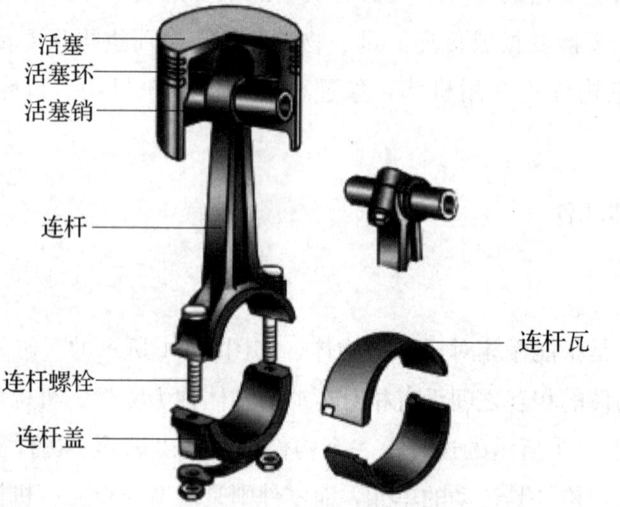

图 1-3　活塞连杆组

三、训练内容

拆装活塞连杆机构，认识活塞连杆组各个零件。

课后讨论

联系生活生产实际，列举身边的机器和机构。

任务 2　了解机械设计与机械制造

任务目标

(1) 了解机械设计的主要内容。

(2) 了解机械的生产过程。

（3）了解机械设计的基本准则。

知识链接

各种机器的制造步骤因其用途、性能要求和生产条件的不同而不同，但由设计到生产的一般过程和主要内容基本上是一致的。

一、机械设计的主要内容

（一）选定工作原理

机器的工作原理是实现预期功能的根本依据，同样的预期功能可以通过不同的工作原理来实现。例如加工齿轮，可以用刀具逐个齿切削出来；也可以将所有的齿一次冲压出来。显然，工作原理不同，设计出来的机器也会截然不同。机器的工作原理是随着科学技术的进步而不断发展的。一台机器是否先进，很大程度上取决于所采用的工作原理是否先进。机器的工作原理的选定，需要广泛的基础知识、专业知识和实践经验。

（二）进行运动设计

机器运动设计的任务是根据工作原理妥善地选择机构，拟定机器的机构组合方案，并进行机构的运动设计，把原动机的运动转变为执行部分预期的机械运动。

（三）进行动力设计

运动设计完成后，即可根据所受载荷、工作速度以及机构运动简图中各构件的运动和动力参数对机器进行动力分析，确定各构件所受的力以及机器所需的驱动功率，作为机器零件强度设计和选择原动机的依据。

（四）进行机械零部件的工作能力设计及结构设计

为了确保机器能够实现预期功能，还要进行工作能力设计，并且根据零件的受力情况、装配关系、工艺要求等确定各零件的具体结构形状和尺寸。通过上述设计，将机构运动简图升级为具体的装配图，进而设计出全部零件图。

（五）进行工艺设计

根据制造部门的生产条件，设计零件的加工工艺路线和总装配工艺。此外，还要设计出各加工过程的操作工艺规程（包括通用的和专用的），以及加工所必需的工艺装备，主要为工量夹具等。

二、机器的生产过程

一台机器的生产过程是指机器由原材料到成品之间的各个相互联系的劳动过程的总和，主要包括所需材料的采购、保管、生产准备，毛坯的制造，零件的加工，部件和机器的装配、检验、涂装以及包装等。机器的生产过程如图 1－4 所示。

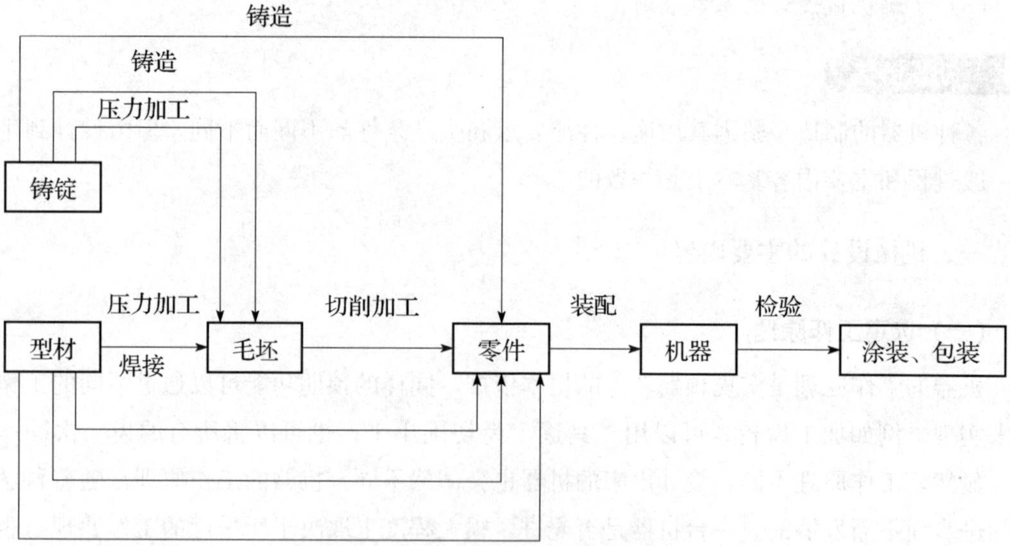

图 1－4　机器的生产过程

通常，零件先采用铸造、压力加工或焊接等方法制成毛坯，再经切削制成。为了改善金属材料的某些性能，常需要进行热处理。

在不同领域的机械制造工艺中，金属加工方法所处地位及其产品的比重有很大不同。例如，金属结构和锅炉、船舶等，主要由钢板焊接而成，焊接就是主要的加工方法；机床中，铸件所占比重较大，铸造就是主要的加工方法。

各类金属加工方法正在向着高质量、高生产效率和低成本的方向发展，因此机械零件的制造工艺也将随之发生变化。例如，球墨铸铁的出现后，铸件便可在一定程度上代替锻件。电火花、激光切割等无切削、少切削的新加工工艺的发展，帮助人们节省了大量金属材料和工时，提高了劳动生产率。

三、机械设计的基本准则

（1）满足使用要求。

（2）满足经济性要求。

（3）满足安全性要求。

（4）满足其他特殊要求。

技能训练

一、训练目的

了解机械的生产过程。

二、训练器材

齿轮箱，如图 1-5 所示。

三、训练内容

拆装齿轮箱，了解其工作原理以及设计、生产的过程。

图 1-5　齿轮箱

课后讨论

以生产、生活中使用的机器为例，分析并讨论其制造过程。

任务 3 了解机械基础课程

任务目标

(1) 了解机械基础课程的性质和内容。
(2) 了解机械基础课程的任务。
(3) 了解机械基础课程的学习方法。

知识链接

一、机械基础课程的性质

机械基础是一门机械类的技术基础课。学习这门课程，可以了解机械传动、液压传动、常用机构及轴系零件的基本知识、工作原理和应用，掌握分析机械工作原理的基本方法，同时接受必要的基本技能训练，为进一步学习专业知识打好基础。

二、机械基础课程的内容

本课程主要讲解常用机构、机械传动、轴系零件、液压传动及机械制造的基本知识。

三、机械基础课程的任务

（1）熟悉常用机构、常用机械传动及通用零部件的标准、结构、工作原理、特点和应用；掌握常用机构、常用机械传动及通用零部件的选用和基本设计方法；具备正确选择、使用和维护机械的能力；初步具备设计简单机械传动装置的能力。

（2）具备与本课程相关的解题、运算、绘图能力，以及应用标准、手册、图册等技术资料的能力。

四、机械基础课程的学习方法

本课程是从理论性、系统性较强的基础课向实践性较强的专业课过渡的重要转折点。

（一）综合运用知识

综合运用本课程和其他相关课程所学知识解决机械设计问题是本课程的教学目标，也是设计能力的重要体现。

（二）将理论知识灵活用于实际操作

本课程是一门能够应用于工程实际的设计性课程，同学们在完成教学大纲安排的实验、实训、设计之外，还应注意设计公式的应用条件，公式中系数的选择范围，设计结果的处理，以及结构性和工艺性问题。

（三）勤于归纳总结

本课程的研究对象多，内容繁杂，所以必须对每一个研究对象的基本知识、基本原理、基本设计思路和方法进行归纳总结，并与其他研究对象进行比较，掌握共性与个性，只有这样才能有效提高分析问题和解决问题的能力。

（四）提倡创新性学习

学习的目的不仅是为了掌握已有的经验与知识，更是为了创新。机械科学的发展历程，就是不断创新的过程，因为只有不断创新才能进步。

技能训练

一、训练目的

养成良好的学习习惯，掌握正确的学习方法。

二、训练器材

教材及机械类相关资料。

三、训练内容

通过查阅书籍和网络，了解机械在现代生活和机械制造领域的应用情况，并进行小组探讨，总结出学好本课程应具备的学习态度。

课后讨论

在新学期，你计划采用哪些学习方法来学好这门课？

素质提升

机械的发展

项目 2

工程材料

工程材料在装备制造领域中的应用具有重要意义：工程材料可以显著提高装备的性能和可靠性；工程材料具有优异的加工性能和成型性能，能够满足各种复杂形状和尺寸的制造需求，从而提高生产效率；工程材料具有轻质、高强度、高刚度和高耐久性等特点，能够减少能源消耗和环境污染；工程材料的广泛应用可以推动制造业向高端领域发展，促进产业升级。

任务 1 认识工程材料

任务目标

（1）了解工程材料的基本定义和分类。

（2）熟悉常见工程材料的特点。

（3）会从机械设计和制造的角度分析各种工程材料在航空航天、汽车、船舶等领域的应用实例。

知识链接

材料作为人类生活和生产的基本物质，是人类社会赖以生存和发展的重要条件，可以衡量人类社会的文明程度和发展水平，人类社会不同时期的材料应用如图 2－1 所示。工程材料在建筑、道路、桥梁、机械、航天航空、化工、电子工程等领域发挥着至关重要的作用。

石器时代　青铜器时代　铁器时代　钢铁时代　新材料时代

图 2-1　人类社会不同时期的材料应用

一、定义与分类

工程材料是指在工程施工过程中使用的各种材料，主要满足工程结构和功能的需要。根据不同的分类标准，工程材料可以分为以下几类：

（1）按化学成分分类：主要分为金属材料、非金属材料、高分子材料和复合材料，如图 2-2、图 2-3、图 2-4、图 2-5 所示。

图 2-2　金属材料

图 2-3　非金属材料

图 2-4　高分子材料

图 2-5　复合材料

（2）按应用领域分类：可分为机械工程材料、建筑工程材料、电子工程材料、航空材料等，如图 2-6、图 2-7、图 2-8、图 2-9 所示。

图 2-6　机械工程材料

图 2-7　建筑工程材料

图 2-8　电子工程材料

图 2-9　航空材料

(3) 按性能特点分类：可分为结构材料和功能材料。结构材料以力学性能为主，兼有一定的物理、化学性能；功能材料则是以特殊的物理、化学性能为主（如电、磁、光、热、声等）的材料，也包括转换特性的材料。

二、常见的工程材料及其特点

(一) 金属材料

(1) 黑色金属。黑色金属材料是工业上对铁、铬和锰的统称，亦包括这 3 种金属的合金，尤其是合金黑色金属钢及钢铁。实际上，纯净的铁及铬是银白色的，而锰是银灰色的，只是钢铁表面通常覆盖一层黑色的四氧化三铁。黑色金属中的铁如图 2-10 所示。

(2) 有色金属。与黑色金属相对的是有色金属。狭义的有色金属又称非铁金属，是指除铁（有时也除锰和铬）和铁基合金以外的所有金属，可分为重金属（如铜、铅、锌）、轻金属（如铝、镁）、贵金属（如金、银、铂）及稀有金属（如钨、钼、锗、锂、镧、铀）。广义的有色金属还包括有色合金，是以一种有色金属为基体（通常大于50%），加入一种或几种其他元素构成的合金。有色金属是国民经济发展的基础材料，航空航天、汽车、机械、电力、通信、建筑、家电等行业都以有色金属材料为生产基础。有色金属中的铜如图 2-11 所示。

图 2-10　黑色金属——铁

图 2-11　有色金属——铜

与纯金属相比，有色合金的强度和硬度高、电阻大、电阻温度系数小，具有良好的综合力学性能。常用的有色合金有铝合金、铜合金、镁合金、镍合金、锡合金、钽合金、钛合金、锌合金、钼合金、锆合金等。

(二) 混凝土

混凝土是一种由水泥、砂、石子等材料混合而成的建筑材料，具有良好的抗压强度和耐久性，如图 2-12 所示。它广泛应用于建筑、道路、桥梁等工程中，是土木工程中最常用的材料之一，如图 2-13 所示为港珠澳大桥。

图 2-12 混凝土材料

图 2-13 港珠澳大桥

（三）木材

木材是一种可再生资源，具有良好的强度和可塑性。在建筑和家具制造等领域得到广泛应用。不同类型的木材具有不同的特点，如松木适用于轻型结构，橡木适用于需要更大承重能力的结构。

（四）高分子材料

高分子材料又称聚合物，是由相对分子质量很大的大分子组成。它们具有重量轻，电绝缘性、隔热保温性、耐蚀性好等特点。高分子材料在工程上应用广泛，如制造塑料、橡胶、合成纤维等。

（五）陶瓷材料

陶瓷材料具有硬度高、抗压强度大，耐热性、耐蚀性和耐磨性好等特点。可分为传统陶瓷、特种陶瓷和金属陶瓷三大类，在工程中常用于制作耐热、耐蚀、耐磨的零件。

（六）复合材料

复合材料是指由两种或两种以上不同材料组合而成的材料，其性能是单质材料所不具备的，是一种重要的新型材料。

三、工程材料的选用原则

正确选择和使用工程材料对于提高工程项目的质量和耐久性具有重要意义。

（1）根据零件的工作条件和使用要求选材。

（2）根据制造工艺要求选材。考虑材料的加工工艺性，确保能够顺利加工成所需形状和尺寸。

（3）按经济性原则选材。在保证使用性能的前提下，尽可能选用成本低廉、货源充足的材料。

技能训练

一、训练目的

掌握工程材料的定义、分类及特点。

二、训练器材

常见的由45＃钢、铜和铝合金等材料制成的产品。

三、训练内容

（1）和同学比一比，看谁能列举出更多的工程材料制品。

（2）完成习题集相应练习。

课后讨论

回顾课程中提到的金属、非金属（如陶瓷、玻璃）、聚合物（如塑料、橡胶）、复合材料等主要工程材料类型，以及每种材料的主要特性（如强度、韧性、耐蚀性、耐热性等）和应用实例，设想工程材料的发展趋势。

任务2 认识钢铁材料

任务目标

（1）了解钢铁材料的基本定义和分类。

（2）了解钢铁的生产工艺及流程。

（3）了解常用钢铁材料的性能特点及用途。

知识链接

钢铁材料是工业领域应用最广泛的金属材料之一，在国民经济中占有重要地位。

一、钢铁材料的定义与分类

（一）定义

钢铁材料是指铁与碳、硅、锰、磷、硫以及少量其他元素组成的合金，主要分为铸铁和钢两大类，具体应用如图2－14、图2－15所示。钢是含碳量为0.02％～2.11％的铁碳合金，铸铁的含碳量则较高，一般大于2.11％。

图 2-14 铸铁——污水井盖

图 2-15 45#钢

（二）分类

1. 按化学成分分类

碳素钢：以碳为主要合金元素，碳含量为0.05%～2.0%，如图2-16所示。根据碳含量的不同可分为低碳钢、中碳钢和高碳钢。

合金钢：除了碳以外，还含有其他合金元素（如锰、铬、镍、钼等）的钢铁，具体应用如图2-17所示。合金钢可按主要合金元素进行分类，如锰合金钢、铬合金钢等。

不锈钢：主要合金元素为铬，是具有耐蚀性的钢铁，具体应用如图2-18所示。不锈钢又可分为奥氏体不锈钢、马氏体不锈钢、铁素体不锈钢等。

图 2-16 碳素钢——Q235

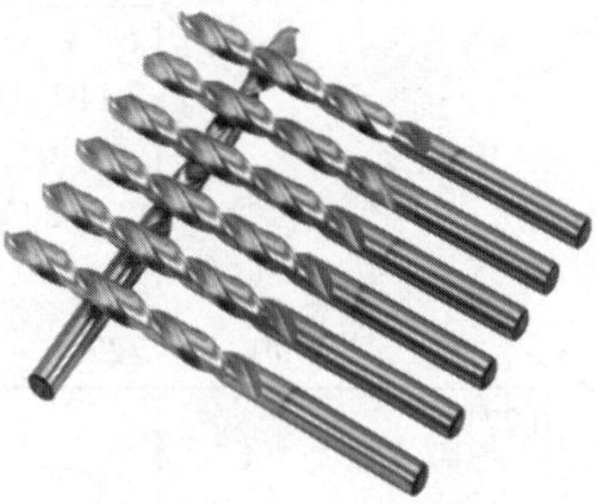

图 2-17 合金钢——含钴钻头

图 2-18 304不锈钢储罐

2. 按用途分类

结构钢：用于制造各种建筑构件、桥梁构件、船体结构构件等。

工具钢：高强度钢铁，用于制造多种工具。

耐磨钢：具有较强的耐磨性，适用于矿业、建筑业等领域。

不锈钢：广泛应用于化工、食品、医疗等领域。

3. 按生产工艺分类

铸钢：将熔化的钢液浇铸到预定形状的铸造模具中，经过冷却和凝固过程，使钢液逐渐凝固成型，最后获得所需的铸钢产品。

锻钢：利用锻压机械对金属坯料施加压力，使其产生塑性变形，从而获得具有一定力学性能、形状和尺寸的锻件。

轧钢：在旋转的轧辊间改变钢锭或钢坯形状的压力加工过程，可得到钢板、带钢、线材以及各种型钢。

4. 铁碳合金

铁碳合金是一种以铁和碳为组元的二元合金。铁碳相图由特征点、特征线、相区组成。铁碳相图是在十分缓慢的冷却条件下用热分析方法测定的铁碳合金的成分、温度、组成关系的图解，是研究不同成分的铁碳合金在不同温度下的组织的重要工具图。

含碳量 $\omega_C > 6.69\%$ 的铁碳合金的脆性很大，没有使用价值。而 Fe_3C($\omega_C = 6.69\%$)为稳定的化合物，可作为一个组元，因此铁碳相图即 Fe-Fe_3C 相图。图中横坐标为成分坐标轴，其上各点对应于不同含碳量的各个铁碳合金；纵坐标为温度坐标轴，对应铁碳合金所处的不同温度；各区域标注的字母及符号代表一定条件下铁碳合金内部的组成相。可将不同种类铁碳合金的组织标注在铁碳相图中，如图 2-19 所示。

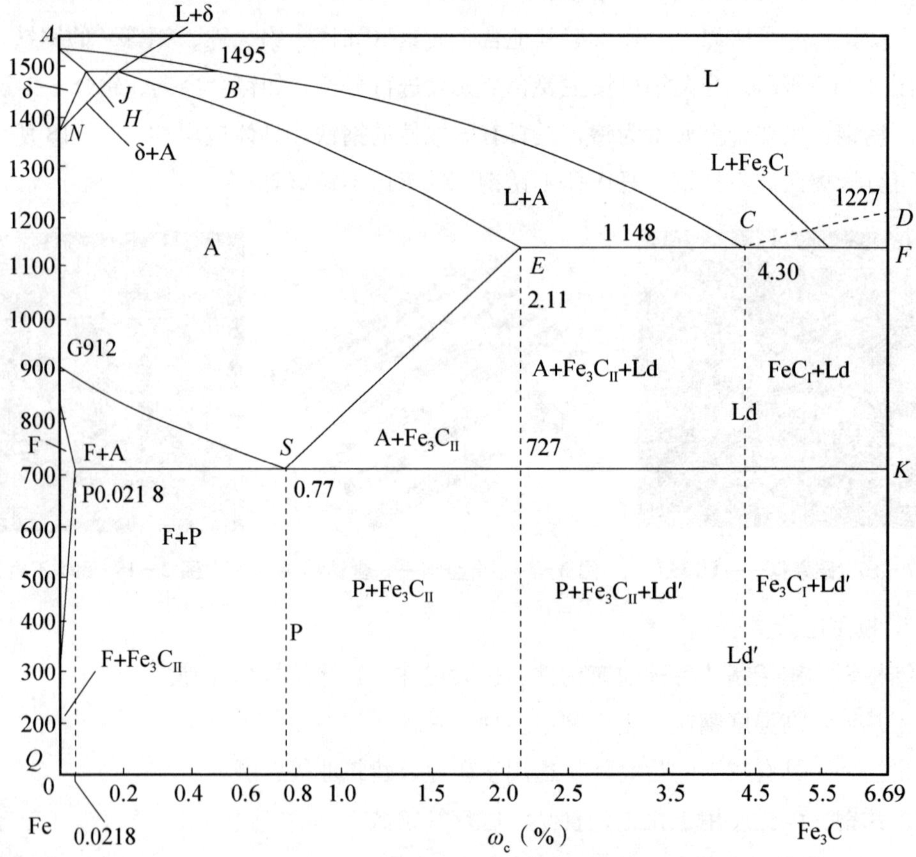

图 2-19　按组织标注的铁碳相图

二、钢铁的特性与用途

（一）特性

（1）高强度：钢铁具有很高的强度，能够承受较大的载荷。

（2）良好的塑性和韧性：钢铁的可塑性和韧性较高，能够进行深度加工和成型，可承受较大的变形和应力。

（3）耐蚀性和耐磨性：部分钢铁材料（如不锈钢）具有良好的耐蚀性和耐磨性，能够应用于恶劣环境。

（4）良好的导电性和热导性：钢铁是电的良导体，同时也具有一定的热导性。

（二）用途

（1）建筑领域：钢铁在建筑领域的应用十分广泛，如桥梁、高层建筑、地下隧道等结构的支撑和构建。

（2）交通运输领域：汽车、火车、船舶等交通工具的制造需要使用大量钢铁材料。

（3）装备制造领域：机械、工程等行业依赖钢铁材料制造各种设备和部件。

（4）家电领域：电视机、冰箱、洗衣机等家电产品的结构材料大量使用钢铁来制造。

（5）能源领域：在石化、电力设施等能源行业中，钢铁用于支撑设施的建设和运行。

三、钢铁的生产流程

（1）原料采集：主要原料包括铁矿石、焦炭、石灰石等。

（2）炼铁：在高温下将铁矿石还原成铁液。

（3）炼钢：去除铁液中的杂质并调整成分，得到钢液。

（4）连铸：将钢液连续浇铸成钢坯。

（5）钢材加工：通过热轧、冷轧等工艺将钢坯加工成不同规格和形状的钢材。

钢铁的生产流程示意图如图 2－20 所示。

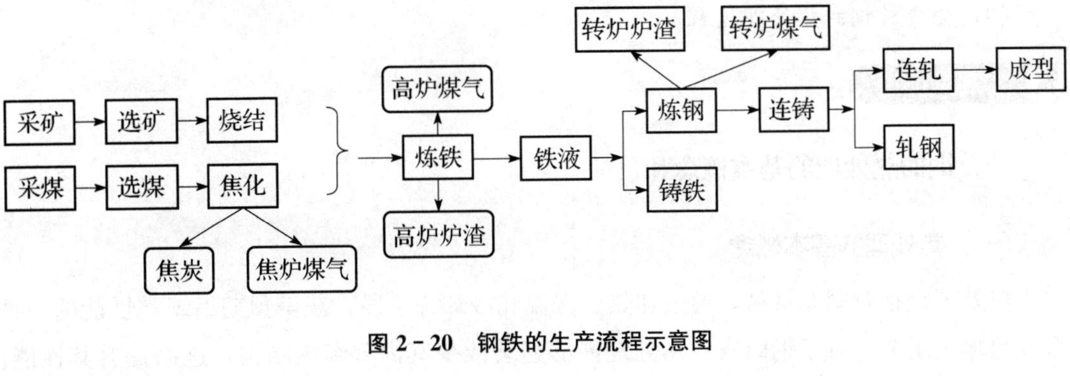

图 2－20　钢铁的生产流程示意图

总之，钢铁材料以其优异的性能和广泛的应用领域在现代工业中占据着举足轻重的地位。随着科技的进步和工艺的改进，钢铁材料的性能将不断提升，应用领域也将进一步拓展。

技能训练

一、训练目的

掌握钢铁材料的定义、分类及特性。

二、训练器材

常见的由钢铁制成的产品，如钻头、螺钉等。

三、训练内容

（1）和同学比一比，看谁能列举出更多的钢铁材料制品。

（2）完成习题集相应练习。

课后讨论

讨论钢铁材料在汽车、火车、船舶、飞机等交通工具中的关键作用。分析交通运输领域对钢铁材料性能的特殊要求及其发展趋势。

任务3 钢的热处理

任务目标

（1）了解钢的热处理的基本概念和目的。

（2）掌握钢的热处理的方法和特点。

（3）会分析钢的热处理过程。

知识链接

一、钢的热处理的基本概念和目的

（一）热处理的基本概念

热处理是指对固态材料，通过加热、保温和冷却等手段，获得预期组织和性能的一种金属热加工工艺。对于钢而言，热处理能够显著改变其内部组织结构，进而提升其性能。热处理的方式如图2-21所示。

- 热处理
  - 普通热处理
    - 退火
    - 正火
    - 淬火+回火
  - 表面热处理
    - 表面淬火
      - 感应加热淬火
      - 火焰加热淬火
    - 化学热处理
      - 渗碳
      - 氮化
      - 碳氮共渗

图 2-21　热处理的方式

(二) 热处理的主要目的

(1) 提高钢的硬度、强度、韧性等力学性能。

(2) 消除残余应力，改善钢的切削加工性。

(3) 细化晶粒，提高钢的组织均匀性。

(4) 赋予钢特定的化学、物理性能，如耐蚀性、耐磨性等。

二、热处理的主要方法

钢的热处理主要包括以下几种方法：

(一) 退火

定义：将钢件缓慢加热到一定的温度（温度范围根据不同的退火方法而定），保持一定时间后缓慢冷却（通常是炉中冷却至600℃左右再出炉空冷）下来的热处理工艺称为退火。钢的退火工艺示意图如图 2-22 所示。

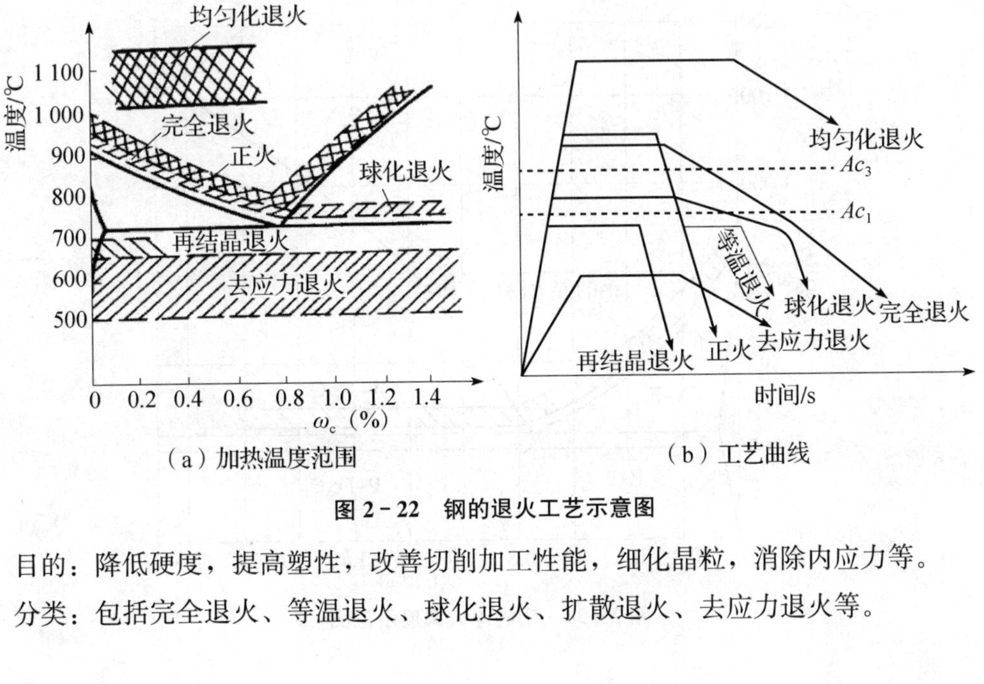

（a）加热温度范围　　（b）工艺曲线

图 2-22　钢的退火工艺示意图

目的：降低硬度，提高塑性，改善切削加工性能，细化晶粒，消除内应力等。

分类：包括完全退火、等温退火、球化退火、扩散退火、去应力退火等。

（二）正火

定义：将钢件加热到 Ac_3 或 Acm 以上 30～50℃，保温适当时间后在空气中冷却下来的热处理工艺称为正火。钢的正火工艺示意图如图 2－23 所示。

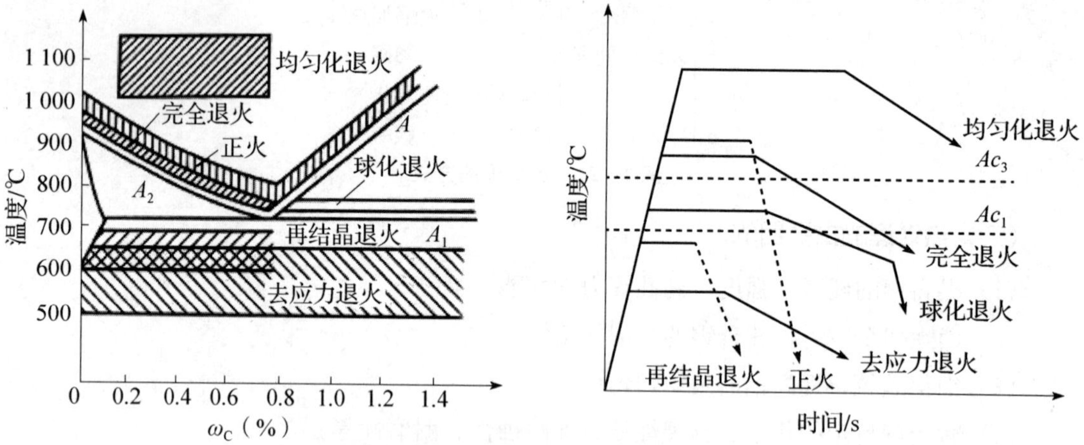

（a）加热温度范围　　　　（b）工艺曲线

图 2－23　钢的正火工艺示意图

目的：提高强度和硬度，细化晶粒，改善切削加工性能等。

应用：作为锻件、焊接件及渗碳零件的预先热处理工序。

（三）淬火

定义：将钢件加热到临界温度以上，保温一段时间后快速冷却（如水冷、油冷等）的热处理工艺称为淬火。钢的淬火温度示意图如图 2－24 所示。

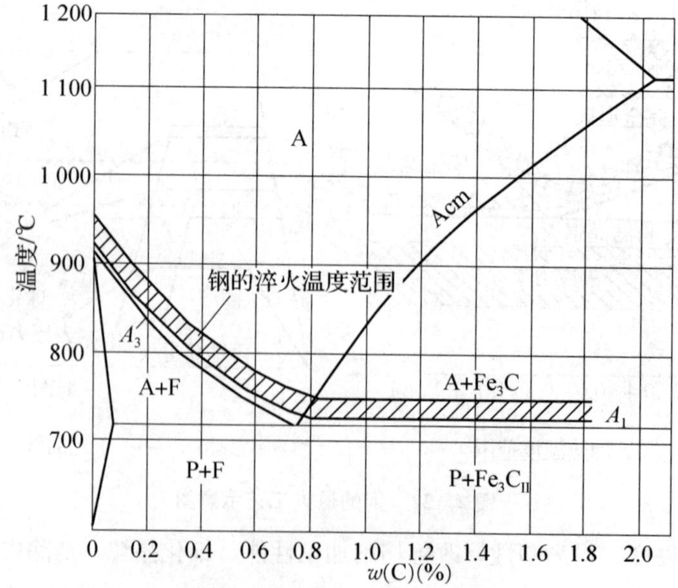

图 2－24　钢的淬火温度示意图

目的：获得高硬度的马氏体组织，提高耐蚀性和耐磨性等。

分类：包括单液淬火、双液淬火、分级淬火、等温淬火、表面淬火等。各种淬火方法工艺曲线如图 2－25 所示。

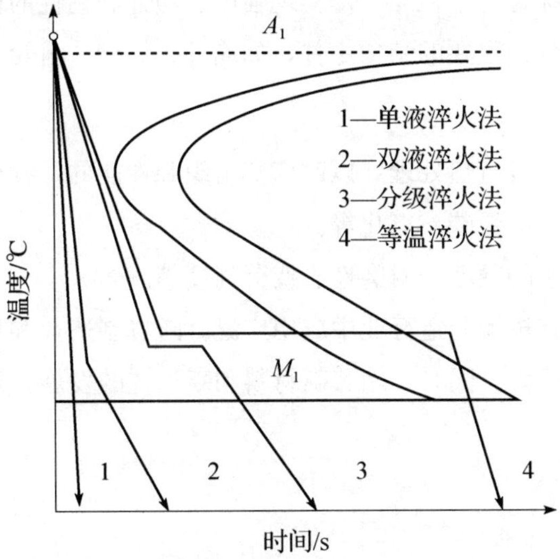

图 2－25　各种淬火方法工艺曲线

(四) 回火

定义：将淬火后的钢重新加热到低于临界温度的一定温度，保温一段时间后置于空气或水中冷却的热处理工艺称为回火。

目的：降低或消除淬火内应力，防止变形或开裂；调整硬度，提高塑性和韧性；稳定尺寸等。

分类：包括低温回火、中温回火、高温回火等，具体见表 2－1。

表 2－1　钢的回火种类

项目	低温回火	中温回火	高温回火
回火温度	150～250℃	350～500℃	500～650℃
回火组织	$M_{回}$	$T_{回}$	$S_{回}$
回火目的	在保留高硬度、高耐磨性的同时，降低内应力	获得较高的屈服强度和弹性极限，同时使工件具有一定的韧性	获得良好的综合力学性能，即在保持较高的强度的同时，具有良好的塑性和韧性
应用	适用于各种高碳钢、渗碳件及表面淬火件	适用于弹簧热处理	广泛用于各种结构件（如轴、齿轮等）的热处理。也可用于要求较高的精密件、量具等的预备热处理

（五）调质处理

定义：淬火后进行高温回火的一种复合热处理工艺。

目的：获得良好的综合力学性能，即实现强度、塑性和韧性的良好配合。

应用：广泛应用于各种重要的结构零件，如连杆、螺栓、齿轮及轴类等。

（六）表面热处理

定义：仅对工件表层进行热处理，以改变其组织和性能的一种热处理工艺。

方法：包括表面淬火、渗碳、氮化等。

目的：提高工件表层的硬度、耐磨性、疲劳强度等。

总之，热处理工艺在机械制造行业中应用广泛。随着制造业和建筑业需求的增加，热处理钢板市场也在不断扩大。同时，随着新材料和新工艺的发展，热处理技术也在不断地创新和完善。

技能训练

一、训练目的

（1）掌握钢的热处理的基本定义和目的。

（2）掌握钢的热处理的方法及特性。

二、训练器材

常见的经过热处理的钢制品，如钻头、车刀、轴承等。

三、训练内容

（1）和同学比一比，看谁能列举出更多的经过热处理的钢制品。

（2）完成习题集相应练习。

课后讨论

回顾淬火和回火的方法和特点，讨论这两种工艺分别适用于哪些场合，可以举例说明。

任务 4 认识非铁金属材料

任务目标

（1）了解非铁金属材料的基本概念。

(2) 掌握常见非铁金属材料的特点。

(3) 分析非铁金属材料的应用领域，了解其发展前景。

知识链接

非铁金属的产量和使用量没有钢铁高，原因是成本高，并且冶炼难度较大。不过非铁金属材料仍然是机械制造领域非常重要甚至不可或缺的工程材料，其具有的某些化学与物理方面的特殊性能使其在某些领域具有不可替代性。

一、定义与分类

（一）定义

非铁金属材料又称为有色金属材料，是指铁和铁基合金（包括生铁、铁合金和钢）以外的所有金属及其合金。

（二）分类

非铁金属材料主要包括铜、铝、镁、锌、铅、钛及其合金等。这些材料在化学性质、物理性质和机械性质方面都具有独特性，在不同领域有着广泛的应用，如图 2－26、图 2－27、图 2－28、图 2－29 所示。

图 2－26　铜球阀

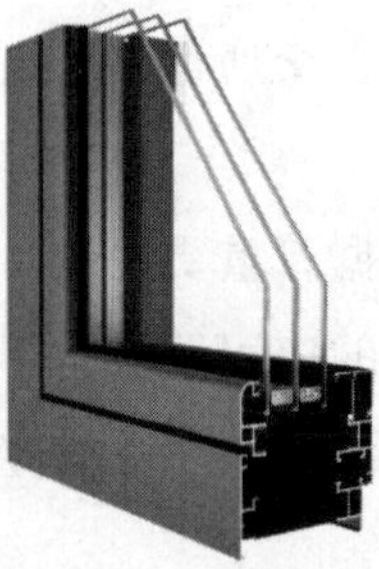

图 2－27　铝合金门窗

图 2－28　镁合金轮毂

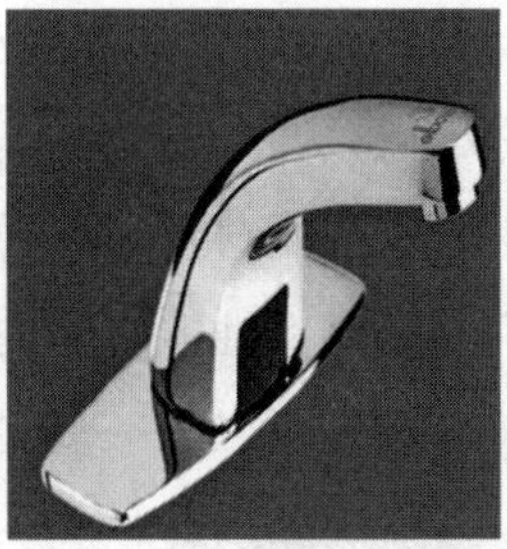

图 2－29　镀锌水龙头

二、主要非铁金属材料及其特点

（一）铜

特性：铜是一种优良的导电材料，具有良好的导电性和导热性。此外，铜还具有较强的耐蚀性和可塑性。

应用：铜及其合金广泛应用于电气、建筑、交通、冶金等领域。例如，电线、电缆多由铜制成。

（二）铝

特性：铝是一种密度较小、强度较高的金属，具有良好的耐蚀性和可塑性。铝的导电性和导热性也非常优异。

应用：铝及铝合金在航空航天、建筑、汽车、化工等领域应用广泛。特别是在航空工业中，铝及铝合金是重要的轻量化材料。

（三）镁

特性：镁是一种轻质高强度金属，具有良好的生物相容性和生物可降解性。

应用：镁合金被广泛用于医疗器械制造，因其能够被人体有效吸收。此外，镁合金在汽车、航空航天等工业领域也有重要应用。

（四）钛

特性：钛是一种轻质高强度金属，具有良好的耐蚀性和耐高温性。

应用：钛及其合金在航空航天等高科技领域应用广泛。例如，钛合金可用于制造飞机发动机部件和机身结构。

（五）锌

特性：锌是一种化学性质较活泼的金属，具有良好的耐蚀性和可加工性。

应用：锌主要应用于冶金、化工、建筑等领域。例如，镀锌钢板可以提高钢材的耐蚀性。

三、非铁金属材料的应用领域

非铁金属材料广泛应用于机械制造、航空航天、交通运输、石化、电力、核能、计算机等领域。

非铁金属材料以其独特的性能在工业生产中占据着重要地位。随着科技的不断进步和人们对新材料性能要求的不断提高，非铁金属材料的应用领域将不断拓宽。同时，通过合金化等方式可以进一步提高非铁金属材料的性能以满足更广泛的应用需求。

技能训练

一、训练目的

（1）掌握非铁金属材料的基本概念。

（2）掌握常见非铁金属材料的特性和应用。

二、训练器材

常见的由非铁金属材料制成的产品。

三、训练内容

（1）和同学比一比，看谁能列举出更多的非铁金属材料制品。

（2）完成习题集相应练习。

课后讨论

回顾非铁金属材料独特的性能特点，举例说明非铁金属材料的应用领域。

任务5 认识陶瓷、有机高分子材料和复合材料

任务目标

（1）了解材料的基本定义、分类及主要性质。

（2）了解材料在模具制造领域的应用。

（3）会分析材料在航空航天、汽车、船舶领域的应用实例。

知识链接

一、陶瓷材料

陶瓷作为无机非金属材料的广泛称谓，在传统意义上涵盖了用天然黏土经高温烧制而成的陶器与瓷器，这些器物历史悠久且文化底蕴深厚。此外，这一概念还延展至一系列人造无机非金属材料，如玻璃和搪瓷制品、各种耐火材料、建筑材料（如砖瓦）、结构材料（如水泥、石灰、石膏）等，这些材料在日常生活与工业建设中扮演着不可或缺的角色。

随着材料科学技术的飞速发展，陶瓷材料的范畴得到了极大的拓展与深化。通过先进的化学合成与材料工程技术，人们成功研制出许多高性能工程陶瓷，这些新型陶瓷材料具备优异的物理、化学性能，如高强度、高硬度、耐高温、耐腐蚀等，广泛应用于航空航天、电子信息、生物医疗、能源环保等高科技领域。如图2-30所示为陶瓷制作的刀具，非常锋利、耐用。

图2-30 陶瓷刀具

（一）陶瓷的性能特点及应用

（1）力学性能。陶瓷材料的硬度很高。弹性模量比金属高几倍，比塑料则高出几十倍。在常温下几乎没有塑性，受载时不发生塑性变形，而是在较低的应力下断裂。陶瓷韧性极低或者说脆性极高，阻碍其应用，所以改善陶瓷韧性的研究非常重要。

（2）热性能。陶瓷是工程上常用的耐高温材料，大多数金属在1000℃以上即丧失强

度，而陶瓷的工作温度高达1400℃左右。但是陶瓷的热膨胀系数和导热性一般低于金属，且抗振性较差。

（3）电性能。陶瓷具有极高的电阻率，是传统的绝缘材料。有些陶瓷具有半导体特性，可用作整流器元件。

（4）化学性能。陶瓷的组织结构稳定，因此不仅抗氧化，而且对大多数酸、碱、盐物质具有良好的耐腐蚀能力。

普通陶瓷制造工艺简单，成本低廉，应用广泛。除了用来制作餐具、茶具及工艺美术品外，由于其热稳定性好、外观光泽，在建筑装饰、卫生洁具方面得到广泛应用；由于其耐蚀性好，可用于制造食品化工管道、耐蚀容器及试验器皿；由于其具有优良的电绝缘性、耐热性、硬度等，可用来制造电工绝缘件、热电偶套管等。

（二）工程陶瓷的性能特点及应用

工程陶瓷由人工合成的高纯度、高硬度原料制成，有更高的硬度、耐热性及耐蚀性，可用来制造高温结构件、耐蚀耐磨件、工具件等。

（1）高强度。工程陶瓷的强度很高，特别是氧化锆陶瓷，室温抗弯强度可达1000～1500MPa。

（2）高硬度、高耐磨性。工程陶瓷的硬度高；有的还具有自润滑性，摩擦因数小，因此耐磨性好。

（3）耐蚀性极好。工程陶瓷能耐几乎所有的无机酸（氢氟酸除外）和30%以下的烧碱溶液。

（4）耐热性能好。目前工程陶瓷的最高使用温度可达1400℃。

（5）绝缘性好。工程陶瓷具有优良的电绝缘性。

工程陶瓷可用于制造航空飞机、宇宙飞船等尖端技术领域中的高温结构件，如发动机燃烧室、燃烧室喷嘴、火箭尾部喷嘴等；可用于制造高温高强度件，如高温轴承、发动机转子叶片等；可用于制造机械行业的高硬度件，如切削刀具、轴承套圈、轴承滚珠等；可用于军工行业，制作防弹背心，如图2-31所示为陶瓷防弹片。

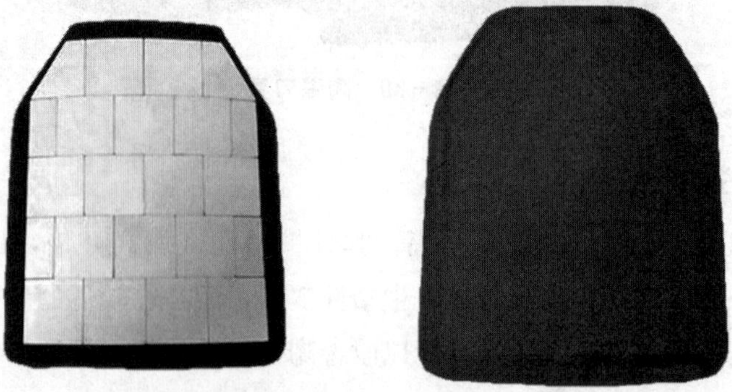

图2-31　陶瓷防弹片

二、有机高分子材料

有机高分子材料，又称聚合物或高聚物材料，是一类由单一或多种分子/分子团通过共价键连接而成的大型分子化合物，其分子量范围广泛，通常高达106道尔顿（化学单位）。这类材料既源于自然，如纤维素、蛋白质和天然橡胶等天然产物，如图2-32所示；也可通过人工合成方法获得，包括合成橡胶、合成树脂、合成纤维等非生物来源的高聚物。

图2-32　天然有机高分子材料——橡胶

有机高分子材料因其多样化的种类、相对较小的密度（仅为钢铁的1/8至1/7）、卓越的比强度（即单位质量下的强度）、优异的电绝缘性能、出色的耐腐蚀特性以及良好的加工性能而著称。这些特性使得其在多个领域得到广泛应用，可用于制造塑料制品、纺织纤维、橡胶制品、涂料涂层以及粘合剂等。它们不仅能够满足日常生活中的多种需求，还在工业制造、交通运输、电子信息、航空航天以及生物医学等高科技领域发挥着不可替代的作用，部分情况下甚至能够替代传统的金属和非金属材料。

（一）有机高分子材料的性能特点及应用

（1）力学性能。有机高分子材料具有足够的强度和模量，能够替代部分金属材料制造多种机械零部件。其力学性能包括屈服强度、抗拉强度、延伸率、冲击韧性等，这些指标通过静载荷试验、循环载荷试验等实验测定。

（2）热性能。有机高分子材料在高温下可能发生分解、软化或熔化等现象，因此热稳定性是评价其性能的重要指标之一。部分有机高分子材料具有优异的耐热性，能在高温环境下保持性能稳定。

（3）电性能。多数有机高分子材料具有卓越的电绝缘性能，电阻率高、介电损耗小、电击穿强度大。这使得其在电气、电子领域得到广泛应用。通过掺杂、复合等方法，可以使部分有机高分子材料具备导电性能，进而应用于电磁屏蔽、防静电等领域。

（4）化学性能。有机高分子材料通常对酸、碱及部分化学药品具有良好的耐蚀性。在一些特殊介质中，其耐蚀能力甚至胜过金属。有机高分子化合物通常难溶于水，但在适当的有机溶剂中可以溶解或发生一定程度的胀大。这一特性对材料的加工和使用性能有重要影响。高分子涂料具有优良的耐候性、耐磨性和耐蚀性，广泛应用于建筑、汽车、船舶等领域。

（二）工程塑料的应用

（1）汽车行业。工程塑料可用于制造发动机盖、座椅、仪表板等部件，这些部件不仅具有足够的强度和刚度，还具有良好的耐热、耐寒、耐冲击等性能。

（2）电子电器行业。工程塑料可用于制造电视、手机、计算机等产品的外壳和内部结构件。这些部件不仅要美观，还要具有良好的绝缘性、耐蚀性。

（3）航空航天行业。工程塑料具有轻质高强度、耐腐蚀等特点，可用于制造飞机、火箭等航天器的零部件和结构件。

（4）建筑行业。工程塑料可用于制造门窗、管道、隔热件等，不仅具有良好的力学性能，还具有优良的耐候性和耐蚀性。

（5）机械设备行业。工程塑料可用于制造轴承、齿轮、密封件等，这些零部件具有较高的耐磨性和耐疲劳性，可保证机械设备正常运行。

工程塑料的应用如图 2－33 所示。

（a）汽车仪表板

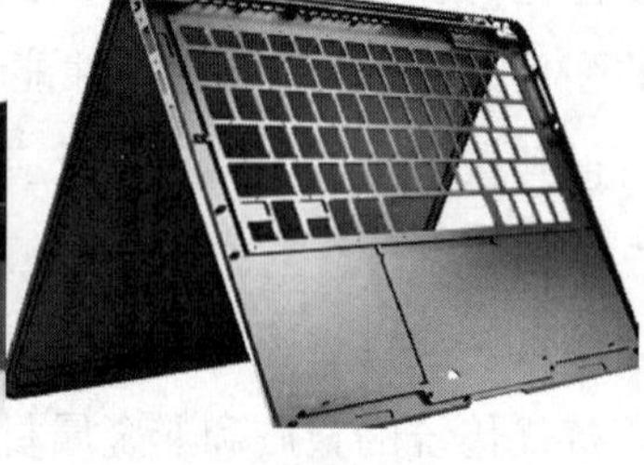

（b）计算机外壳

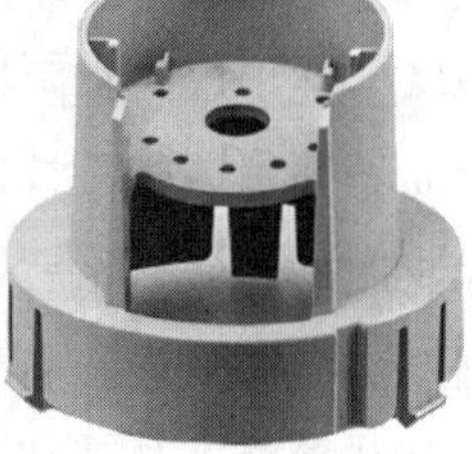

（c）飞行器零件

（d）管道

（e）齿轮

图 2－33　工程塑料的应用

三、复合材料

复合材料是指由两种或多种物理和化学性质不同的物质经人工制成的多相固体材料，既保留了原组分材料的特性，又具有原单一组分材料无法获得的或更优异的特性。

（一）复合材料的性能特点

（1）比强度和比弹性模量高。复合材料通常包括基体和增强材料两部分，增强材料多是强度很高的纤维，所以复合材料的比强度和比弹性模量高于其基体。

（2）抗疲劳性能好。复合材料的基体和增强材料的结合面能够有效阻止疲劳裂纹的扩展。在复合材料中，疲劳破坏总是从承载能力比较薄弱的纤维处开始，然后逐渐扩展到结合面。

（3）减振能力强。构件的自振频率与结构有关，并且和材料的弹性模量与密度之比（即比模量）的平方根成正比。因为复合材料的比模量大，所以它的自振频率很高，在一般加载速度或频率的情况下，不容易发生共振而导致快速断裂。

（4）高温性能好。增强材料大多具有较高的弹性模量，因此常具有较高的熔点和较高的高温强度，热稳定性好。例如玻璃纤维增强树脂的工作温度可达 300℃；铝在 400～500℃以上完全丧失强度，但用连续的硼纤维或碳化硅纤维增强的铝基复合材料，在同样的温度下仍具有较高的强度。

（5）减磨、耐磨、自润滑性能好。在热塑性塑料中加入少量短纤维，或者在金属中加入硬质陶瓷微颗粒可以大大提高其耐磨性。氧化铝短纤维和铝合金复合后，与轴承钢组成摩擦副进行磨损实验时，磨损量仅为铝合金的 1/96。碳纤维增强塑料具有良好的自润滑性能，可用于制造无油润滑活塞环、轴承和齿轮。

（二）复合材料的应用

复合材料可用于制造要求轻质高强和高刚度的零件，如飞机的桁条、蒙皮，火箭的壳体，卫星的天线；可用于制造耐磨件，如汽车的制动盘、发动机活塞等；可用于制造耐高温、抗烧蚀的零件，如导弹的头部防热层、航天飞机的防热前缘和火箭发动机的喷管等；可用于制造有光电性能及磁性能要求的通信类元件，如光纤、光缆芯和管、磁盘片、屏蔽罩等。如图 2－34 所示为复合材料制成的轻量无人机机身。

图 2－34　复合材料制成的轻量无人机机身

技能训练

一、训练目的

熟悉陶瓷、有机高分子材料和复合材料的功能与应用场景。

二、训练器材

常见的由陶瓷、有机高分子材料和复合材料制成的产品。

三、训练内容

和同学比一比，看谁能列举出更多的复合材料制品。

课后讨论

以后是否会有更多性能优异的材料出现？它们会以什么样的形式出现？

任务6 认识其他新型工程材料

任务目标

（1）了解新型工程材料的基本概念、分类、发展趋势及其在现代工业中的重要性。

（2）了解新型工程材料的多样性和先进性

（3）熟悉新型工程材料在不同领域的应用。

知识链接

回顾传统金属、陶瓷、聚合物等材料的性能特点及其在现代工程中的局限性。新型工程材料包括纳米材料、智能材料等，这类材料具有更好的性能，更广的应用领域。

一、纳米材料

纳米材料是指在三维空间中至少有一维处于纳米尺度范围（1～100nm）或由它们作为基本单元构成的材料。这类材料因其微小的尺寸而表现出与宏观材料截然不同的性质。如图2-35所示为碳纳米管，具有独特的结构及优良的力学、电学和化学等性能，已成为国际新材料领域的研究前沿和热点。

（一）纳米材料的特性

（1）高活性。纳米材料具有极高的表面能，使得其表面原子或分子非常活跃，从而表现出高抗菌、防污、耐磨等特性。

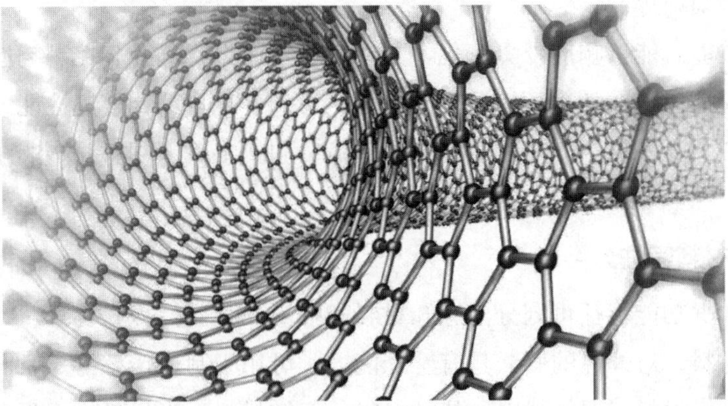

图 2－35　碳纳米管

（2）高强度与轻量化。纳米材料的晶粒尺寸小，界面多，能够显著提高材料的强度和硬度，同时保持较低的密度，实现轻量化。

（3）独特的物理和化学性质。纳米材料的熔点、磁性、光学、导热、导电等性质往往不同于该物质在整体状态时所表现的性质。例如，纳米金属材料的熔点会显著降低，而纳米半导体材料则可能表现出优异的光电性能。

（二）纳米材料的应用领域

（1）电子信息。纳米材料可用于制造更小、更快速、更耐用的电子元件，如芯片、传感器、显示器等。此外，纳米材料在数据存储、信息传输等方面也有重要应用。

（2）生物医药。纳米材料在药物载体、生物成像、组织工程等方面具有独特优势。例如，纳米药物可以实现药物的靶向输送和控释，提高治疗效果并减轻副作用。

（3）能源环保。纳米材料在太阳能电池、燃料电池、储能材料研制等方面有重要应用，可以提高能源转换效率并降低环境污染。此外，纳米材料还可用于水处理和空气净化。

（4）航空航天。纳米材料可用于制造轻质高强度的结构件，提高发动机效率。

（5）其他领域。纳米材料在纺织、化工、机械等领域也得到了广泛应用，如纳米纤维的制备、纳米催化剂的开发等。

二、智能材料

智能材料是一种能感知外部刺激、能够判断并适当处理且本身可执行的新型功能材料。它是继天然材料、合成高分子材料、人工设计材料之后的第四代材料，具有传感、反馈、信息识别与积累、响应、自诊断、自修复和自适应等多种功能。

（一）智能材料的特性

（1）感知功能。能够检测并识别外界（或内部）的刺激强度，如电、光、热、应力、应变、化学、核辐射等。

（2）驱动功能。能够响应外界变化，并按照设定的方式选择和控制响应。

（3）自适应性。能够随着环境条件或内部状态的变化自动调整其性能或形状。

（4）自诊断与自修复。能够自我发现故障并进行修复，提高材料的可靠性和使用寿命。

（二）智能材料特性分类

智能材料根据功能特征可划分为感知材料和响应/驱动材料两大类。

（1）感知材料。对外界的刺激具有感知能力，可用于制造传感器。常见的感知材料包括电感材料、光敏材料、湿敏材料、热敏材料、气敏材料、光导纤维、形状记忆材料、磁致伸缩材料、压电材料等。

（2）响应/驱动材料。可对外界环境条件或内部状态发生的变化做出响应或驱动。常用作执行器的材料，包括形状记忆材料、压电材料、电流变体、磁流变体、电致伸缩材料和某些智能高分子材料等。

（三）智能材料的应用领域

（1）航空航天领域。智能材料在航空航天领域的应用包括智能蒙皮、自适应机翼、智能轮胎等，能够提高飞行器的性能、安全性和可靠性。

（2）医疗领域。智能材料制成的医疗器材，如人工器官、药物控制器、智能矫治器等，能够提升医疗水平，改善患者的生活质量。

（3）能源与环保领域。智能材料在储能、污水处理、空气净化等领域的应用，能够提高能源利用效率，促进环境保护。

技能训练

一、训练目的

熟悉新型工程材料的功能与应用场景。

二、训练内容

和同学比一比，看谁能列举出更多的新型工程材料制品。

课后讨论

以后是否会有更多性能优异的新型工程材料出现？它们会以什么样的形式出现？

任务7 材料的选用及应用

任务目标

掌握常用材料的选用原则。

知识链接

选择材料时，需要综合考虑材料的切削性、焊接性、铸造性、锻造性和热处理性等多个方面，以确保所选材料能够满足产品的加工要求和性能需求。下面介绍常用材料的选用原则。

一、钢的选用原则

（1）强度与韧性。根据工程的设计要求和承载力计算结果，选择具有足够抗拉强度和屈服强度的钢材，这是确保结构安全性的基础。钢材的韧性也需要重点考虑，特别是在承受动载荷或冲击载荷的情况下，应选择韧性好的钢材以防止脆性断裂。

（2）耐久性。在潮湿、腐蚀性强的环境中，应选用耐候钢、不锈钢等耐久性能好的钢材。根据工程的使用时长和负荷频率，选择具有足够耐久性的钢材可以延长结构的使用寿命。

（3）经济性。在满足强度、韧性和耐久性要求的前提下，考虑钢材的价格和成本。可通过代用钢材或调整构件尺寸来降低工程成本，提高经济效益。

二、塑料的选用原则

塑料的选用涉及多个方面，包括塑料的性能、成本、环保性、加工性以及最终产品的用途等。

（1）性能匹配。根据产品对塑料性能的需求，如强度、韧性、耐热性、耐蚀性、绝缘性等，选择合适的塑料种类。例如，需要承受高温环境的部件应选用耐热性好的塑料，如聚苯硫醚（PPS）或聚醚醚酮（PEEK）。

（2）成本。在满足性能要求的前提下，尽量选用成本较低的塑料种类，以降低生产成本。不同种类的塑料的价格差异较大，如通用塑料（如聚乙烯、聚丙烯）的价格相对较低，而工程塑料（如尼龙、聚碳酸酯）的价格则较高。

（3）环保性。随着全民环保意识的提高，越来越多的企业和消费者开始关注塑料的环保性。因此，在选用塑料时，应考虑其可回收性、生物降解性以及对环境的影响。例如，聚乳酸（PLA）是一种生物基塑料，具有良好的生物降解性，是环保塑料的代表之一。

（4）加工性。不同种类的塑料在加工过程中表现出不同的特性，如流动性、成型温度、模具收缩率等。选用加工性好的塑料可以提高生产效率，降低废品率。

（5）安全性。对于直接接触食品、药品的塑料产品，应选用无毒、无害的塑料种类，以确保产品的安全性。例如，食品包装材料常选用聚乙烯（PE）或聚丙烯（PP）等无毒塑料。

技能训练

一、训练目的

掌握材料的选用原则。

二、训练器材

生活中常见的各种材料制成的产品。

三、训练内容

和同学比一比，看谁能列举出更多其他材料的一般选用原则。

课后讨论

除了书中提到的，材料的选用还受哪些因素的影响呢？

素质提升

高分子涂层技术

项目 3

常用机构

机器是由机构组成的机械系统，常用的机构有平面连杆机构、凸轮机构和间歇运动机构等。

任务 1 认识平面连杆机构

任务目标

(1) 了解平面连杆机构中各构件的名称。

(2) 熟悉铰链四杆机构的类型。

(3) 了解铰链四杆机构的应用实例与演化过程。

(4) 了解铰链四杆机构的工作特性。

知识链接

连杆机构是由若干刚性构件（一般多呈杆状或滑块状）通过转动副和移动副连接而成的。若各运动构件均在相互平行的平面上运动，则称为平面连杆机构；若各运动构件不都在相互平行的平面上运动，则称为空间连杆机构。由于平面连杆机构较空间连杆机构应用更为广泛，因此这里仅介绍平面连杆机构。

一、运动副

运动副是两构件间既保持接触又有相对运动的活动连接。平面连杆机构中的运动副分为转动副和移动副两种。转动副使得被连接的两个构件始终保持相对转动，如图 3-1 所示的轴与轴承间的转动连接。移动副使得被连接的两个构件始终保持相对移动，如图 3-2 所示的滑块与导路的移动连接。

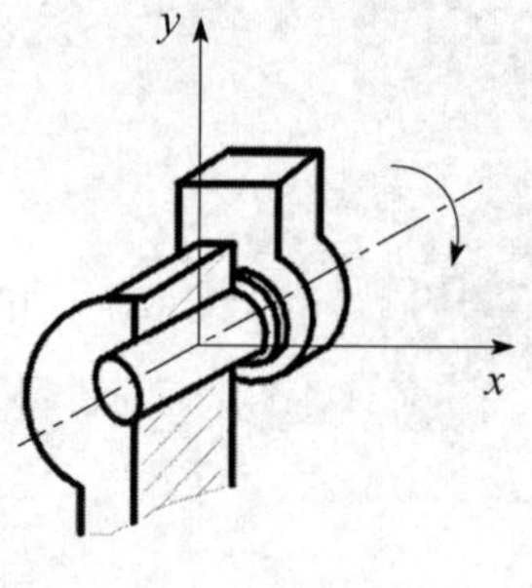

图 3-1　转动副

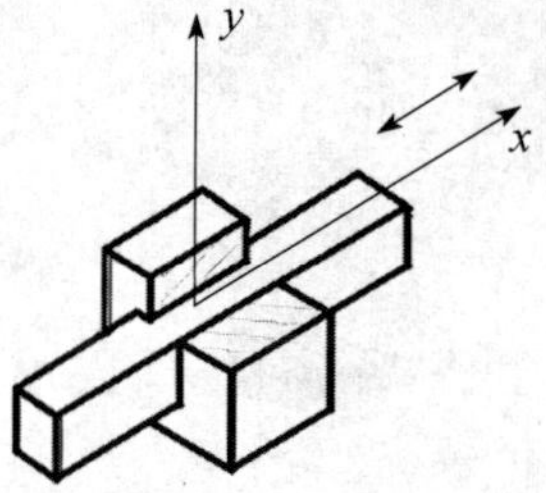

图 3-2　移动副

二、类型

最简单的单闭环平面连杆机构是由 4 个构件和 4 个连杆运动副组成的平面四杆机构，其他多杆机构可视为在此基础上依次增加杆而形成的。

（一）基本形式

平面四杆机构的基本形式是铰链四杆机构，其 4 个运动副均为转动副。

如图 3-3 所示，构件 4 为机架；直接与机架相连的构件 1、3 称为连架杆，其中能做整周回转的连架杆称为曲柄，如构件 1，仅能在某一角度范围内做往复摆动的构件称为摇杆（或摆杆），如构件 3；不直接与机架相连的构件称为连杆，如构件 2。

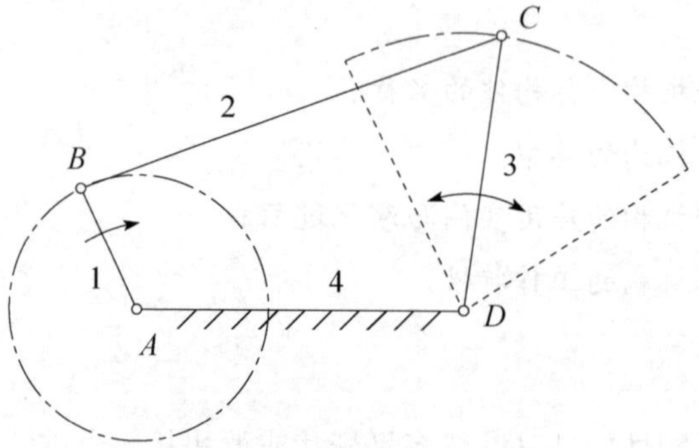

图 3-3　平面四杆机构的基本形式

师傅指教

铰链四杆机构的曲柄的存在条件：最短杆与最长杆的长度之和，小于或等于其余两杆长度之和。

连架杆和机架中必有一个是最短杆。根据曲柄的存在条件可得以下推论：

（1）铰链四杆机构中，若最短杆与最长杆的长度之和小于或等于其余两杆长度之和，则取最短杆的相邻杆为机架时，得曲柄摇杆机构；取最短杆为机架时，得双曲柄机构；取与最短杆相对的杆为机架时，得双摇杆机构。

（2）铰链四杆机构中，若最短杆与最长杆的长度之和大于其余两杆长度之和，则不论取哪个杆为机架，均无曲柄存在，只能得双摇杆机构。

（二）应用实例

1. 曲柄摇杆机构

如图 3-4 所示的搅拌机即为曲柄摇杆机构。

2. 双曲柄机构

（1）反平行四边形机构。如图 3-5 所示的公共汽车车门启闭机构即为反平行四边形机构。

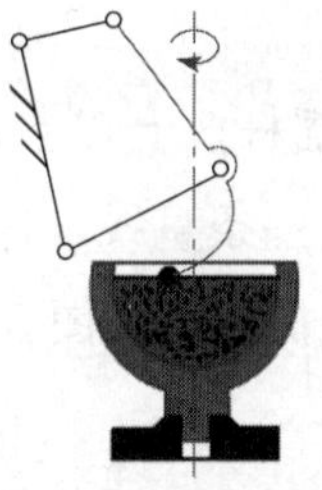

图 3-4　搅拌机

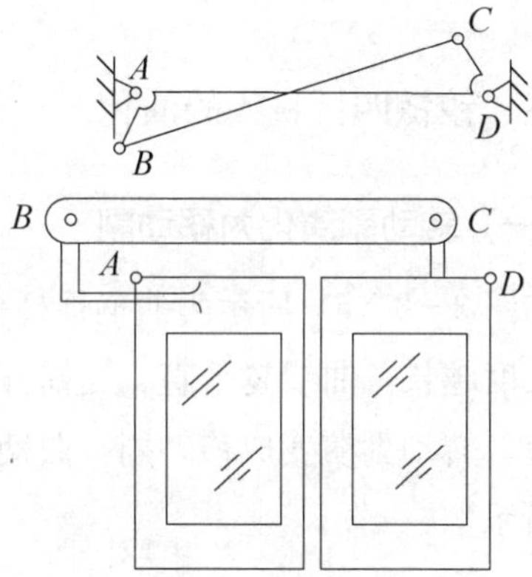

图 3-5　公共汽车车门启闭机构

（2）平行双曲柄机构（平行四边形机构）。如图 3-6 所示的机车车轮联动机构即为平行四边形机构。

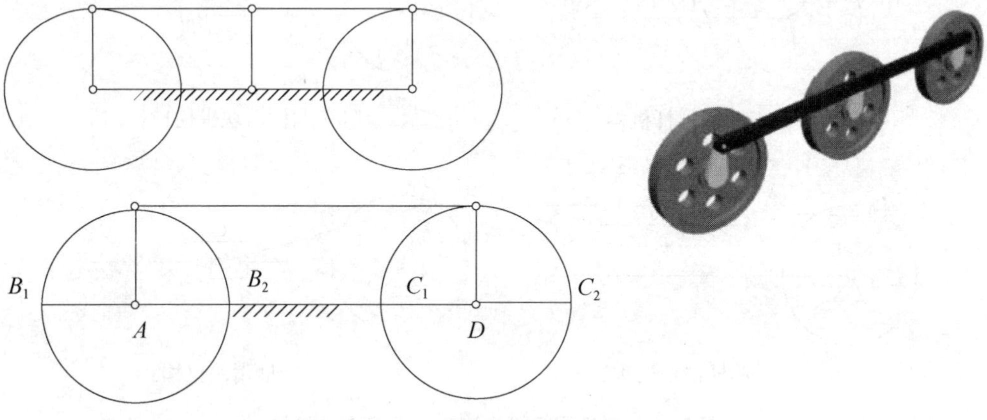

图 3-6　机车车轮联动机构

3. 双摇杆机构

如图 3-7 所示的飞机起落架即为双摇杆机构。

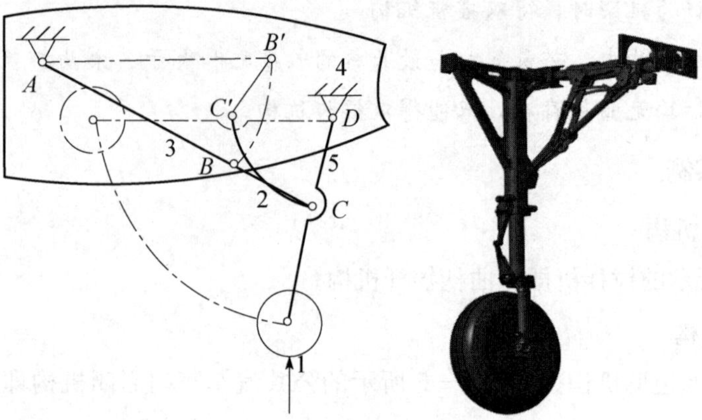

图 3-7　飞机起落架

三、铰链四杆机构的演化

（一）转动副演化为移动副

如图 3-8（a）所示为曲柄摇杆机构。当曲柄 1 转动时，摇杆 3 上 C 点的轨迹是圆弧。摇杆长度越长，曲线越平直。当摇杆长度增至无穷大时，变为一条直线，这时可将摇杆做成滑块，转动副演变成移动副，曲柄摇杆机构演变为曲柄滑块机构，如图 3-8（b）、（c）、（d）所示。

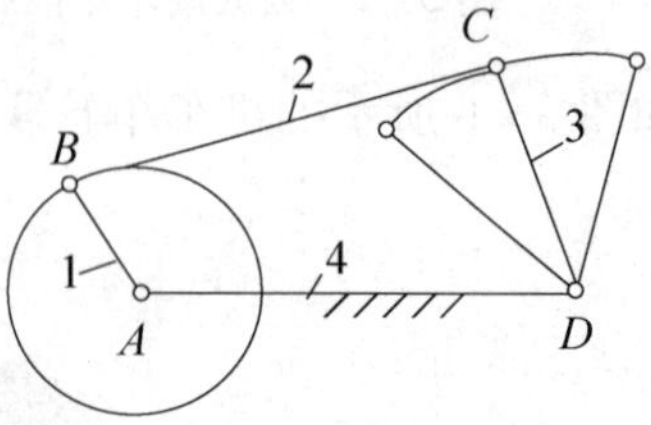

（a）曲柄摇杆机构

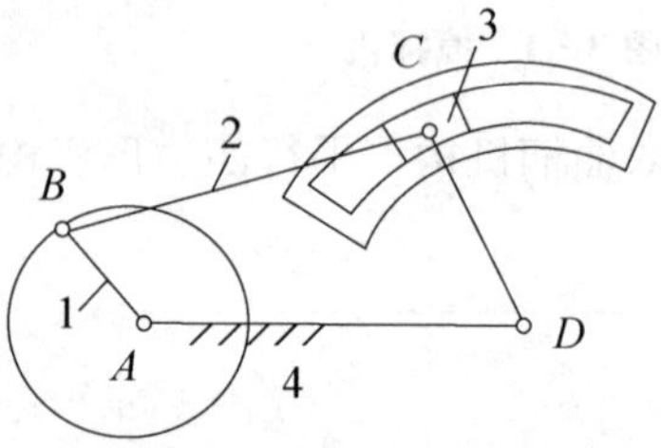

（b）曲柄滑块机构1

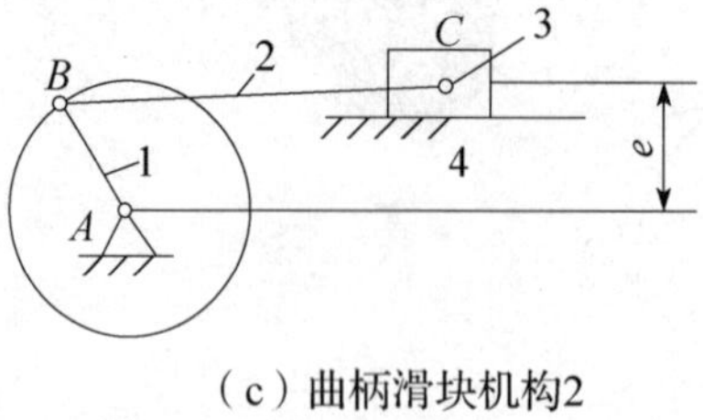

（c）曲柄滑块机构2

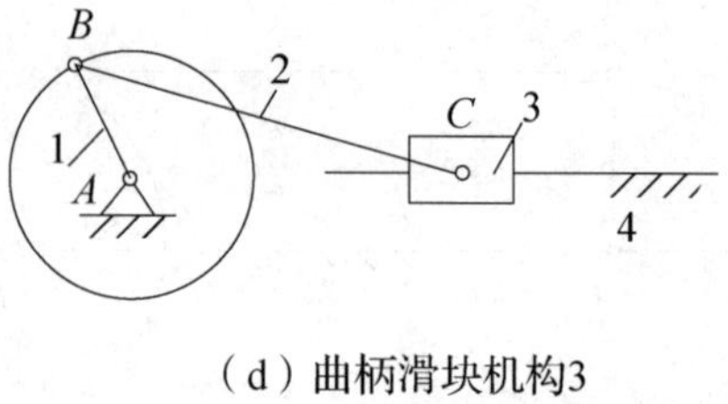

（d）曲柄滑块机构3

图 3-8　曲柄摇杆机构演变为曲柄滑块机构

（二）选取不同构件为机架

四杆机构中，各构件之间的相对运动关系不会因选取哪个构件为机架而改变，但各构件的绝对运动形式与选取的机架有关。因此，当选取不同构件为机架时，就得到不同类型的四杆机构。

1. 导杆机构

如图 3－9（a）所示为曲柄滑块机构。若取曲柄为机架，则演变为导杆机构，如图 3－9（b）所示。若 $L_1<L_2$，则为转动导杆机构；若 $L_1>L_2$，则为摆动导杆机构。如图 3－10 所示为牛头刨床的摆动导杆机构。

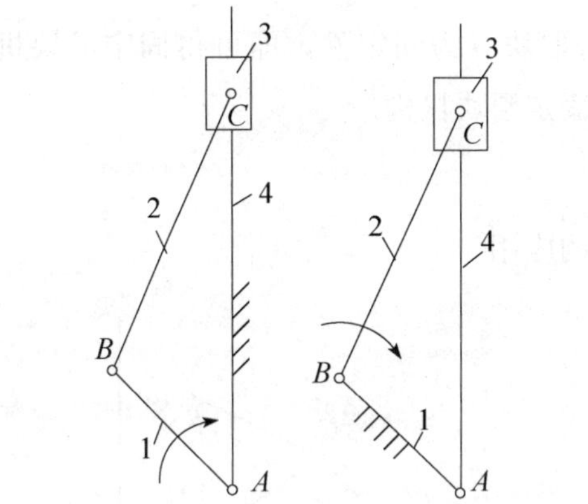

（a）曲柄滑块机构　（b）转动导杆机构

图 3－9　曲柄滑块机构演变为转动导杆机构

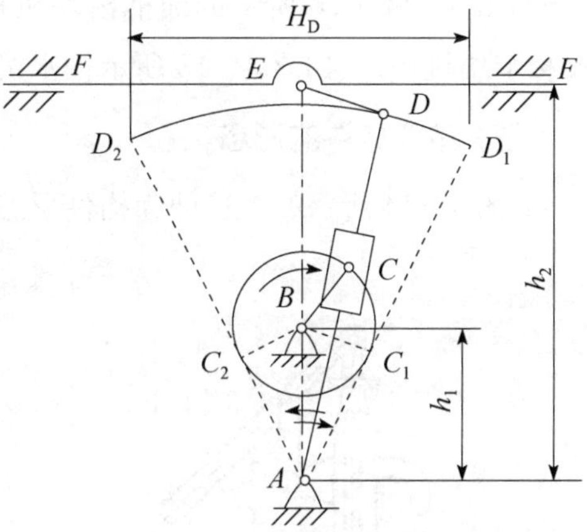

图 3－10　牛头刨床的摆动导杆机构

2. 摇块机构

如图 3－11（a）所示为曲柄滑块机构。若取杆 4 为固定件，即可得图 3－11（b）所示的摆动滑块机构，或称摇块机构。如图 3－12 所示的自卸车翻斗机构即为摆动滑块机构。

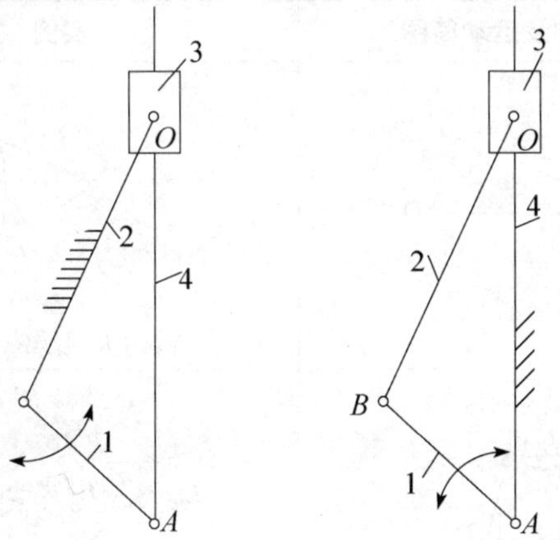

（a）曲柄滑块机构　（b）摆动滑块机构

图 3－11　曲柄滑块机构演变为摆动滑块机构

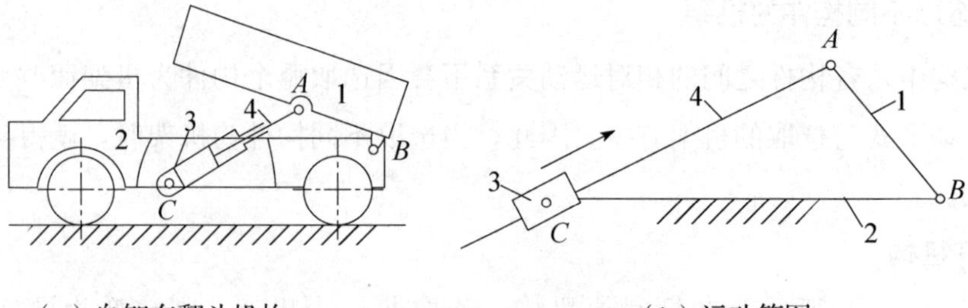

（a）自卸车翻斗机构　　　　（b）运动简图

图 3－12　自卸车翻斗机构及其运动简图

3. 定块机构

如图 3－11（a）所示的曲柄滑块机构中，若取块 3 为固定件，即可得固定滑块机构（又称定块机构）。如图 3－13 所示抽水机构即为固定滑块机构。

（三）改变构件的形态

如图 3－14 所示的雷达即为构件形态改变后的应用。

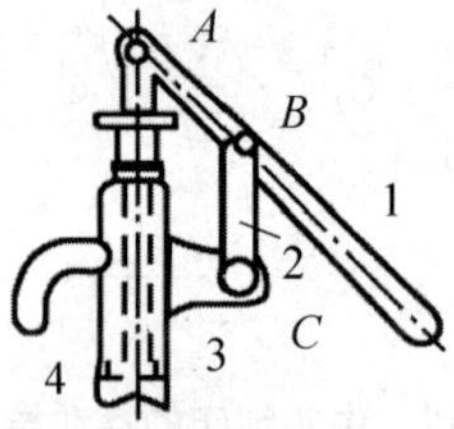

图 3－13　抽水机构

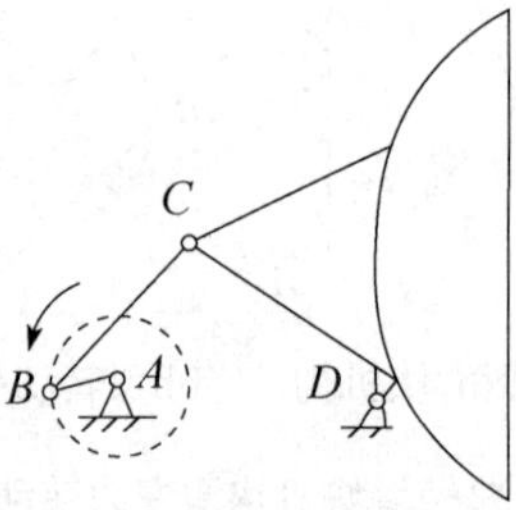

图 3－14　雷达天线操纵机构

铰链四杆机构的常用类型见表 3－1。

表 3－1　铰链四杆机构的常用类型

类型	组成	机构名称及运动简图	实例	运动转换
铰链四杆机构	具有四个转动副	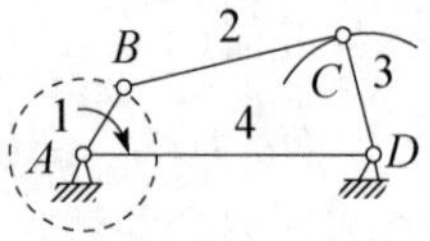 曲柄摇杆机构	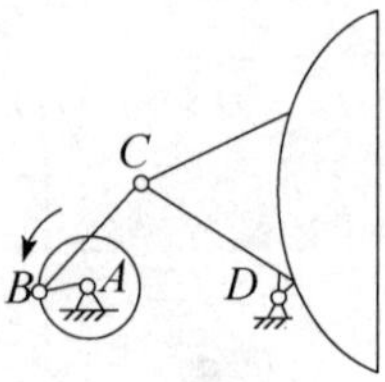 雷达天线操纵机构	回转→摆动
		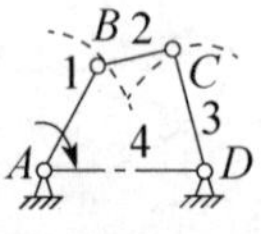 双摇杆机构	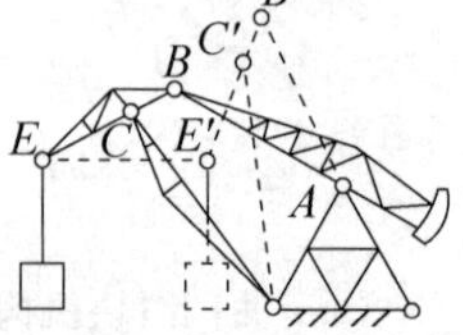 鹤式起重机	摆动→摆动

续表

类型	组成	机构名称及运动简图	实例	运动转换
铰链四杆机构	具有四个转动副	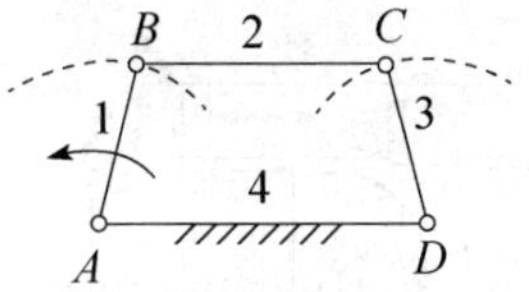 等腰梯形机构	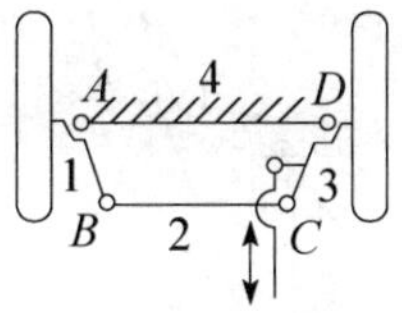 汽车前轮转向机构	摆动→摆动
		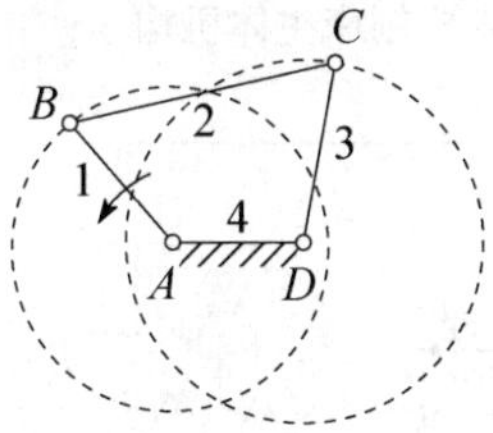 双曲柄机构	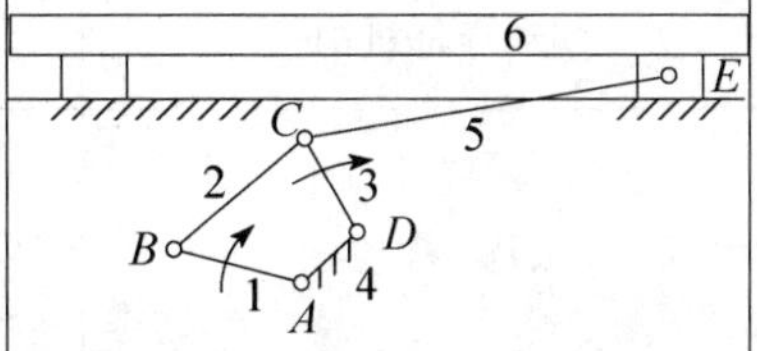 惯性筛机构	回转→回转
		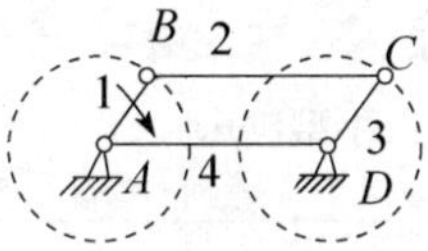 平行四边形机构	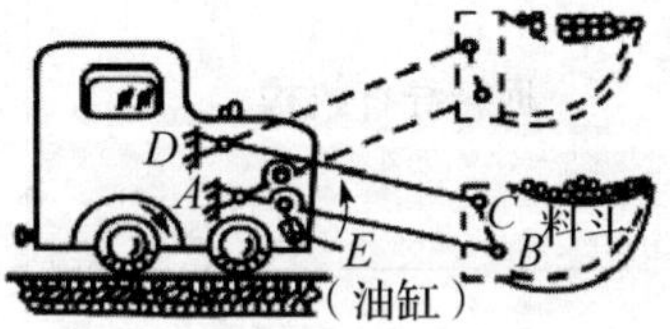 装载机机构	
		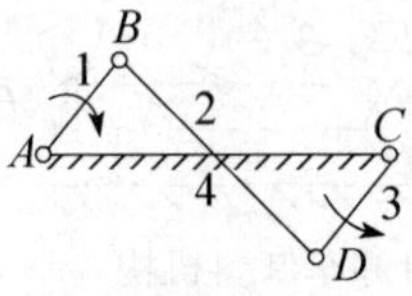 反平行四边形机构	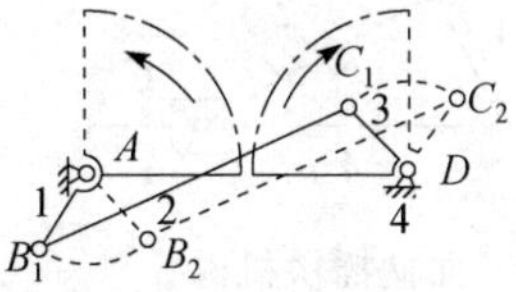 车门开闭机构	
曲柄滑块机构	具有一个固定导路的移动副	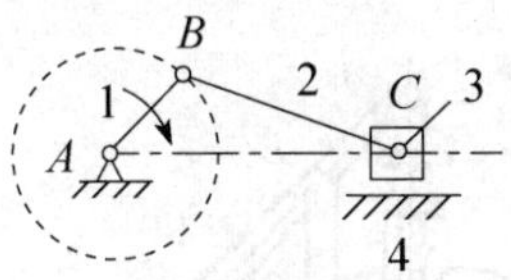 对心曲柄滑块机构	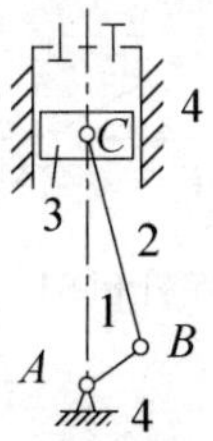 内燃机、压缩机及压力机等	回转→移动
		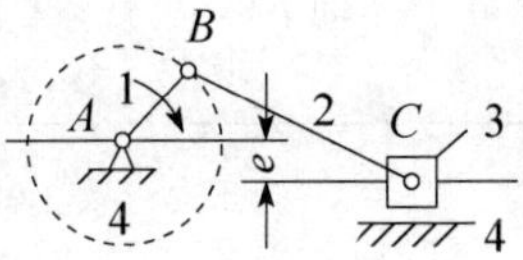 偏置曲柄滑块机构		

续表

类型	组成	机构名称及运动简图	实例	运动转换
导杆机构	具有一个运动导路的移动副	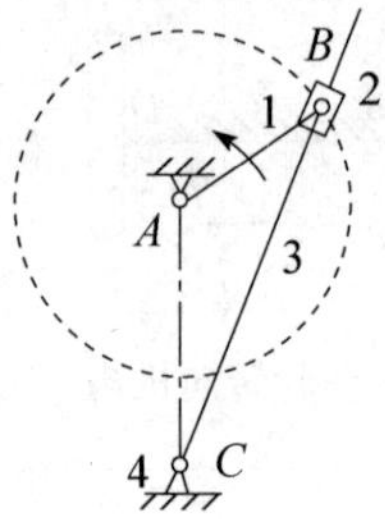 摆动导杆机构	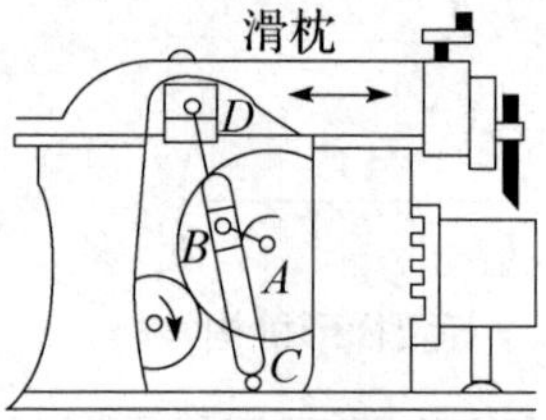 牛头刨床主体机构	回转→摆动
		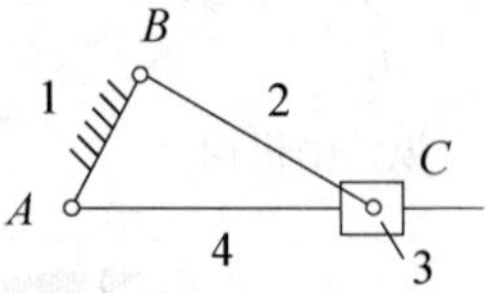 回转导杆机构	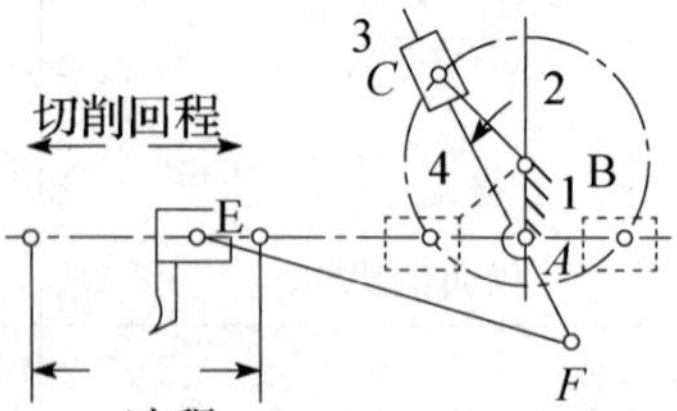 小型刨床	回转→移动
		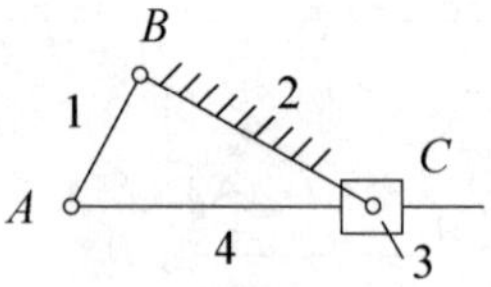 曲柄摇块机构	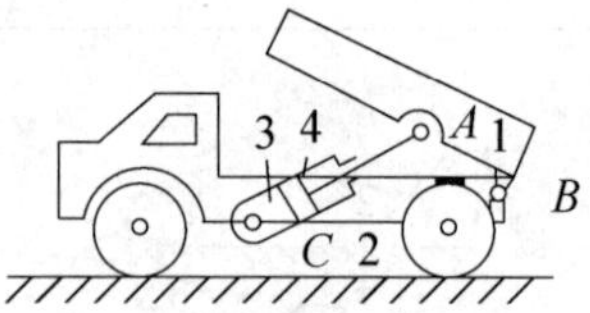 自卸车卸料机构	回转→摆动
		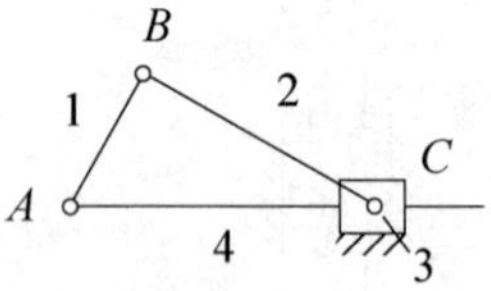 移动导杆机构	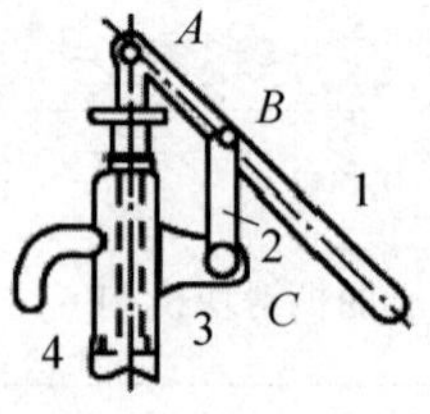 手压抽水机	摆动→移动

续表

类型	组成	机构名称及运动简图	实例	运动转换
双滑块机构	具有两个移动副	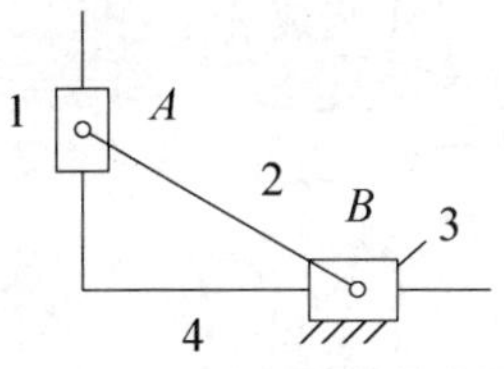 正弦机构	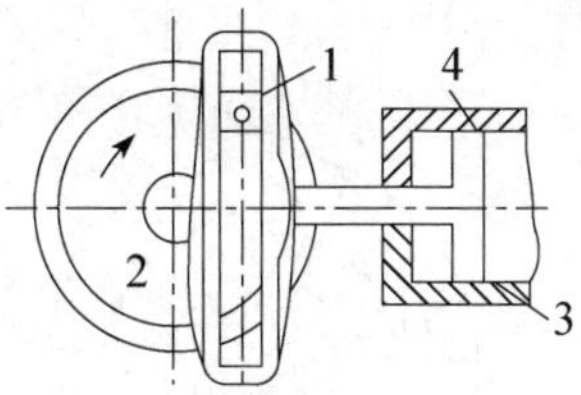 压缩机	转动→移动
		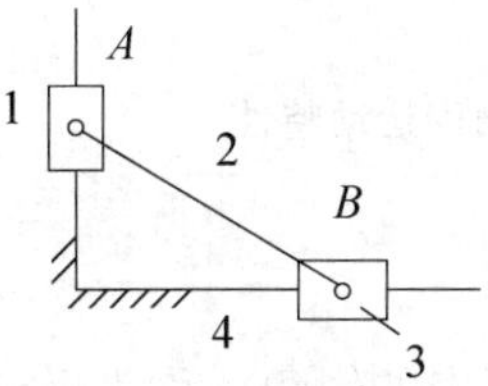 双滑块机构	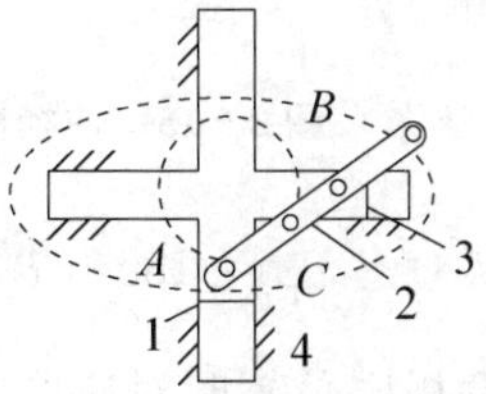 椭圆仪	移动→移动
		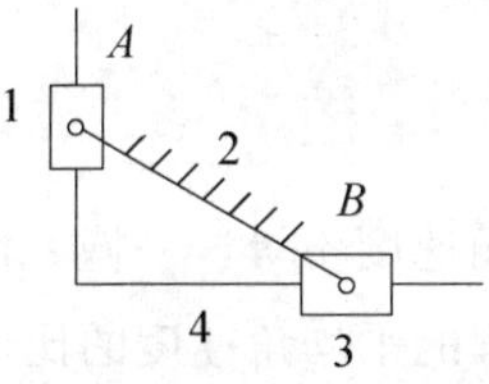 双转块机构	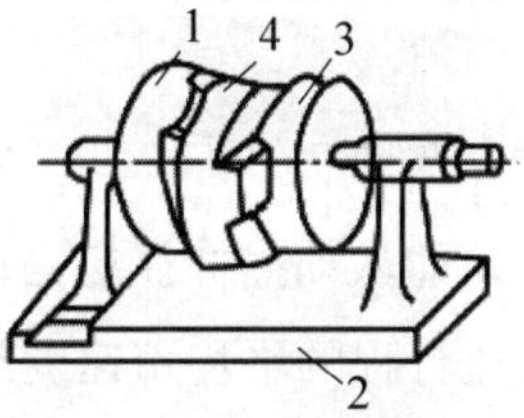 十字滑块联轴器	摆动→摆动

四、铰链四杆机构的工作特性

平面连杆机构的工作特性包括运动特性和传力特性。前者指其所具有的传递和变换运动的特性，后者指其所具有的传递和变换力的特性。学习这些特性，对于掌握平面连杆机构的运动设计及应用具有重要意义。

（一）急回特性

在曲柄摇杆机构、曲柄滑块机构、导杆机构中，除了都有一个做整周转动的曲柄外，还有一个连架杆做往复运动。而做往复运动的构件都有一些共同的特点。

在图 3－15 所示的曲柄摇杆机构中，当曲柄 1 为原动件并做等速转动时，摇杆 3 为从动件做往复摆动。

曲柄在回转一周的过程中，与连杆 BC 有两次共线，这时摇杆 CD 分别位于极限位置 C_1D 和 C_2D。这两个极限位置间的夹角即为摇杆的角行程，称为摆角。曲柄相应的两个转角 φ_1 和 φ_2 分别为：

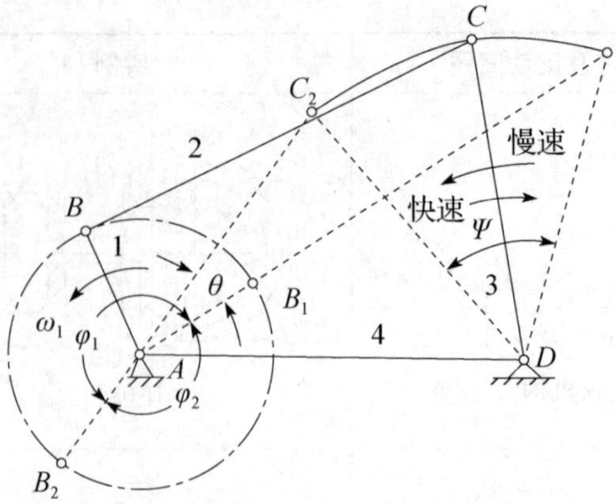

图 3-15　曲柄摇杆机构的急回运动特性

$$\varphi_1=180°+\theta \qquad \varphi_2=180°-\theta$$

式中，θ 为摇杆位于两极限位置时对应曲柄两位置所夹的锐角，称为极位夹角。由于 $\varphi_1>\varphi_2$，因此曲柄以等角速度转过这两个角度时，对应的时间 $t_1>t_2$。摇杆往复摆动的平均角速度为：

$$\omega_{m1}=\varphi_1/t \qquad \omega_{m2}=\varphi_2/t$$

显然，$\omega_{m1}<\omega_{m2}$，即从动摇杆往复摆动的平均角速度不等，一慢一快，这种运动称为急回运动。通常用快速行程的平均角速度与慢速行程的平均角速度的比值来衡量急回运动的相对程度，称为急回系数（或行程速比系数），用符号 K 表示。即

$$K=\frac{\omega_2}{\omega_1}=\frac{180°+\theta}{180°-\theta}$$

当 $\theta=0$ 时，$K=1$，表明摇杆往复运动的平均速度相等，机构无急回运动。由上式可以看出，只要曲柄摇杆机构在运动中的极位夹角 $\theta\neq0$，机构就具有急回运动特性。θ 角越大，K 值越大，机构的急回运动特性也越显著。可用相同的方法判断曲柄滑块机构和导杆机构是否具有急回运动特性。

在设计时，如果给定了急回系数 K，即可通过上式得到极位夹角 θ

$$\theta=180°\frac{K-1}{K+1}$$

在实际应用中，为了提高机械的工作效率，应在慢速运动的行程（正行程）工作，快速运动的行程（反行程）返回。

（二）死点位置

1. 死点位置

在图 3－16 所示的曲柄摇杆机构中，若以摇杆 CD 为原动件，曲柄 AB 为从动件，则当机构处于图示的两个虚线位置时，连杆与曲柄共线，则不能使曲柄 AB 转动，出现“卡死”现象。机构的这种位置称为死点位置。

2. 机构存在死点位置

死点位置对于机构传动来说是不利的，应采取措施使机构能够顺利通过死点位置。常用以下方法：

（1）对于连续运转的机器，可以利用从动件的惯性来通过死点位置，如图 3－17 所示。

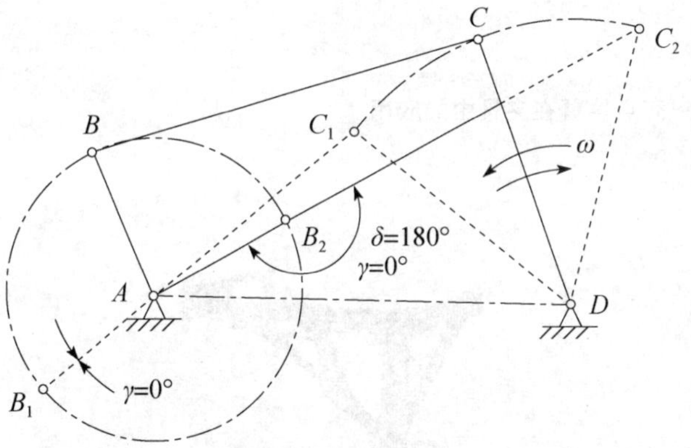

图 3－16 死点位置

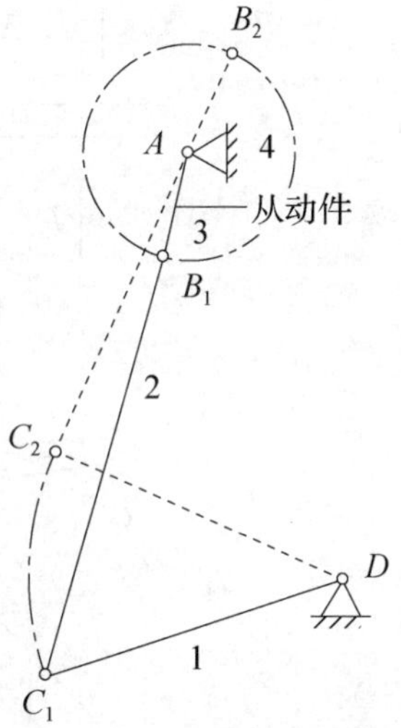

图 3－17 利用惯性通过死点位置

（2）借助飞轮的惯性通过死点位置。如缝纫机的踏板机构。

（3）采用机构错位排列的方式，即将两组以上的机构组合起来，从而使各组机构的死点位置错开。如图 3－18 所示的蒸汽机车车轮联动机构，就是由两组曲柄滑块机构 EFG 与 $E'F'G'$ 组成的，两者的曲柄位置相互错开 90°。

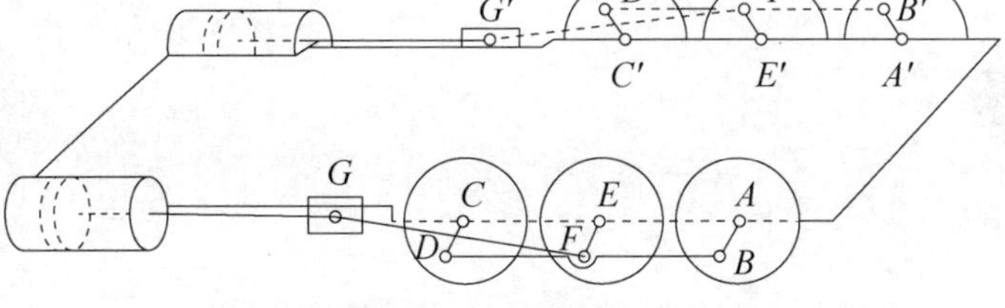

图 3－18 采用机构错位排列的方式通过死点位置

3. 利用死点位置

在工程实际中，也可以利用死点位置实现一定的工作要求。如图 3－19 所示为夹紧工件用的连杆式快速夹具，就是利用死点位置来夹紧工件的。在连杆 2 的手柄处施加压力 F 将工件夹紧后，连杆 BC 与 CD 成一直线，撤去外力 F 后，在工件反力作用下，机构处于死点位置。此时，无论工件反力多大也不会松脱。如图 3－20 所示为飞机起落架处于放下机轮的位置，此时 BC 与 CD 共线，机构处于死点位置，故机轮着地时的巨大冲击力不会使从动件反转，从而保持支撑状态。

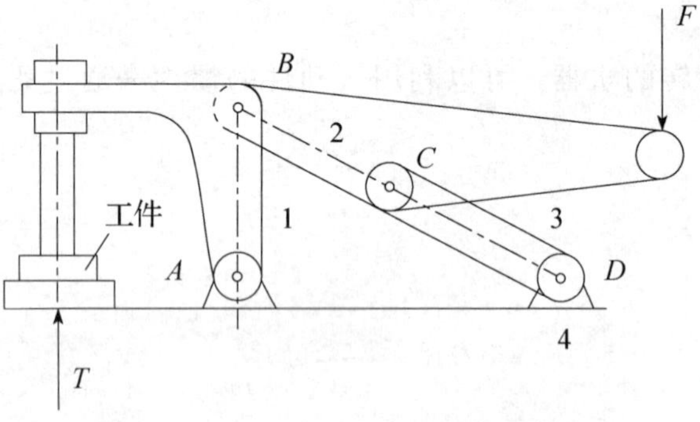

图 3－19　死点位置在夹具中的应用

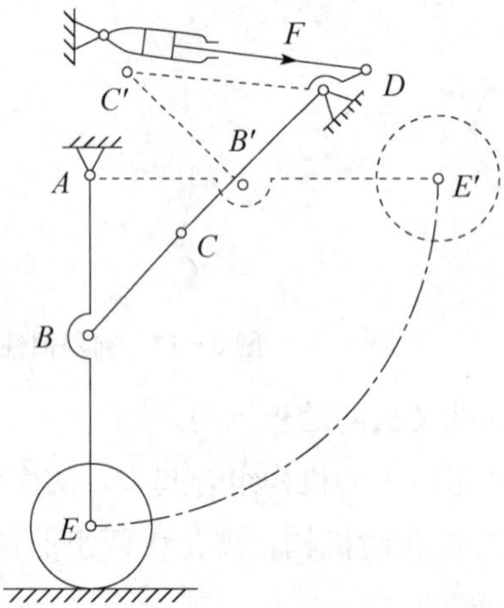

图 3－20　死点位置在飞机起落架中的应用

技能训练

一、训练目的

制作铰链四杆机构模型，掌握铰链四杆机构类型的判别方法。

二、训练器材

（1）若干带孔的木条或带孔的塑料条。

（2）工具：直尺、螺钉旋具、板子，若干小螺栓、螺母、垫片。

三、训练内容

（1）观察不同的铰链四杆机构的区别。

（2）参照下列两孔中心距的尺寸装配铰链四杆机构：

$$a=350\text{mm}, b=550\text{mm}, c=200\text{mm}, d=700\text{mm}$$

选择 d 杆为机架时，机构有几个曲柄？选择哪个杆为机架时，此机构为双摇杆机构？

课后讨论

举例说明生产和生活中应用的平面连杆机构？

任务2 认识凸轮机构

任务目标

（1）掌握凸轮机构的组成、类型和应用。

（2）了解凸轮机构的从动件的运动规律。

（3）掌握尖端移动从动件盘形凸轮轮廓线的基本原理及设计方法。

知识链接

凸轮机构是能够实现复杂运动规律要求的高副机构，广泛应用于各种机械中。凸轮机构设计的基本问题是根据工作要求合理地确定从动件的运动规律，并设计凸轮轮廓。

一、凸轮机构的组成、类型和应用

（一）组成

如图 3-21 所示为内燃机的配气机构，由凸轮 1、从动件气阀 2 和机架 3 组成。当具有曲线轮廓的凸轮做等速转动时，气阀 2 通过与凸轮轮廓保持高副接触实现有规律的开启和闭合运动，从而完成配气的动作要求。通过凸轮轮廓设计可以获得从动件预期的任意复杂运动规律是凸轮机构最主要的功能。

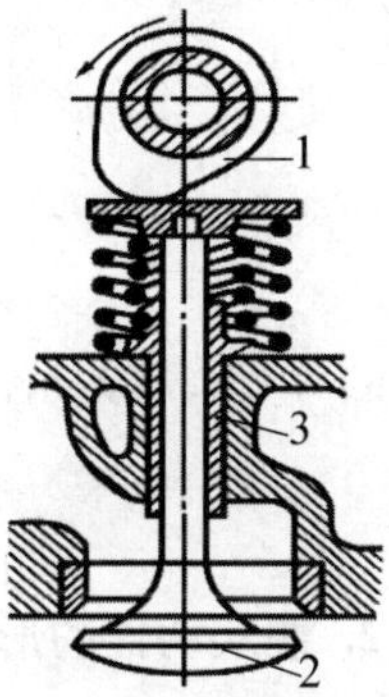

图 3-21　内燃机的配气机构
1—凸轮；2—气阀；3—机架

（二）类型

对从动件的运动形式、从动件的形状、从动件和凸轮保持高副接触的方式三方面，通过不同的组合可以构成多种凸轮机构。

1. 按从动件的运动形式分类

如图 3－22 所示为移动从动件盘形凸轮机构，从动件做往复移动。若移动从动件导路中心线通过凸轮转轴中心，称为对心移动从动件凸轮机构；若不通过转轴中心，称为偏置移动从动件凸轮机构。如图 3－23 所示为摆动从动件盘形凸轮机构，从动件做往复摆动。

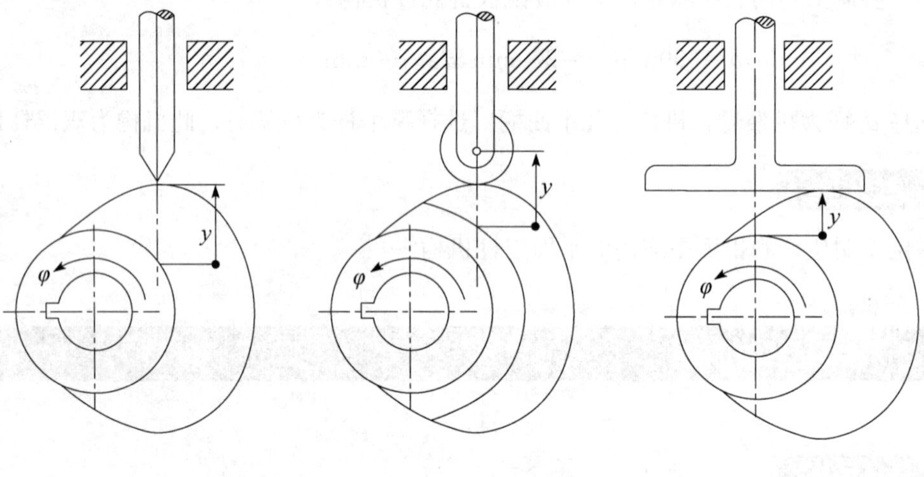

（a）尖端移动从动件　（b）滚子移动从动件　（c）平底移动从动件

图 3－22　移动从动件盘形凸轮机构

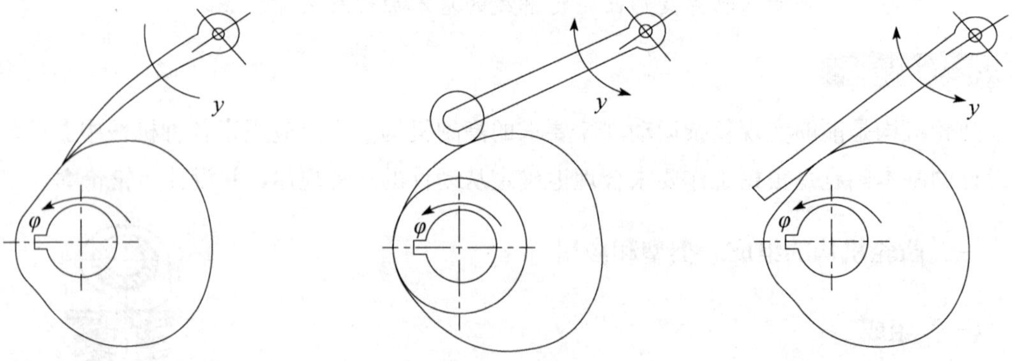

（a）尖端摆动从动件　（b）滚子摆动从动件　（c）平底摆动从动件

图 3－23　摆动从动件盘形凸轮机构

2. 按从动件的形状分类

尖端从动件如图 3－22（a）和图 3－23（a）所示。这种从动件的结构最为简单，但易于磨损，故只适用于低速和传力小的场合。

滚子从动件如图 3－22（b）和图 3－23（b）所示。由于从动件和凸轮之间的摩擦为滚动摩擦，因此磨损小，可用在传递较大力的场合，应用范围很广。

平底从动件如图 3－22（c）和图 3－23（c）所示。从动件与凸轮之间为线接触，接触处易形成油膜，润滑状况好。这种形式的凸轮机构受力平稳，传动效率高，常用于高速场合。

3. 按从动件和凸轮保持高副接触的方式分类

（1）力封闭凸轮机构。

常见方式是在从动件上加弹簧，如图 3－21 所示。该方法最为简单实用，但不适合速度较快的凸轮机构，这是因为在高速运转状态下，弹簧引起的弹性振动会对凸轮机构工作产生不利影响。

（2）封闭凸轮机构。

利用高副元素的几何形状使从动件与凸轮轮廓始终保持接触。几何形状封闭式凸轮机构工作可靠。常用形状的封闭凸轮机构有以下几种形式：

1）槽凸轮机构。如图 3－24（a）所示，凸轮轮廓做成凹槽，依靠凸轮凹槽两侧的轮廓曲线使从动件与凸轮保持接触。这种封闭方式的结构简单，但凸轮的尺寸和质量较大。

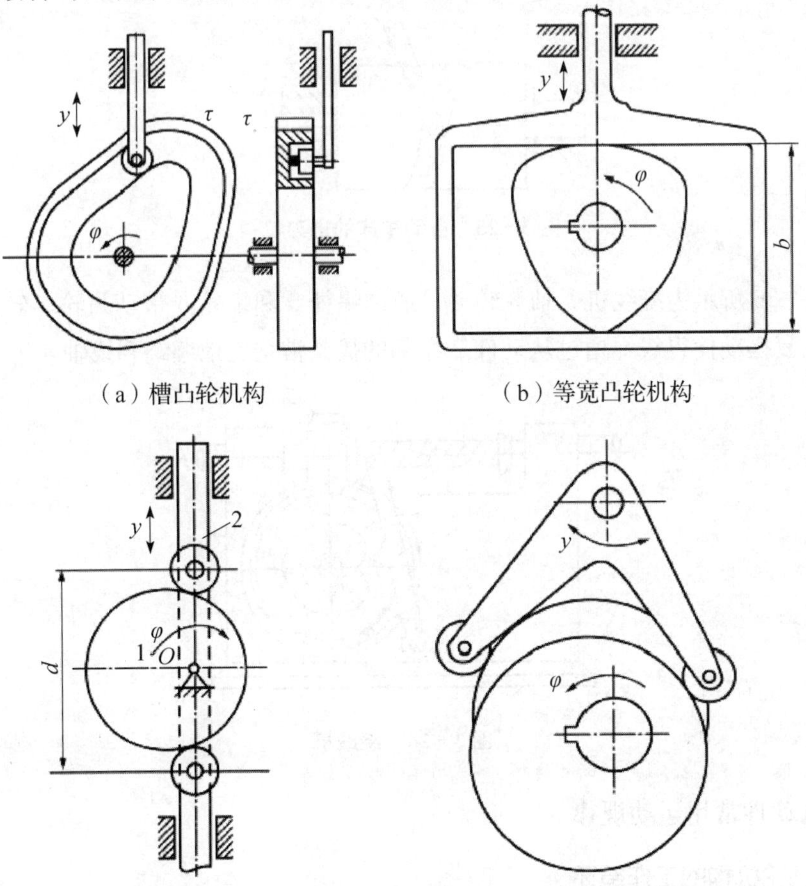

（a）槽凸轮机构　（b）等宽凸轮机构

（c）等径凸轮机构　（d）共轭凸轮机构

图 3－24　凸轮机构

2）等宽凸轮机构。如图 3－24（b）所示，从动件制作成长方形框架形状，而切于凸轮轮廓线的任意两平行线之间的距离始终等于框架内侧长边两平底之间的距离 b（即等宽），因此凸轮与平底可始终保持接触。但从动件运动规律的选择受到限制。

3）等径凸轮机构。如图 3－24（c）所示，从动件上装有两个滚子，凸轮轮廓线同时与两个滚子接触，由于两滚子中心间的距离始终保持不变，故可使凸轮轮廓线与两滚子始终保持接触。其缺点与等宽凸轮机构相同，从动件运动规律的选择受到一定限制。

4）共轭凸轮机构。如图 3－24 所示，可以用两个固结在一起的凸轮带动一个具有两个滚子的从动件。从动件完成空回行程的运动，故这种凸轮机构又称为主回凸轮机构。

（三）凸轮机构应用实例

如图 3－25 所示为自动车床的进刀机构。凸轮 1 转动，带动从动杆 2 往复摆动，再通过从动杆 2 上的扇形齿轮 3 带动横刀架 4 运动，完成进刀和退刀。

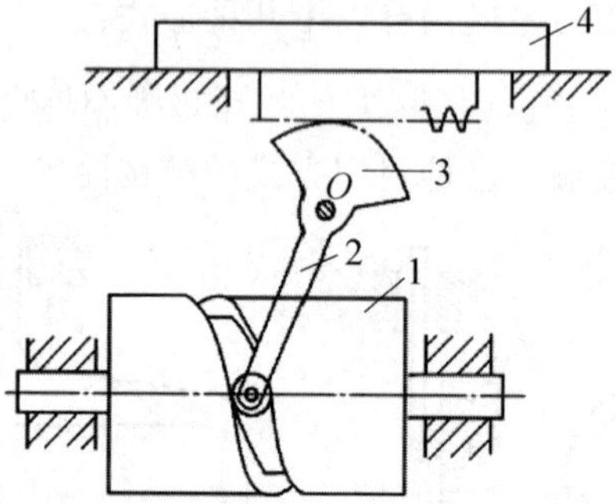

图 3－25　自动车床的进刀机构

如图 3－26 所示为绕线机。轴 3 转动，通过蜗杆 5 和蜗轮 6 带动凸轮 1 转动，摆动从动件 2 的往复摆动使得线绳通过从动件 2 端部的拨叉被均匀地缠绕到线轴 4 上。

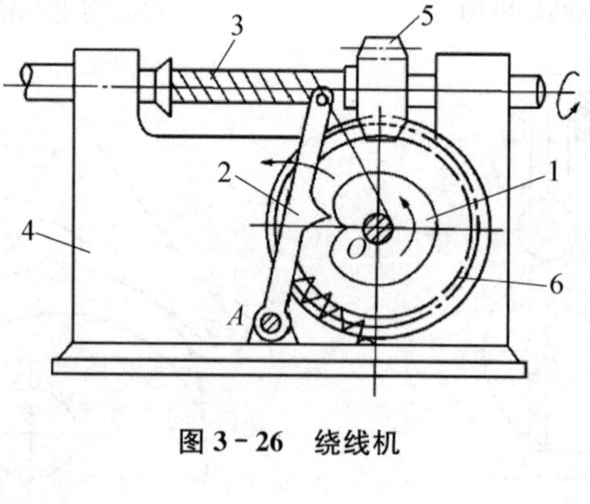

图 3－26　绕线机

二、从动件常用运动规律

（一）凸轮机构的工作循环

如图 3－27 所示为凸轮转动一周的工作循环中从动件的位移线图，横坐标代表凸轮的

转角 φ，纵坐标代表从动件位移 s。图 3－27（b）所示为尖端从动件盘形凸轮机构，以凸轮轮廓最小向径 r_b 为半径所作的圆称为基圆，r_b 称为基圆半径。

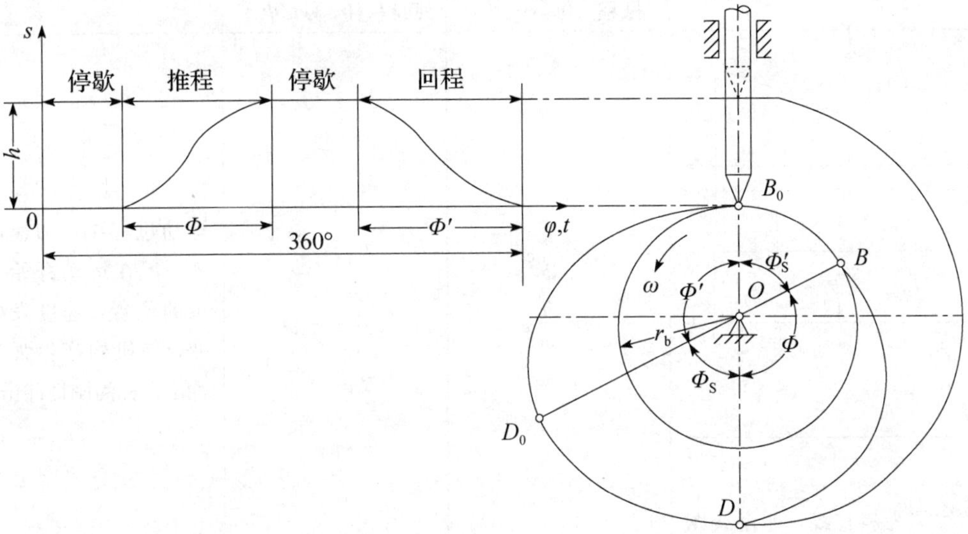

（a）位移线图　　（b）凸轮机构

图 3－27　凸轮机构的工作循环

凸轮机构的一个工作循环又可分为以下 4 个运动过程：

（1）推程：凸轮转过推程运动角 Φ，从动件位移由 $0 \to h$，h 称为从动件行程。

（2）停歇：从动件在离转轴 O 最远处静止不动。

（3）回程：凸轮转过回程运动角 Φ，从动件在弹簧力或重力作用下回到初始位置。

（4）停歇：从动件在初始位置静止不动。

凸轮转过 Φ_s 角时，从动件尖顶与凸轮的 D_0D 圆弧段接触，从动件在最远位置停止不动，Φ_s 称为远休止角。凸轮转过 Φ_s' 角时，从动件尖顶与凸轮的 BB_0 圆弧段接触，停留在离凸轮旋转中心最近的位置，Φ_s' 称为近休止角。所谓从动件的运动规律，是指从动件的位移 s、速度 v 和加速度 a 随时间 t 或凸轮转角 φ 的变化规律，它们全面反映了从动件的运动特性及其变化的规律性。

（二）从动件的常用运动规律

从动件运动规律是凸轮轮廓设计的依据，运动规律通常是根据机械对凸轮机构提出的工作要求确定的。在实际机械中，对从动件运动的要求是多种多样的。经过长期的生产实践和理论研究，人们较为普遍地采用了某些运动规律（称常用运动规律）。下面对这些常用运动规律的组成、特性和应用场合等进行简单介绍，供设计者选用。这里统一设定从动件的行程为 h，对应的凸轮推程运动角为 ϕ，凸轮的角速度为 ω。

1. 从动件等速运动规律

从动件等速运动规律见表 3－2。

表 3-2　从动件等速运动规律

运动线图	运动方程		运动特点
	推程（$0\leqslant\varphi\leqslant\phi$）	回程（$0\leqslant\varphi\leqslant\phi'$）	
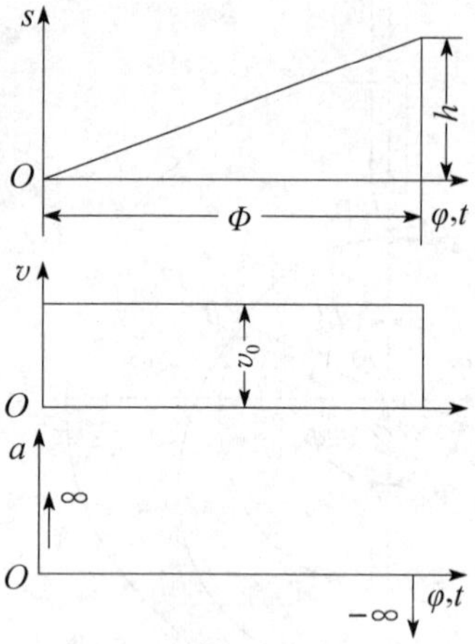位移线图为斜直线，速度线图为平行于横轴的直线	$s=\frac{h}{\phi}\varphi$ $v=\frac{h}{\phi}\omega$ $a=0$	$s=h\left(1-\frac{\varphi}{\phi'}\right)$ $v=-\frac{h}{\phi'}\omega$ $a=0$	运动过程中，加速度为零。但在运动开始和结束的位置，速度发生突变，使机构产生强烈的冲击，称为刚性冲击

2. 从动件等加速、等减速运动规律

从动件等加速、等减速运动规律见表 3-3。

表 3-3　从动件等加速、等减速运动规律

运动线图	运动方程		运动特点
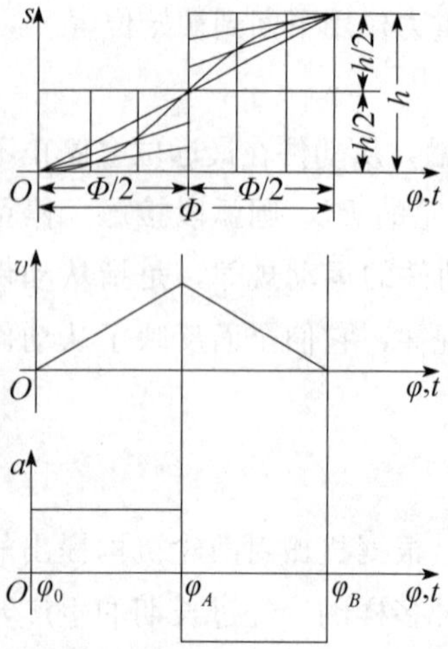	推程（$0\leqslant\varphi\leqslant\phi$）	回程（$0\leqslant\varphi\leqslant\varphi'$）	加速度在凸轮的 φ_O、φ_A、φ_B 这 3 个位置存在有限值的突变，由此引起从动件惯性力的有限值突变，因此也会产生较严重的冲击，称为柔性冲击
	等加速段 $0\leqslant\varphi\leqslant\frac{\phi}{2}$	等减速段 $0\leqslant\varphi\leqslant\frac{\phi'}{2}$	
	$s=\frac{2h}{\phi^2}\varphi^2$ $\nu=\frac{4h\omega}{\phi^2}\varphi$ $a=\frac{4h\omega^2}{\phi^2}$	$s=h-\frac{2h}{\phi'^2}\varphi^2$ $\nu=-\frac{4h\omega}{\phi^2}\varphi$ $a=\frac{4h\omega^2}{\phi^2}$	
	等减速段 $\frac{\phi}{2}\leqslant\varphi\leqslant\phi$	等加速 $\frac{\phi'}{2}\leqslant\varphi\leqslant\phi'$	
从动件先做等加速运动，后做等减速运动，等加速、等减速两段的时间相等（也可不等），其位移曲线为两段抛物线连接而成	$s=h-\frac{2h}{\phi^2}(\phi-\varphi)^2$ $v=\frac{4h\omega}{\phi^2}\ (\phi-\varphi)$ $a=-\frac{4h\omega^2}{\phi^2}$	$s=\frac{2h}{\phi'^2}(\phi'-\varphi)^2$ $v=\frac{4h\omega}{\varphi'^2}\ (\phi'-\varphi)$ $a=\frac{4h\omega^2}{\varphi'^2}$	

三、尖端移动从动件盘形凸轮轮廓线的基本原理及设计方法

根据使用场合和工作要求选定了凸轮机构的类型和从动件的运动规律后，即可进行凸轮轮廓线的设计。

（一）基本原理

设计凸轮轮廓线时，通常采用反转法。如图 3-28 所示的对心尖端移动从动件盘形凸轮机构，在实际工作时，凸轮绕轴 O 以等角速度 ω 逆时针转动，从动件则在凸轮的推动下沿导路上、下往复移动。应用反转法进行凸轮轮廓设计时，假想给整个凸轮机构加上一个与凸轮角速度大小相等、方向相反的公共角速度（$-\omega$）。这样，在保持机构中各构件的相对运动关系不变的情况下，使得凸轮处于相对静止不动的状态，而从动件将随导路一起以角速度（$-\omega$）转动，同时又按给定的运动规律相对机架运动，从动件的尖端的轨迹便是凸轮的轮廓曲线。

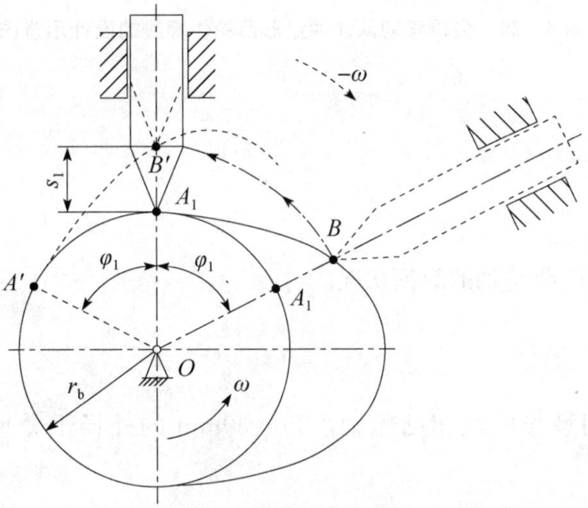

图 3-28　凸轮轮廓线的反转法设计原理

（二）设计方法

给定从动件位移曲线 $s=s(\omega)$，从动件导路中心线通过凸轮转动中心，凸轮以等角速度 ω 顺时针方向转动。设计对心尖端移动从动件盘形凸轮轮廓线的方法与步骤如下：

（1）选定基圆半径 r_b，画出基圆。

（2）等分位移曲线，确定设计点。

（3）应用反转法逐点作图，确定各接触点位置 B_0、B_1、B_2 等。

（4）光滑连接 B_0、B_1、B_2 等点，就得到凸轮轮廓线，如图 3-29 所示。

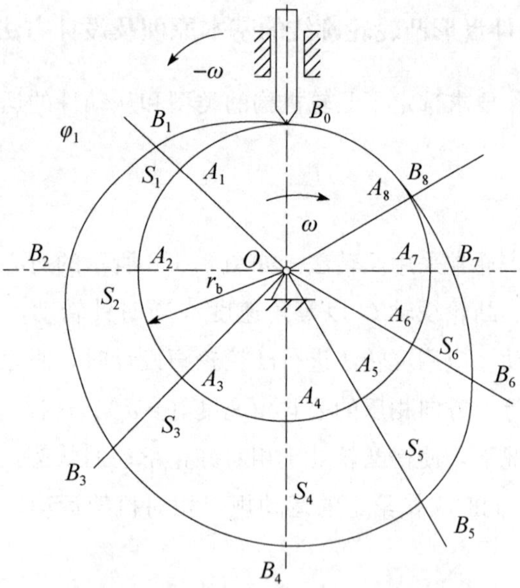

图 3-29　尖端移动从动件盘形凸轮轮廓线的设计示意图

技能训练

一、训练目的

了解凸轮轴及报废凸轮轴的磨损状况。

二、训练器材

准备新旧两根同型号的汽车凸轮轴，25～50mm 的外径千分尺一把，外径百分表一个。

三、训练内容

（1）测量凸轮轴的最大与最小直径，测量凸轮的基圆直径以及凸轮轴的工作行程中的变化数据，并作出多点曲线。

（2）比较新旧凸轮轴最大直径的尺寸区别，注意观察旧凸轮轴中凸轮的磨损曲线和点蚀现象。

课后讨论

（1）凸轮机构从动件常见的运动规律有哪几种？

（2）请列举生产、生活中凸轮机构的应用实例。

任务3 认识间歇运动机构

任务目标

（1）了解棘轮机构的基本型式、工作原理及应用。

（2）了解槽轮机构的组成、工作原理及应用。

（3）了解间歇运动机构的特点与应用。

知识链接

一、棘轮机构

（一）基本型式和工作原理

如图3-30所示为一种基本型式的棘轮机构，主要由摇杆1、棘爪2和棘轮3组成。摇杆1为运动输入构件，棘轮3为运动输出构件。当摇杆逆时针摆动时，铰接在杆上的棘爪插入棘轮的齿内，使棘轮同时转过一定角度。当摇杆顺时针摆动时，棘爪在棘轮的齿上滑过，棘轮静止不动。这样，当摇杆做连续的往复摆动时，棘轮便做单向的间歇转动。

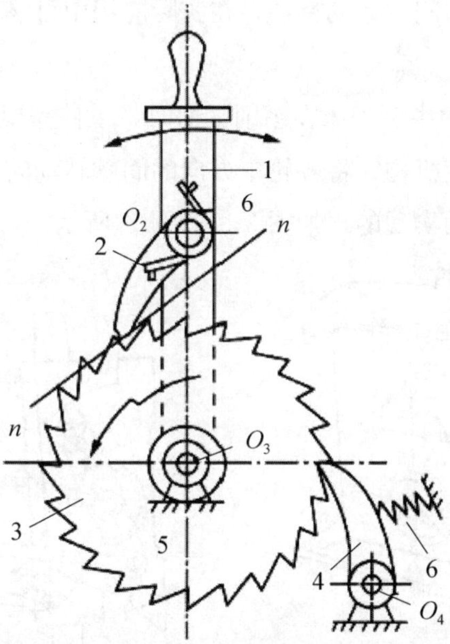

图3-30 基本型式的棘轮机构

1—摇杆；2—棘爪；3—棘轮；4—止动棘爪；5—机架；6—弹簧

另外两种棘轮机构的基本型式如图3-31所示。其中，图3-31（a）所示的棘轮为内棘轮；当棘轮半径无限大时，棘轮就变为棘条，如图3-31（b）所示，此时摇杆1的连续往复摆动使棘条做单向间歇移动。

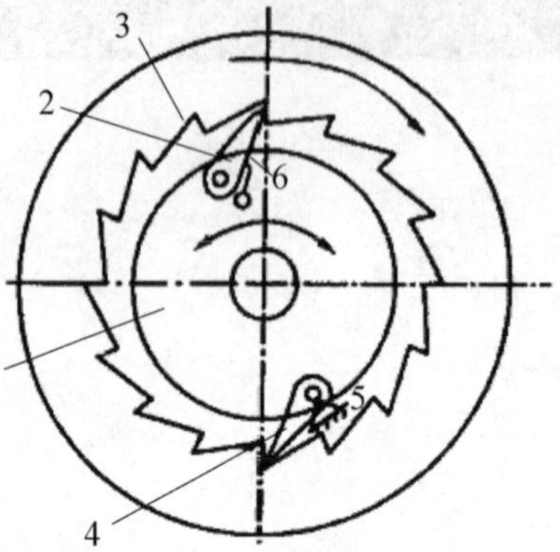

（a）内棘轮机构

1—摆轮；2—棘爪；3—棘轮；
4—止动棘爪；5—机架；6—弹簧

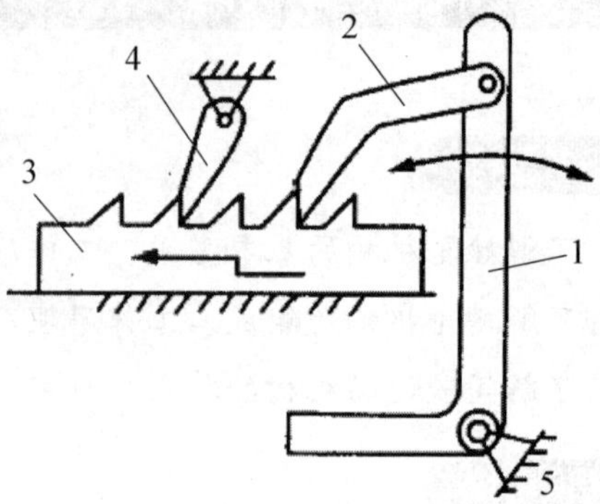

（b）棘条机构

1—摇杆；2—棘爪；3—棘条；
4—止动棘爪；5—机架

图 3-31　内棘轮机构和棘条机构

（二）特点与应用

棘轮机构具有结构简单、制造方便和运动可靠等优点，在各类机械中应用广泛。但棘轮机构不宜应用于高速和运动精度要求较高的场合。

棘轮机构所具有的单向间歇运动特性，在实际应用中可满足如送进、制动、超越离合和转位、分度等要求。

如图 3-32（a）所示的牛头刨床在刨削平面时，工件需要做单方向的间歇送进。该工艺过程是棘轮机构通过螺旋机构，将棘轮单方向的间歇转动转换成工作台（工件固定在工作台上）单方向的间歇移动实现的，如图 3-32（b）所示。

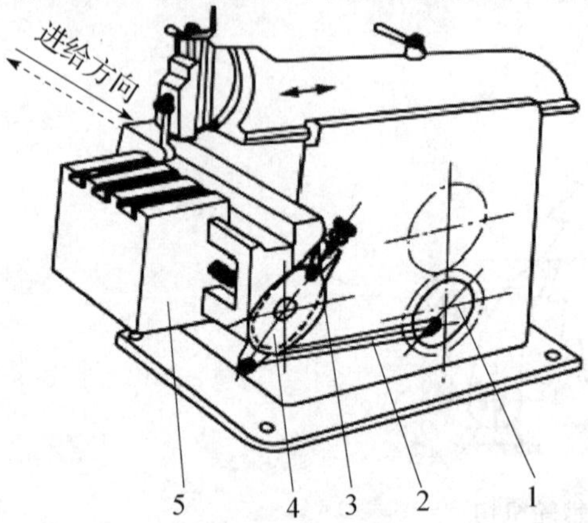

（a）牛头刨床

1—曲柄；2—连杆；3—摇杆；
4—棘轮；5—工作台

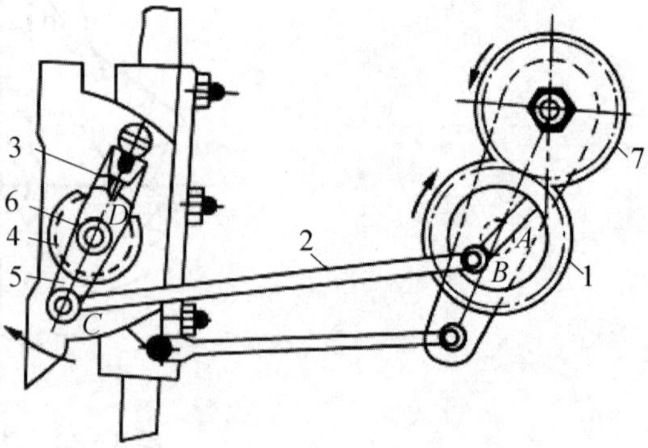

（b）工件单向间歇送进的工作原理

1、7—齿轮；2—连杆；3—棘爪；
4—棘轮；5—摇杆；6—螺杆

图 3-32　牛头刨床的送进机构

图 3-33 所示为卷扬机制动机构。卷筒 1、链轮 2 和棘轮 3 为一体，杆 4 和杆 5 调整好角度后紧固为一体，杆 5 端部与链条导板 6 铰接。当链条突然断裂时，链条导板失去支撑而下摆，使杆 4 端齿与棘轮 3 啮合，可阻止卷筒逆转，起制动作用。

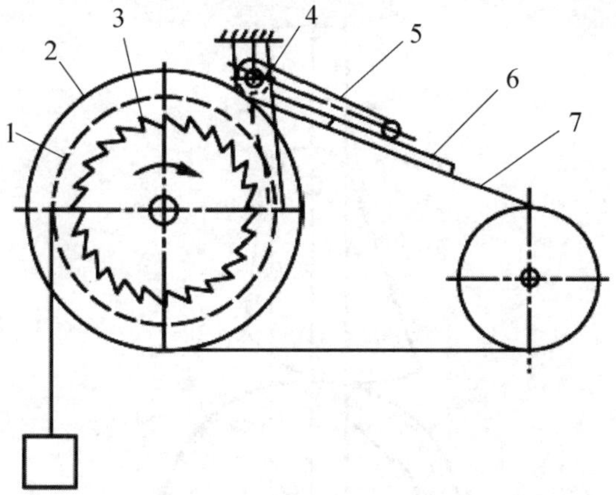

图 3-33 卷扬机制动机构

1—卷筒；2—链轮；3—棘轮；4、5—杆件；6—链条导板；7—链条

如图 3-34 所示为压力机自动转位用的空间四杆机构。滑块（即冲头）每上下一次，便通过连杆 *BC* 带动摇杆 *BO* 往复摆动一次，从而使铰接在摇杆 *A* 处的棘爪推动棘轮（与工作台连接）转过一定角度（即转过一个工位），完成转位要求。

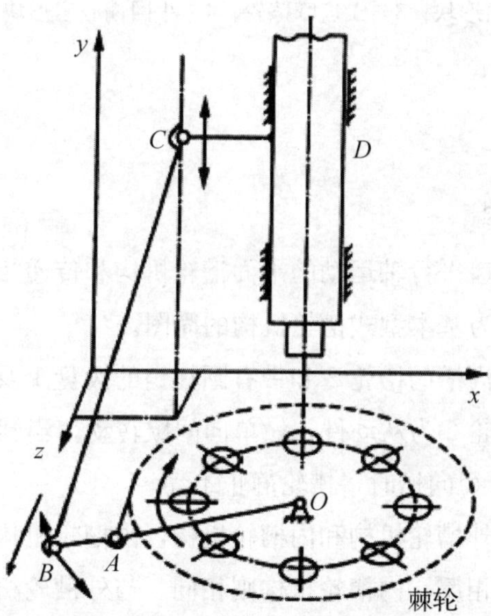

图 3-34 压力机自动转位机构

（三）摩擦式棘轮机构

摩擦式棘轮机构的基本型式如图 3-35 所示，其传动的基本原理与齿式棘轮机构相

同。两者结构上的差别是以偏心扇形块 2 代替棘爪，以无齿摩擦轮 3 代替棘轮。当摇杆 1 逆时针转动时，偏心扇形块 2 与无齿摩擦轮 3 楔紧而结为一体，使无齿摩擦轮 3 随之做逆时针转动，此时扇形块 4 放松。

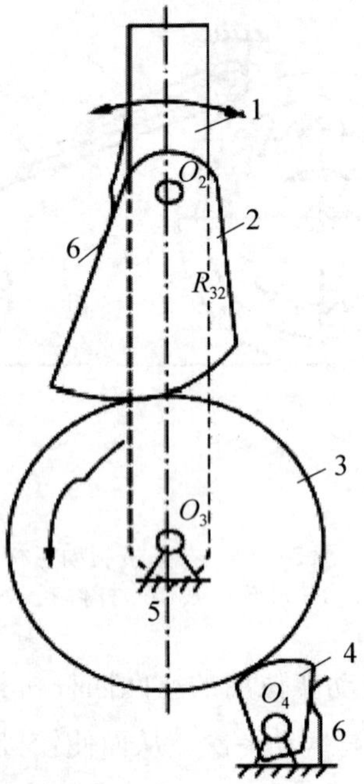

图 3-35　摩擦式棘轮机构

1—摇杆；2—偏心扇形块；3—无齿摩擦轮；4—止回偏心扇形块；5—机架；6—弹簧

二、槽轮机构

（一）组成及工作原理

槽轮机构主要分为传递平行轴运动的平面槽轮机构和传递相交轴运动的空间槽轮机构两大类。如图 3-36 所示为基本型式槽轮机构的简图。

该机构由带若干直线沟槽的槽轮 2 和带有圆柱销的拨盘 1 及机架组成。拨盘 1 为原动件，一般做等速转动。槽轮 2 为从动件，做单向间歇转动。当圆柱销 A 进入径向槽时，槽轮转动；当圆柱销 A 退出径向槽时，槽轮静止不动。

平面槽轮机构又分为外槽轮机构和内槽轮机构，内槽轮机构如图 3-37 所示。外槽轮机构的槽轮同拨盘的转向相反，内槽轮机构则相同。与外槽轮机构相比，内槽轮机构结构紧凑，所占空间小。

如图 3-38 所示为空间槽轮机构的结构简图。槽轮 2 呈半球状，4 个槽和锁止弧均布在球面上，其组成特点是原动件 1 的轴线、原动件上圆柱销 A 的轴线及槽轮的轴线相交于球面的球心 O，因此也称为球面槽轮机构。

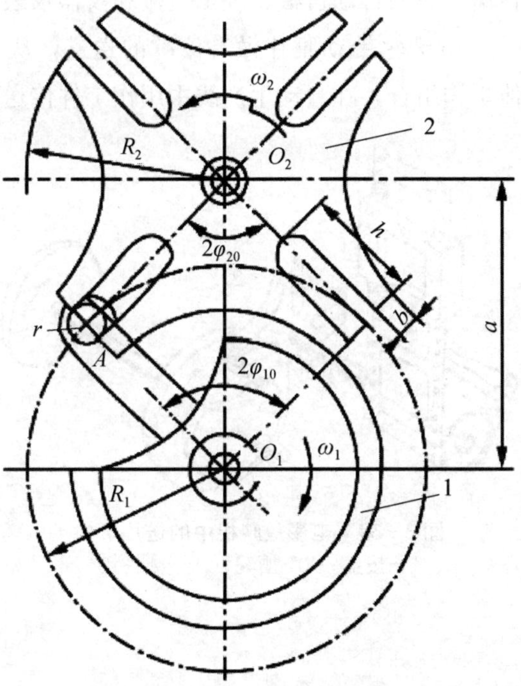

图 3-36　基本型式的槽轮机构

1—拨盘；2—槽轮

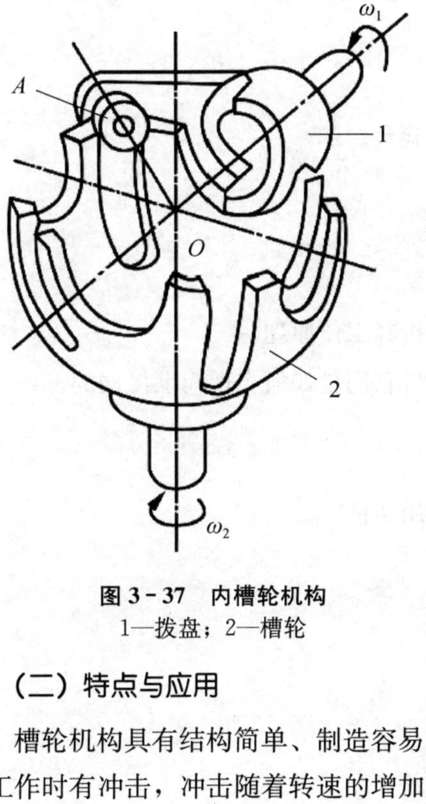

图 3-37　内槽轮机构

1—拨盘；2—槽轮

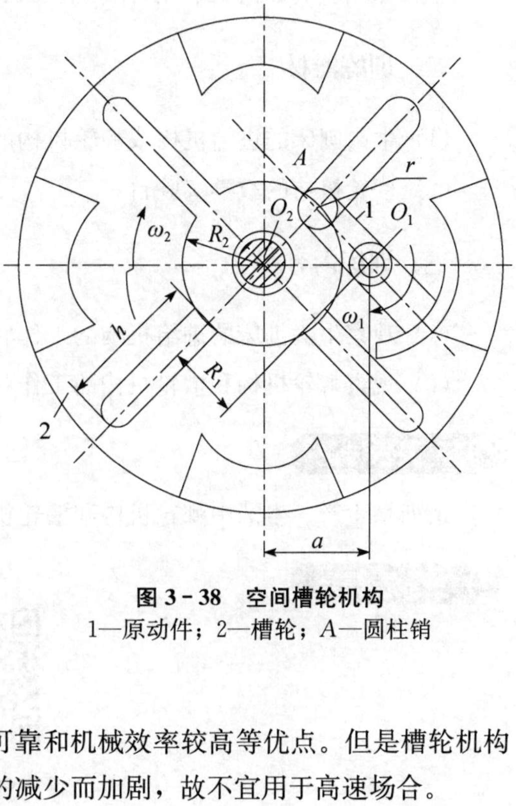

图 3-38　空间槽轮机构

1—原动件；2—槽轮；A—圆柱销

（二）特点与应用

槽轮机构具有结构简单、制造容易、工作可靠和机械效率较高等优点。但是槽轮机构在工作时有冲击，冲击随着转速的增加及槽数的减少而加剧，故不宜用于高速场合。

槽轮机构一般用于转速不高的自动机械、轻工机械和仪器仪表中。如图 3-39 所示的电影放映机中的送片机构，由槽轮带动胶片做有停歇的送进，从而放映出动态画面。此外，槽轮机构也常与其他机构组合，在自动生产线中用作工件传送或转位机构。

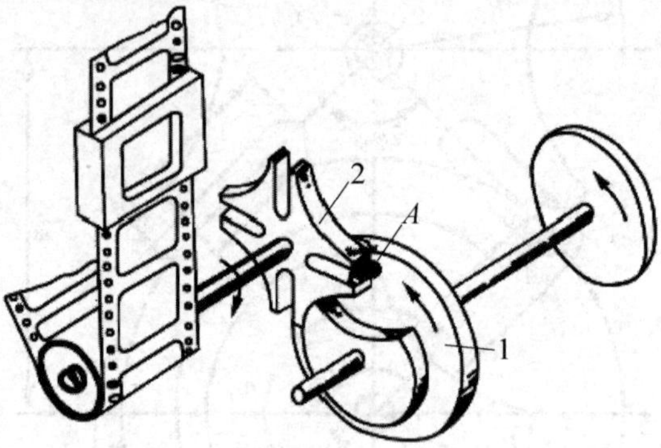

图 3-39　电影放映机中的送片机构

1—拨盘；2—槽轮；A—圆柱销

技能训练

一、训练目的

了解间歇传动机构中的棘轮机构和槽轮机构的工作特点，理解它们是如何实现间歇传动的。

二、训练器材

（1）牛头刨床的进给机构或棘轮机构的教学实验台。

（2）槽轮机构的教学实验台。

三、训练内容

（1）观察牛头刨床的进给机构的工作状态，分析其工作原理。

（2）观察棘轮机构和槽轮机构的工作状态，分析它们是如何实现间歇传动的。

课后讨论

请列举生产、生活中棘轮机构和槽轮机构的应用实例。

素质提升

古代凸轮机构水碓

项目 4

轴与轴承

轴和轴承是机械中常用的重要零件，用来支承回转运动零件，如带轮、齿轮及蜗轮等，同时实现同一轴上不同零件间的回转运动和动力的传递。

任务1 认识轴

轴的作用是支承轴上零件，承受转矩和弯矩，并传递运动和动力。

任务目标

(1) 了解轴的分类和用途。

(2) 认识轴的结构和材料。

(3) 掌握轴和轴上零件的固定方法。

知识链接

一、轴的分类与用途

(一) 按轴线形状分类

根据轴线形状不同，轴可分为直轴、曲轴和挠性轴三类。

1. 直轴

直轴的应用最为广泛，按外形不同可分为光轴（如图 4－1）、阶梯轴（如图 4－2）及一些特殊用途的轴（如花键轴、齿轮轴、蜗杆轴、凸轮轴和传动轴）。光轴与阶梯轴的最大区别在于光轴直径无变化，而阶梯轴直径有变化。

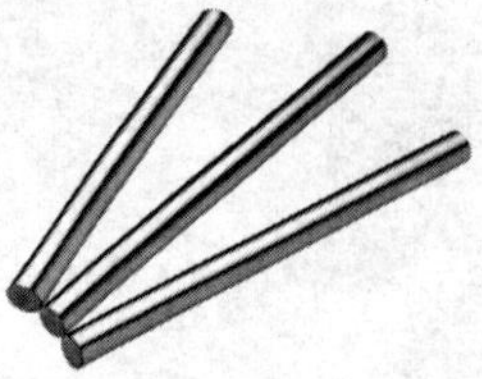

图 4-1　光轴

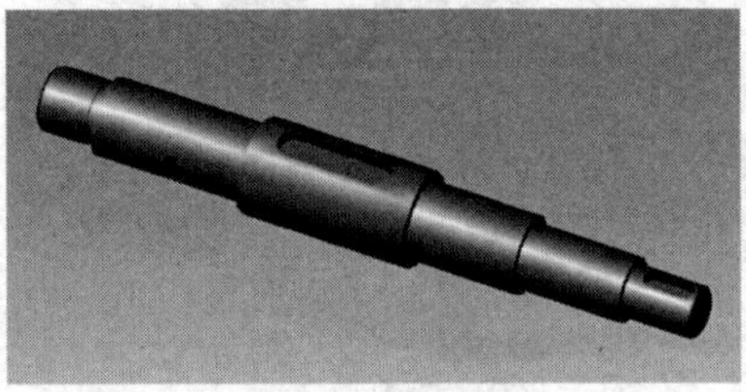

图 4-2　阶梯轴

2. 曲轴

曲轴的作用是将回转运动转变为直线往复运动，或将直线往复运动转变为回转运动，它是往复式机械运动中的专用零件。如图 4-3 所示的汽车发动机中的曲轴便可将活塞的直线往复运动转变为回转运动。

3. 挠性轴

挠性轴（如图 4-4）一般用于连接不在同一轴线或不在同一方向且存在相对运动的两轴，以传递旋转运动和转矩。

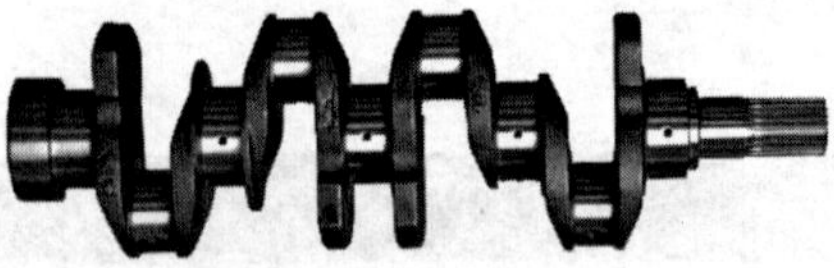

图 4-3　曲轴

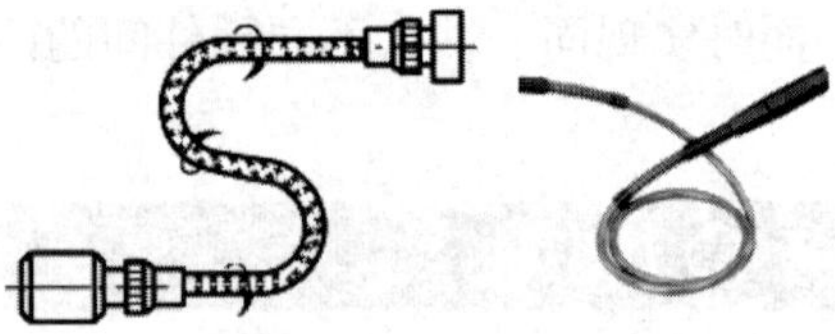

图 4-4　挠性轴

（二）按载荷性质分

根据所受载荷不同，轴可分为心轴、转轴和传动轴三类。

1. 心轴

心轴（如图 4-5）用于支承回转零件，只承受弯曲作用而不传递动力。按其是否转动可分为转动心轴（如火车车轴）和固定心轴（如滑轮支承轴）。

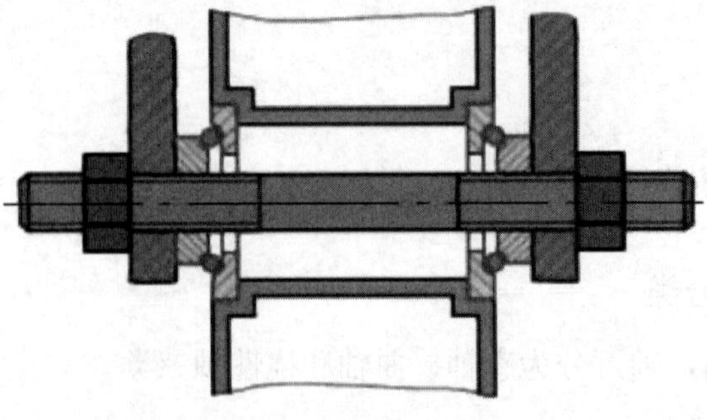

图 4-5　心轴

2. 转轴

转轴（如图 4－6）是机器中常见的轴，指既支承零件又承受转矩和弯矩两种作用的轴。

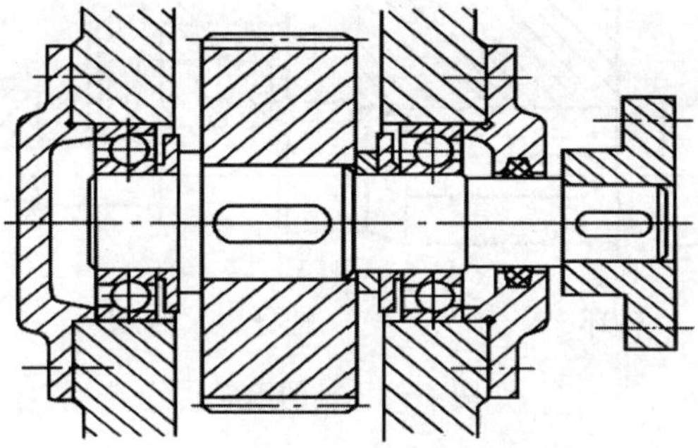

图 4－6　转轴

3. 传动轴

用来传递动力，只承受扭转作用而不承受弯曲作用或弯曲作用很小的轴称为传动轴。典型应用如图 4－7 所示的汽车的传动轴。

图 4－7　传动轴

二、轴的结构

（一）轴的结构设计

轴的结构设计任务就是在满足强度、刚度和振动稳定性的基础上，根据轴上零件的定位要求和轴的加工、装配工艺性要求，合理确定轴的结构形状和全部尺寸。

在考虑轴的结构时，应满足三个方面的要求：安装在轴上的零件要固定可靠；轴的结构要便于加工且应尽量减少应力集中；轴上的零件要便于安装和拆卸。

（二）轴的组成

轴主要由轴头、轴颈、轴身三部分组成。安装轮毂的轴段叫作轴头，轴上被支承的部分叫作轴颈，连接轴颈和轴头的轴段叫作轴身，如图 4－8 所示。

（三）零件在轴上的定位

为了传递运动和动力，保证机械的工作精度和可靠性，零件必须稳固地安装在轴上，不允许零件沿轴向发生相对运动。因此，轴上零件都必须有可靠的轴向定位措施。

零件在轴上的定位分为轴向定位和周向定位。

1. 轴向定位

轴向定位和固定是指将轴上的零件沿轴线方向进行定位和固定。常见的轴向定位和固定的方法是采用轴肩、各种挡圈、套筒、圆螺母及锥端轴头等组合结构。如图 4－9 所示为常用的组合结构。

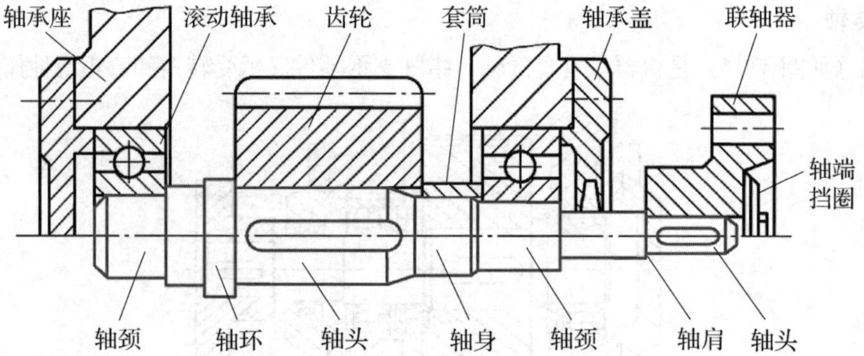

图 4-8 轴的组成

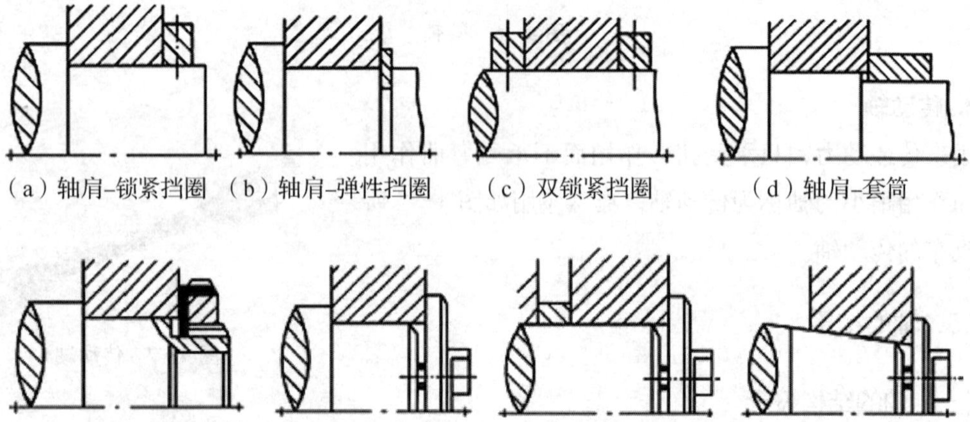

（a）轴肩-锁紧挡圈 （b）轴肩-弹性挡圈 （c）双锁紧挡圈 （d）轴肩-套筒

（e）轴肩-圆锞母 （f）轴肩-轴端挡圈 （g）套筒-轴端挡圈 （h）圆锥形轴头-轴端挡圈

图 4-9 轴向定位和固定

2. 周向定位

零件在轴上的周向定位和固定的方法是采用键、成形连接、销及过盈配合等结构或方式。如图 4-10 所示为常用的结构形式。

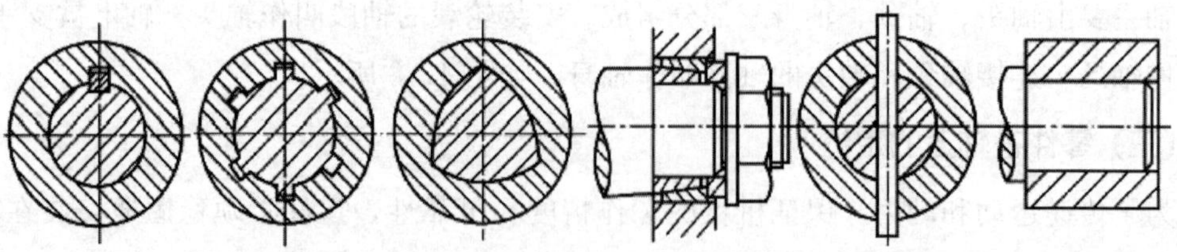

（a）键连接 （b）花键连接 （c）成形连接 （d）弹性环连接 （e）销连接 （f）过盈配合

图 4-10 周向定位和固定

三、轴的常用材料

轴的常用材料有碳素钢、合金钢、球墨铸铁和高强度铸铁等。轴的常用材料及其机械性能见表 4-1。

表 4-1　轴的常用材料及其机械性能

材料	热处理	毛坯直径/mm	硬度 HBS	强度极限 R_m/MPa	屈服极限 R_{eL}/MPa	弯曲疲劳极限 σ_{-1}/MPa	剪切疲劳极限 τ_{-1}/MPa	应用场合
45	正火	25	241	610	360	260	150	应用广泛
	正火	≤100	170～217	600	300	275	140	
	回火	>100～300	162～217	580	290	270	135	
	调质	200	217～255	650	360	300	155	
40Cr	调质	25	241～286	1000	800	500	280	用于载荷较大而无冲击载荷的重要轴
		≤100		750	550	350	200	
		100～300		700	500	340	185	
40CrNi	调质	25	300～320	1000	800	485	280	用于很重要的轴
		≤100	270～300	900	750	470	280	
20Cr	渗碳 淬火 回火	≤15	表面 HRC=56～62	850	550	375	215	用于强度和韧性要求较高的轴
		≤60		650	400	280	160	
1Cr18Ni9Ti	淬火	≤60	≤192	550	220	205	120	用于高/低温及强腐蚀条件下工作的轴
		>60～100		540	220	205	115	
		100～200		500	200	195	105	
QT450-5			170～207	450	330	160	140	不重要的外形复杂的轴

（一）碳素钢

碳素钢比合金钢价格低廉，对应力集中的敏感性低，可通过热处理改善其综合性能，加工工艺性好，故应用广泛。一般用途的轴，多用含碳量为0.25%～0.5%的优质碳素结构钢，尤其是45号钢。对于不重要或受力较小的轴也可用Q235、Q275等普通碳素结构钢。

（二）合金钢

具有比碳素钢更好的力学性能和淬火性能，但对应力集中比较敏感，且价格较贵。多用于制造对强度和耐磨性有特殊要求的轴。如20Cr、20CrMnTi等低碳合金钢，经渗碳淬火处理后可提高耐磨性；20CrMoV、38CrMoAl等合金钢有良好的高温力学性能，常用于制造在高温、高速和重载条件下工作的轴。

（三）铸铁

球墨铸铁和高强度铸铁的吸振性和耐磨性都很好，而且对应力集中的敏感性低，价格低廉，可铸造成外形复杂的轴，例如内燃机中的曲轴。对于形状复杂的轴，也可采用高强度铸造材料来铸造加工，易于得到所需形状，同样具有较好的吸振性和耐磨性，对应力集中的敏感性也较低。

四、轴的结构工艺性

（1）轴肩圆角 R（如图4-11）。同一根轴上的所有圆角半径和倒角的大小应尽可能一致，以减少刀具规格的选择和换刀次数。

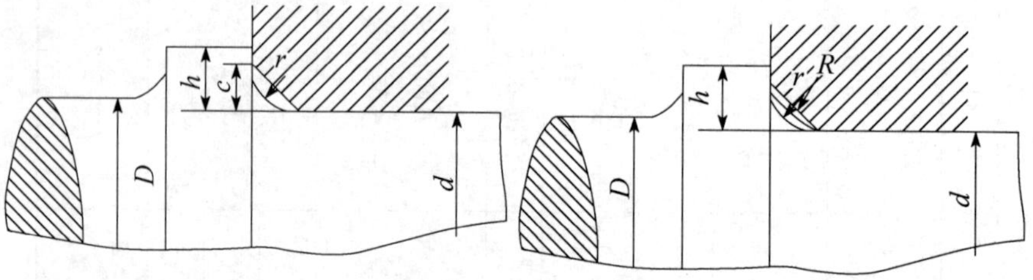

图4-11　轴肩圆角

（2）轴端倒角（如图4-12）。为了便于轴上零件的拆装，轴端和各轴段端部都应有45°的倒角。

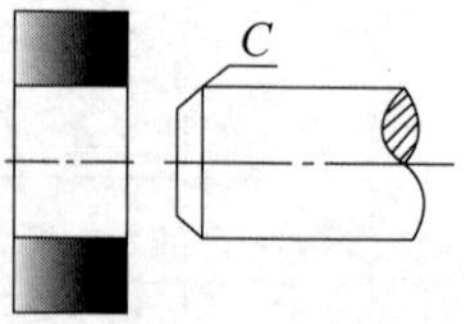

图4-12　轴端倒角

（3）砂轮越程槽（如图 4－13）。保证砂轮磨削加工到位且便于砂轮的安全退刀。

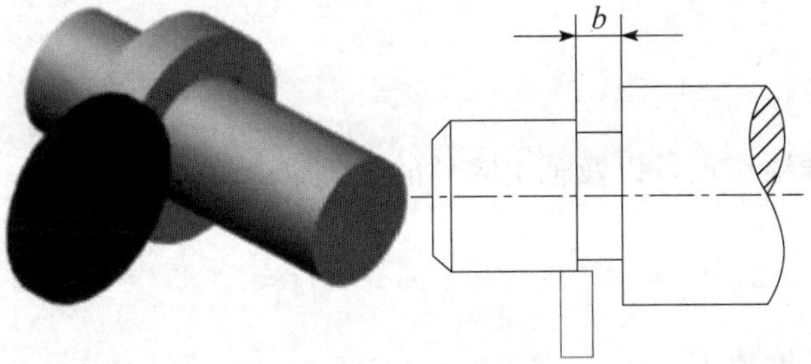

图 4－13　砂轮越程槽

（4）螺纹退刀槽（如图 4－14）。保证螺纹牙型能达到预期的高度。

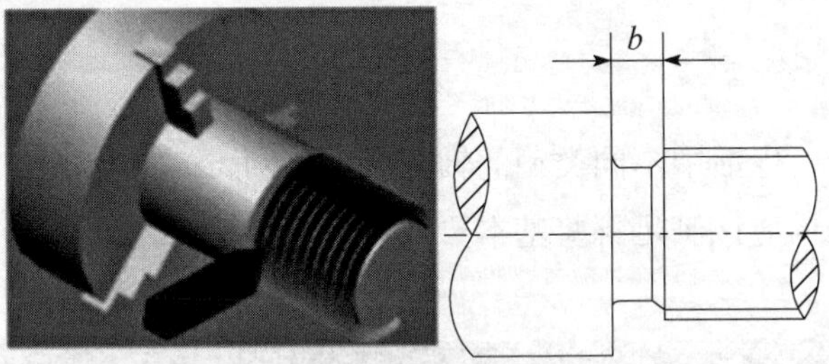

图 4－14　螺纹退刀槽

（5）键槽（如图 4－15）。同一轴上键槽位于圆柱同一母线上，且取相同尺寸。

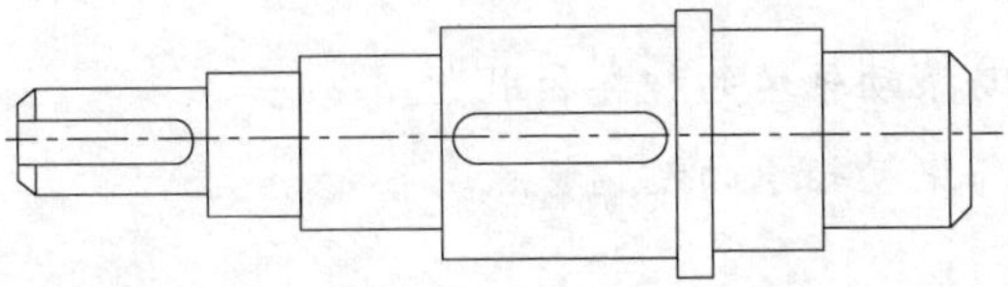

图 4－15　键槽

师傅指教

（1）轴上与标准零件相配合的直径应取标准值，非配合轴段允许为非标准值，但最好取整数。

（2）与滚动轴承相配合的直径，必须符合滚动轴承的内径标准。

（3）安装联轴器的轴径应与联轴器的孔径范围相适应。

（4）轴上的螺纹直径应符合标准。

（5）轴上与零件相配合部分的轴段长度，应比轮毂长度短 2～3mm，以保证零件轴向定位可靠。

（6）若要在轴上安装可滑移的零件，应考虑零件的滑移距离。

（7）轴上各零件之间应该留有适当的间隙，以防运转时相碰。

技能训练

一、训练目的

了解传动轴的结构特点，以及轴上零件的固定方式。

二、训练器材

齿轮箱传动轴，拆装工具。

三、训练内容

拆装齿轮箱传动轴。

课后讨论

（1）请列举生产、生活中不同类型的轴的应用实例。

（2）轴的合理结构应该满足哪些基本要求？

任务 2 认识轴承

任务目标

（1）了解滑动轴承与滚动轴承的种类和用途。

（2）了解滑动轴承与滚动轴承的结构特点。

知识链接

轴承是机器、仪表中的重要支承零件，主要作用是支承转动（或摆动）的运动部件，保证轴和轴上传动件的回转精度，减少摩擦和磨损。根据工作时摩擦性质的不同，轴承分为滑动轴承和滚动轴承两大类。

一、滑动轴承

只发生滑动摩擦的轴承称为滑动轴承。根据所受载荷的方向不同，滑动轴承分为径向滑动轴承、止推滑动轴承和径向止推滑动轴承三类。

（一）滑动轴承的组成及特点

滑动轴承主要由滑动轴承座、轴瓦或轴套组成（如图 4－16）。装有轴瓦或轴套的壳体称为滑动轴承座。轴上被轴承支承的部分称为轴颈，与轴颈相配的圆筒形整体零件称为轴套，与轴颈相配的对开式零件称为轴瓦。

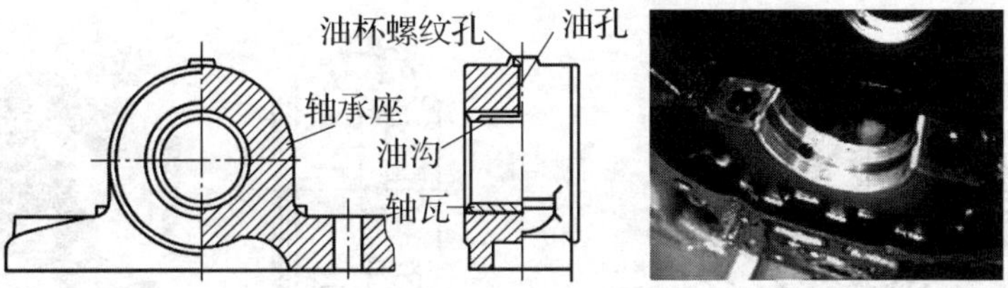

（a）结构　　（b）实物

图 4-16　滑动轴承

滑动轴承具有承压面积大、工作平稳、无噪声及拆装方便等优点，得到广泛应用。制造滑动轴承的轴瓦及其内衬的合金称为滑动轴承合金，简称轴承合金。

（二）滑动轴承的结构

1. 向心滑动轴承

滑动轴承按结构分为整体式、剖分式和调位式。如图 4－17 所示为整体式滑动轴承，由轴承座 1、轴瓦 2 和紧定螺钉 3 组成。这种轴承成本低，但拆装不方便（必须通过轴端），而且磨损后轴颈和轴瓦之间的间隙无法调整，故仅用于轻载、低速、间歇工作且不太重要的场合，其结构尺寸已标准化。

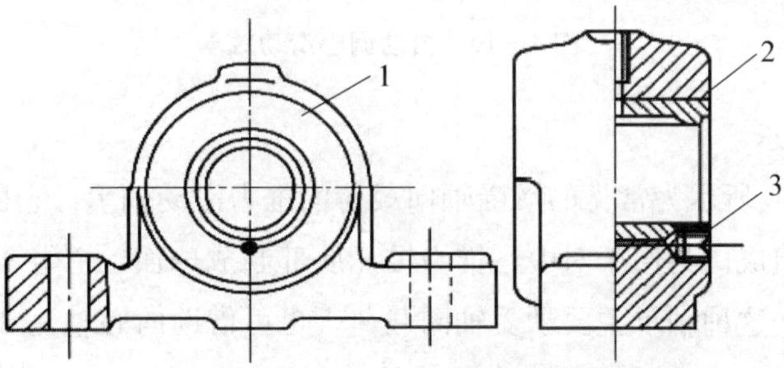

图 4-17　整体式滑动轴承

1—轴承座；2—轴瓦；3—紧定螺钉

如图 4－18 所示为剖分式滑动轴承，由轴承座 1、轴承盖 2、剖分的上下轴瓦 3 和 4、螺栓 5 组成。轴承剖分面间配制调整垫片 6，当轴瓦磨损后，可减小垫片厚度以调整间隙。轴承盖和轴承座的剖分面常制成阶梯形台阶 7，以便轴承盖和轴承座很好地对中及承受横向载荷。剖分式滑动轴承便于拆装和调整间隙，应用广泛，其结构尺寸已标准化。

当轴承宽度 B 相对轴径 d 较大（宽径比 $B/d>1.5$）、安装误差或轴的弯曲变形较大使两轴承较难保证同轴度时，轴瓦两端与轴颈会发生边缘接触、载荷集中，导致发热和严重的局部磨损，这时常采用图 4－19 所示的自动调心滑动轴承。这种轴承的轴瓦能随轴的偏斜自动调整位置，以保证轴瓦和轴颈的轴线一致，进而保证轴颈与轴瓦在轴承宽度上能够均匀接触。

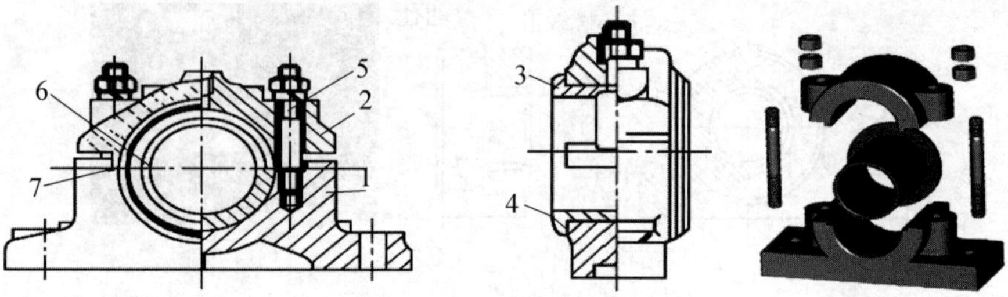

（a）结构　　　（b）实物

图 4－18　剖分式滑动轴承

1—轴承座；2—轴承盖；3、4—上下轴瓦；5—螺栓；6—调整垫片；7—剖分面

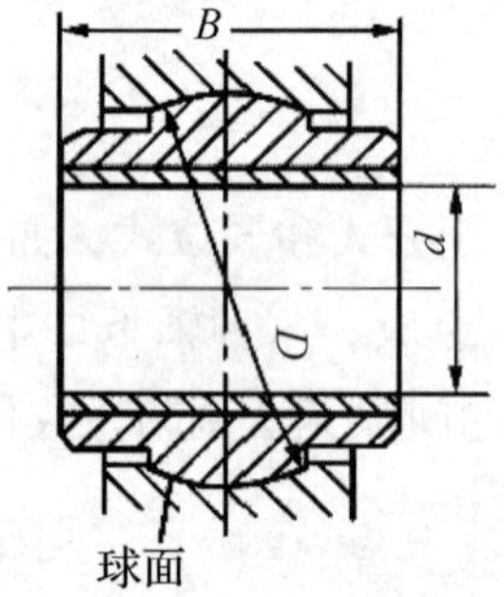

图 4－19　自动调心滑动轴承

2. 推力滑动轴承

如图 4－20（a）所示为常见的承受轴向载荷的推力滑动轴承，它由轴承座 1、推力轴瓦 2、向心轴瓦 3 组成。为便于对中，推力轴瓦底部制成球面，销钉 4 用来防止推力轴瓦 2 随轴 5 一起转动。这种轴承主要承受轴向载荷，也可借助向心轴瓦 3 承受较小的径向载荷。这种轴承的止推面的结构形式有实心［如图 4－20（b）］、空心［如图 4－20（c）］、单

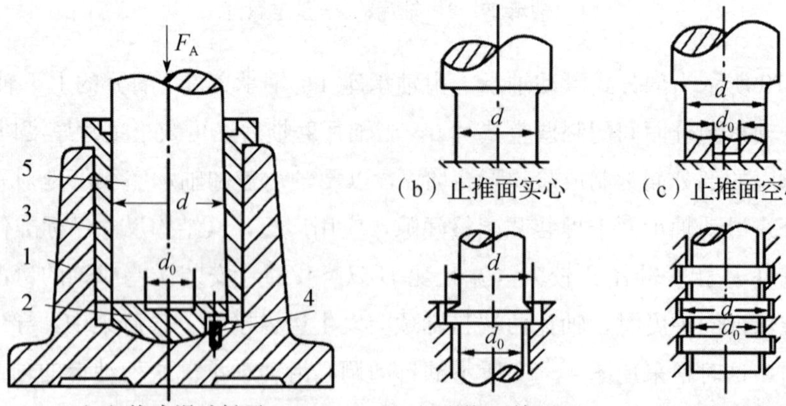

（a）推力滑动轴承　（b）止推面实心　（c）止推面空心　（d）止推面单环形　（e）止推面多环形

图 4－20　推力滑动轴承

1—轴承座；2—推力轴瓦；3—向心轴瓦；4—销钉；5—轴

环形［如图 4－10（d)］和多环形［如图 4－20（e)］4 种，多环形轴承能承受较大的轴向载荷，以及双向轴向载荷。

（三）常用滑动轴承的轴瓦的材料与结构

1. 轴瓦的材料

用作轴瓦材料的金属材料有锡基、铅基、铜基及铝基轴承合金等，锡基轴承合金的常用牌号有 ZSnSb8Cu4、ZSnSbl1Cu6 等。铅基轴承合金的常用牌号有 ZPbSb10Sn6、ZPbSb15Sn10 等。后期发展起来的高锡铝基轴承合金是一种新型轴承合金，用作含油轴承。

用作轴瓦的非金属材料有工程塑料、碳石墨、陶瓷、木材和橡胶等。

2. 轴瓦的结构

常用轴瓦结构有整体式和剖分式两类，如图 4－21、图 4－22 所示。

图 4－21　整体式轴瓦

图 4－22　剖分式轴瓦

为了使润滑油流到轴瓦的整个工作表面上，轴瓦上要制出进油孔和油沟以输送润滑油。如图 4－23（a)、(b)、(c）所示为轴向、周向和斜向油沟，轴向油沟也可以开在轴瓦剖分面上［如图 4－23（d)］。通常，油孔和油沟不应该开在轴承油膜承载区内，否则会破坏承载区油膜的连续性，降低油膜承载能力。

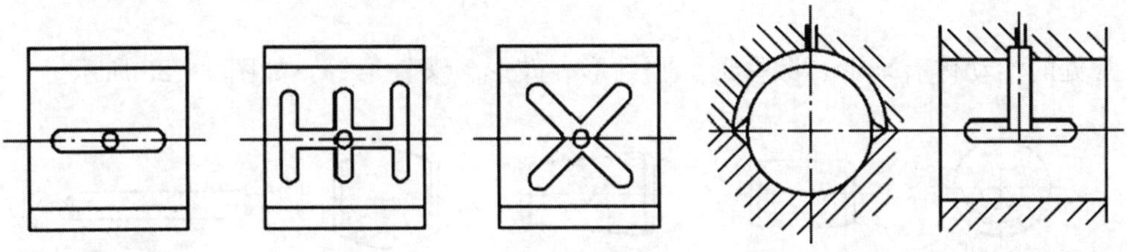

（a）轴向油沟　（b）周向油沟　（c）斜向油沟　（d）轴瓦剖分面上的轴向油沟

图 4－23　常见轴瓦的沟槽形式

师傅指教

滑动轴承的安装与维护：

(1) 确保轴颈在轴承孔中转动灵活、准确、平稳。

(2) 轴瓦与轴承孔要修刮贴实，轴瓦部分面要高出 0.05～0.1mm，以便压紧。整体式轴瓦压入时要防止偏斜，并用紧定螺钉固定。

(3) 注意油路畅通，油路与油沟要接通。

(4) 注意清洁，修刮调试过程中易出现油污机件，因此每次修刮调试后都要清洗涂油。

(5) 轴承使用过程中，要经常检查润滑、发热（一般在60℃以下为正常）、振动情况，及时更换旧的轴瓦。

二、滚动轴承

（一）滚动轴承的组成、类型和代号

1. 滚动轴承的组成

滚动轴承一般由内圈、外圈、滚动体和保持架四部分组成，如图 4-24 所示。外圈（固定件）是轴承的外环圈，装在机座的轴承孔内，固定不动。内圈（旋转件）是轴承的内环圈，装在轴颈上，与轴一起转动。滚动体是固定件与旋转件间的媒质。当内、外圈相对旋转时，滚动体沿着滚道滚动。保持架将滚动体在滚道上等距离隔离，确保各滚动体不发生相互接触，减少摩擦及噪声。

图 4-24　滚动轴承的组成

常见的滚动体有球形、圆柱形、圆锥形、鼓形、滚针形等，如图 4-25 所示。

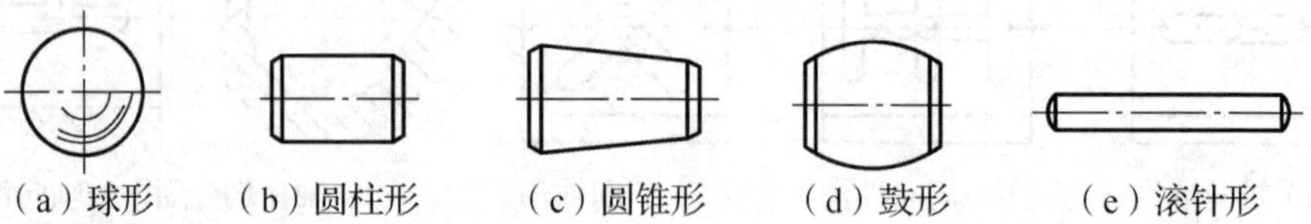

图 4-25　滚动体的形式

2. 滚动轴承的类型

滚动轴承根据滚动体不同可分为滚珠轴承和滚子轴承两大类；按照所能承受的主要负荷方向，又可分为向心轴承（承受径向载荷）、推力轴承（承受轴向载荷）、向心推力轴承（同时承受径向载荷和轴向载荷）。应用最广的是深沟球轴承。

3. 滚动轴承的代号

滚动轴承的代号一般印制在轴承的端面上，由前置代号、基本代号和后置代号三部分组成，具体见表 4-2。

表 4-2　轴承代号

分段	前置代号	基本代号					后置代号						
符号意义	成套轴承分部件	类型代号	尺寸系列代号		内径代号	内部结构	密封与防尘结构代号	保持架及其材料	轴承材料	公差等级	游隙	配置	其他
			宽度系列	直径系列									

(1) 基本代号。

基本代号表示滚动轴承的基本类型、结构及尺寸，是滚动轴承代号的基础。基本代号由轴承类型代号、尺寸系列代号和内径代号构成（滚针轴承除外）。

1) 类型代号。

轴承的类型代号用阿拉伯数字或大写拉丁字母表示，具体见表 4-3。

表 4-3　类型代号

代号	类型	承载方向	实物
1	调心球轴承		
2	调心滚子轴承		

续表

代号	类型	承载方向	实物
3	圆锥滚子轴承		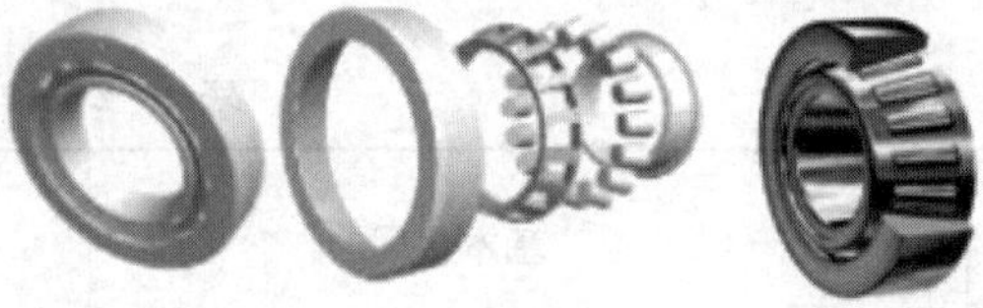
4	双列深沟球轴承		
5	推力球轴承		
6	深沟球轴承		
7	角接触球轴承		
8	推力圆柱滚子轴承		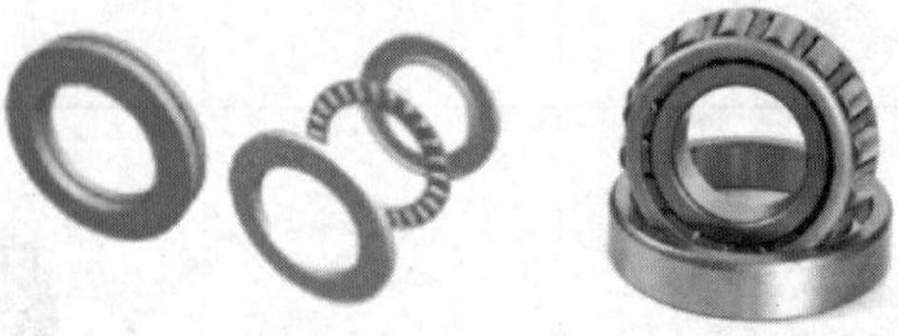
N	圆柱滚子轴承		

2）尺寸系列代号。

轴承的尺寸系列代号由轴承的宽（高）度系列代号和直径系列代号组成，宽（高）度系列在前，直径系列在后。

3）内径代号。

内径代号表示轴承的公称内径，一般用两位数字表示，具体见表4-4。

表4-4　内径代号

轴承内径尺寸/mm		内径代号	示例
10～17	10	00	深沟球轴承：6200（d=10mm）
	12	01	
	15	02	
	17	03	
20～480 （22、28、32除外）		公称内径除以5的商数，商数为个位数，需在商数左边加“0”，如08	调心滚子轴承：23208（d=40mm）
≥500，以及22、28、32		用公称内径毫米数直接表示，与尺寸系列用“/”隔开	调心滚子轴承：230/500（d=500mm） 深沟球轴承：62/22（d=22mm）

（2）举例。

例如，轴承23224的含义如下：

2—类型代号，调心滚子轴承；32—尺寸系列代号；24—内径代号，d=120mm。

又如，轴承6208-2Z/P6的含义如下：

6—类型代号，深沟球轴承；2—尺寸系列代号；08—内径代号，d=40mm；2Z—轴承两端面带防尘罩；P6—公差等级符合标准规定6级。

4. 滚动轴承的类型选择

滚动轴承是标准件。选择方法是首先选择轴承的类型，再选择轴承的尺寸。选择滚动轴承类型时，应明确轴承的工作点载荷（包括大小、性质和方向）、转速以及其他特殊要求。一般选择原则如下：

（1）载荷情况。

单纯径向载荷，可选向心轴承。

单纯轴向载荷，当转速不高时可选推力球轴承；当转速高时，因离心力太大，可选角接触球轴承。

同时承受径向和轴向载荷时，应区别不同情况。以径向载荷为主时，可选深沟球轴承；轴向载荷和径向载荷都较大时，可选角接触球轴承或圆锥滚子轴承；轴向载荷为主时，可采用推力球轴承和深沟球轴承或圆柱滚子轴承的组合结构，以分别承受轴向载荷和径向载荷。

（2）转速。各种类型的轴承都有极限转速 $n_{\lim}$，这是轴承工作时所允许的最高转速。球轴承比滚子轴承的极限转速高，单列滚动体轴承比双列滚动体轴承的极限转速高。在内径相同的条件下，外径越小，则滚动体越小，工作时的离心力越小。故在高速场合下宜选用尺寸小的轴承。

（3）轴承刚性。通常，滚子轴承的刚性比球轴承高，因此对轴承刚性要求较高时，宜选用滚子轴承。

（4）调心性能。当轴的弯曲变形大或轴承座孔的同轴度较低时，可选用自动调心式轴承。同一轴上，调心轴承不要与其他轴承混用，以免失去调心作用。

（5）轴承的拆装。为了方便拆装轴承，可选用内、外圈可分离的圆柱滚子轴承。有时，限于轴承安装尺寸，如轴承径向尺寸不允许太大时，也可考虑选用滚针轴承。

（6）经济性。选择轴承时要考虑经济性与市场供应情况。例如，球轴承比滚子轴承便宜，向心轴承比角接触轴承便宜。以同一内径尺寸（40mm）的几种轴承（6208、1208、7208、30208、51208）为例，其相对价格比为1.0∶1.47∶1.74∶1.47∶1.0。此外，轴承的精度等级越高，价格就越贵，对于同类型的公差等级为P0、P6、P5、P4、P2级的轴承，其价格之比约为1∶1.8∶2.3∶7∶10。在一般机械中，P0级精度的轴承应用最广泛。

（二）滚动轴承轴系的安装

滚动轴承轴系是应用较多的一类组合结构，安装的主要任务包括确定轴系结构及组成，确定各零部件的相对位置及连接关系。

1. 轴系结构

轴系结构设计要确保轴系与机座之间具有确定的相对位置关系，这种位置关系不因轴系工作时的受力及温度变化而破坏。

（1）两端单向固定。

在这种轴系结构中，位于轴系两支点的轴承各限制轴系在一个方向的轴向移动，轴系所受某个方向的轴向载荷通过相应定位点传递给机座。

如图4－26所示为两端单向固定的两种轴系结构。图4－26（a）所示结构中的左端的轴承限制轴系向左移动，轴系所受的向左的轴向力通过这一端的端盖传递给机座；右端的轴承限制轴系向右移动，同时传递向右的轴向力。这种轴系结构称为正安装结构，也称为面对面结构。这种结构的支点跨距小于轴承间距，当径向载荷作用在两支点之间时，轴系具有较大的刚度。这种轴系结构简单，安装和调整都很方便，是应用最多的轴系结构形式。

为使轴系正常运转，装配时应留有适当的轴向间隙。但要注意，过大的轴向间隙会影响轴系的旋转精度，还会因轴承内承载的滚动体数量减少而影响承载能力；而轴向间隙过小则会使轴系因受热伸长而卡死。

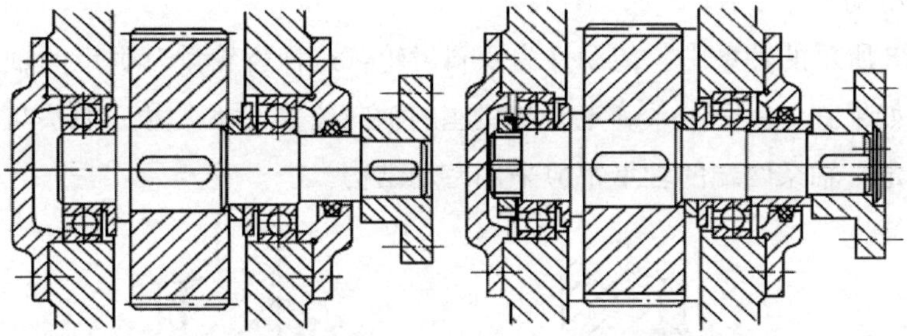

（a）正安装结构　　（b）反安装结构

图 4－26　两端单向固定的轴系结构

如图 4－26（b）所示为反安装结构，也称为背对背结构。左端的轴承限制轴系向右移动，右端的轴承限制轴系向左移动。这种结构的支点跨距大于轴承间距，当径向载荷作用在两支点之外时，轴系具有较大的刚度。当轴系受热伸长时，轴向间隙增大。

两端单向固定轴系的最大轴向间隙大于轴系的受热伸长量，因此这种轴系结构适用于轴系的支点跨距较小或温升较低的场合。

（2）一端固定、一端游动。

如图 4－27 所示为一端固定、一端游动的轴系结构，这种轴系结构中的一个支点（固定端）上的轴承相对于机座双向固定，两个方向的轴向载荷均通过这个支点传递给机座。轴系受热伸长时，另一支点（游动端）轴承可沿轴向自由移动，不会使轴系卡死，也不会改变轴系的轴向间隙，轴系有较高的旋转精度，但结构较复杂。这种轴系结构适用于轴系的支点跨距较大或温升较高的场合。

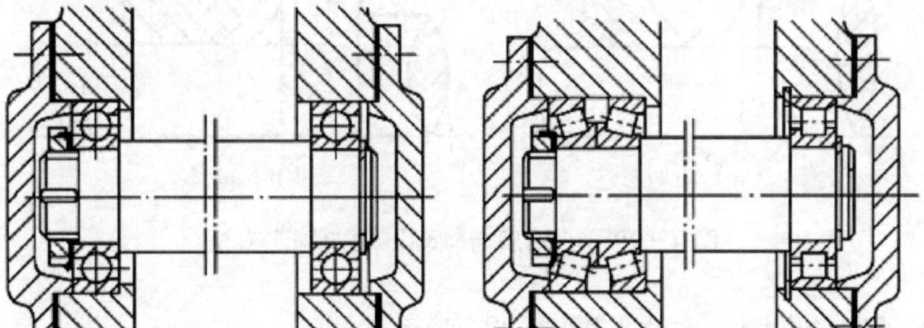

（a）深沟球轴承作为游动支点　　（b）圆柱滚子作为游动支点

图 4－27　一端固定、一端游动的轴系结构

轴系的固定端应选用具有双向轴向定位能力的轴承或轴承组合，如深沟球轴承、调心球轴承、调心滚子轴承，或两个向心推力轴承（角接触球轴承、圆锥滚子轴承）组合，或双向推力轴承与向心轴承组合。游动端可选用内、外圈不可分离的向心轴承，使外圈能够相对于机座自由移动；也可选用外圈可分离的向心轴承，使内圈能够相对于外圈移动。

（3）两端游动。

如图 4－28 所示的轴系中，传动件为双斜齿轮，这种齿轮具有确定两轴系的相互啮合的一对齿轮。如果其中一个轴系确定了与机座的轴向位置，那么另一轴系与机座的轴向位置也就随之确定。轴系两端的轴承都应采用游动结构。

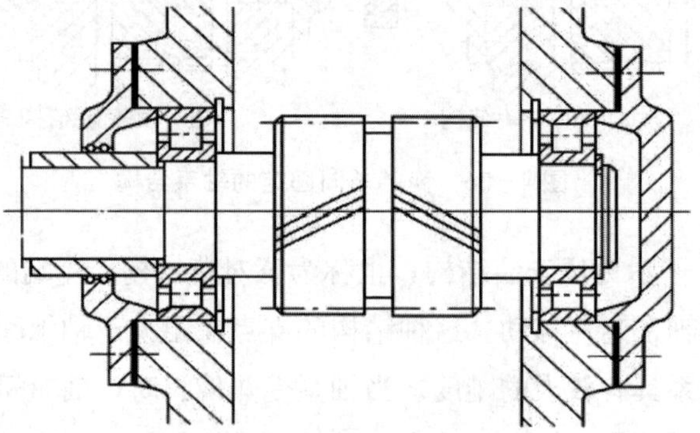

图 4－28　两端游动的轴系结构

2. 滚动轴承及轴上零件的轴向固定方法

为了确保轴系功能的实现，滚动轴承及轴上零件要保持与轴的正确的相对位置关系。下面介绍常用的轴向固定方法。

（1）“轴肩与轴环”轴向固定方法如图 4－29 所示。

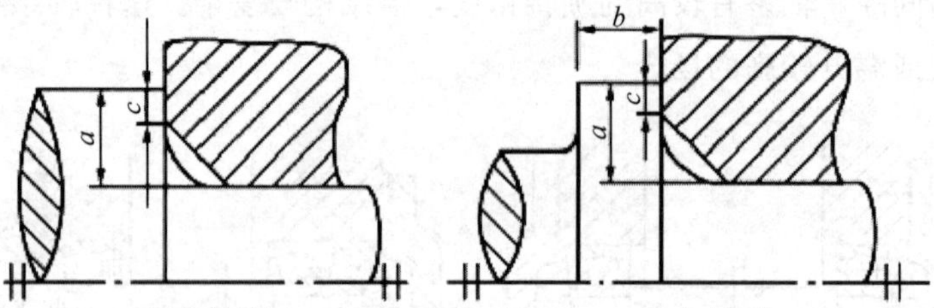

（a）轴肩　　（b）轴环

图 4－29　“轴肩与轴环”轴向固定方法

（2）“圆螺母”轴向固定方法如图 4－30 所示。

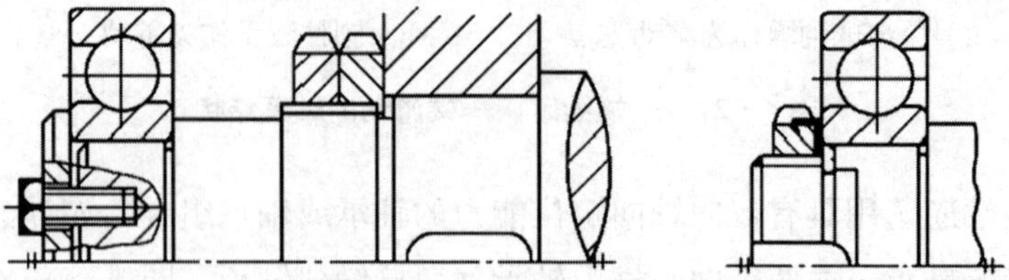

（a）双螺母　　（b）圆螺母加止动垫圈

图 4－30　“圆螺母”轴向固定方法

(3)“套筒”轴向固定方法如图 4－31 所示。

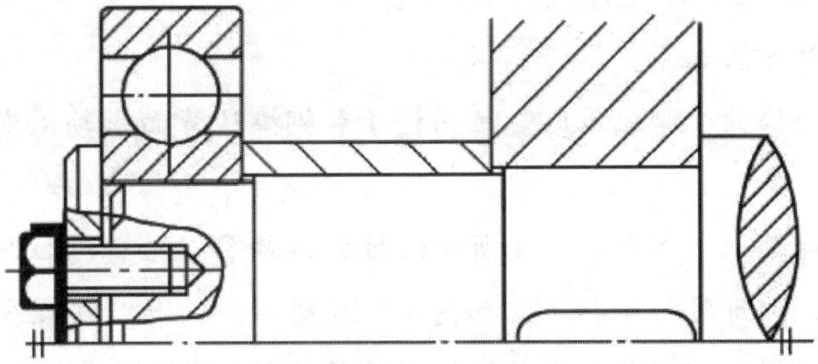

图 4－31　“套筒”轴向固定方法

(4)“轴用弹性挡圈”轴向固定方法如图 4－32 所示。

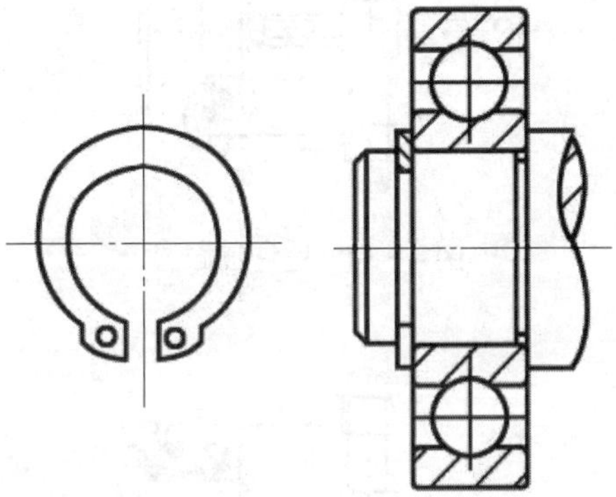

图 4－32　“轴用弹性挡圈”轴向固定方法

(5) 其他轴向固定方法如图 4－33 所示。

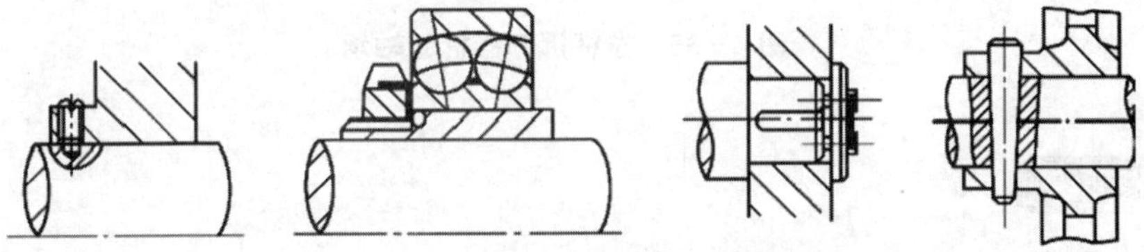

（a）紧定螺钉固定　（b）套筒固定　（c）轴端挡圈固定　（d）销固定

图 4－33　其他轴向固定方法

师傅指教

常用的轴承装配方法如下：

(1) 装配小型轴承时，可使用锤子与简单的辅助套筒。

(2) 装配中小型轴承时，可使用轴承液压机。安装时，液压机在轴承内圈上施加压力，将轴承压套到轴颈上。

(3) 装配大型轴承时，常采用温差法装配，即将轴承放入热油中加热后套入轴颈。加热温度一般为80～100℃，不允许超过100℃。

常用的轴承拆卸方法如下：

(1) 拆卸配合较松的小型轴承时，可用锤子和铜棒从背面沿轴承内圈四周将轴承轻轻敲出。

(2) 压力法拆卸轴承。用图4-34所示的拉杆拆卸器（俗称“拉马”）的拉爪钩住轴承内圈，转动顶杆，即可将轴承拆下，如图4-35所示。为此，应在内圈轴承肩上留出足够的高度，若高度不够，可在轴肩上开槽，以便放入拉爪。

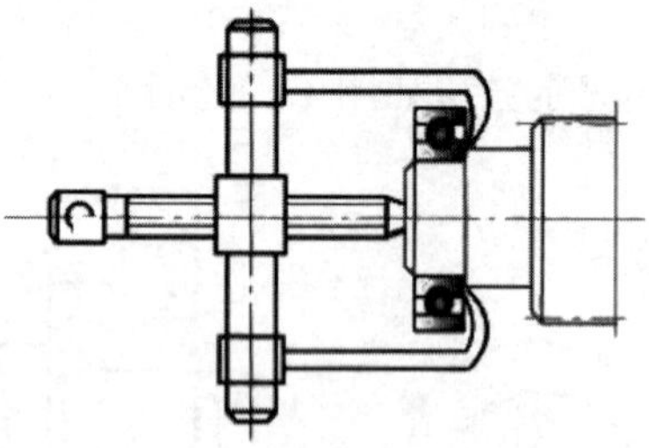

图4-34　拉杆拆卸器

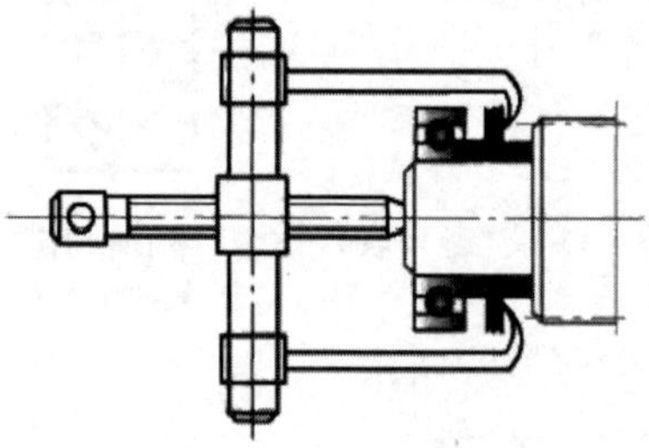

图4-35　拉杆拆卸器拆卸轴承

技能训练

一、训练目的

拆卸、安装变速器中的滚动轴承。

二、训练器材

汽车手动变速器、拉杆拆卸器、锤子、辅助套筒等拆卸工具。

三、训练内容

(1) 拆开变速器。

（2）使用拉杆拆卸器拆下滚动轴承。

（3）使用锤子、辅助套筒装入新的滚动轴承。

（4）在滚动轴承座套内加入黄油。

课后讨论

（1）说明滚动轴承 6209、30314 的含义。

（2）滚动轴承是如何实现润滑的？

（2）简述滚动轴承在汽车相关部位的应用。

（3）滑动轴承有几类？常用的滑动轴承轴瓦材料有哪些？

素质提升

汽车发动机曲轴

项目 5

机械传动

机械传动部分是机械系统的重要组成部分，按照传递运动与动力的方式，可分为摩擦传动和啮合传动；按照主动件与从动件的接触形式，可分为直接接触传动和有中间挠性件的机械传动。

任务1 认识带传动

任务目标

（1）了解带传动的组成、工作原理及传动比。

（2）掌握带传动的类型及应用。

知识链接

一、带传动的组成及工作原理

如图5-1所示，带传动由主动带轮、从动带轮和挠性带组成。带作为中间挠性件，当主动轮转动时，通过带与带轮之间的摩擦力或啮合作用，驱动从动轮转动，实现两轮间运动和动力的传递。

二、带传动的传动比

带传动的传动比 i 就是带轮角速度之比，或带轮的转速之比。用公式表示为：

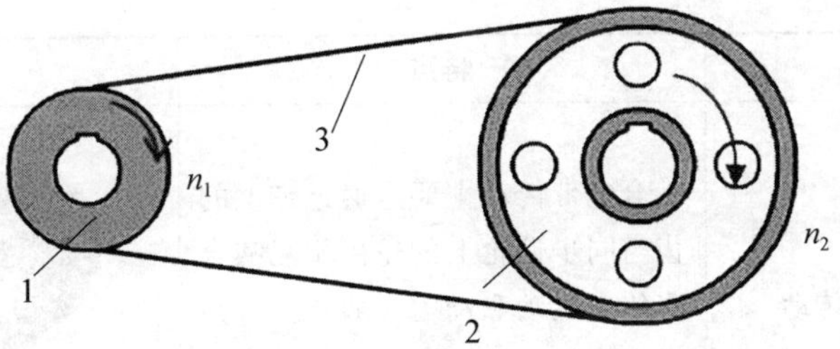

图 5-1　带传动的组成

1—带轮（主动轮）；2—带轮（从动轮）；3—挠性带

$$i=\frac{\omega_1}{\omega_2}=\frac{n_1}{n_2}$$

式中：ω_1——主动轮的角速度，rad/s；

ω_2——从动轮的角速度，rad/s；

n_1——主动轮的转速，r/min；

n_2——从动轮的转速，r/min。

三、带传动的类型

带传动属于挠性传动，传动平稳，噪声小，可缓冲吸振。带传动允许较大的中心距，因此结构简单，制造、安装和维护较方便，且成本低廉。带传动的传动效率较低，带的寿命较短，因此不宜应用于易燃易爆的场合。

一般情况下，带传动应用于传动比要求不高、要求过载保护、中心距较大的场合；带速 $v=5\sim25\text{m/s}$，传动比 $i<8$，传递功率 $P\leqslant45\text{kW}$。

多级传动中，带传动布置在高速级。

不同类型带传动的特点见表 5-1。

表 5-1　不同类型带传动的特点

分类		特点	图例
摩擦型带传动	平带传动	摩擦型带传动的结构简单，传动平稳。在过载状态下，带会出现打滑甚至飞离带轮的情况，因此可以避免其他零件的损坏，起到保护设备安全的作用，但这样却不能保证传动比的准确性和操作人员的安全	
	V带传动		
	多楔带传动		
	圆带传动		

续表

分类		特点	图例
啮合型带传动	同步带传动	啮合型带传动主要是通过带上的齿与同步带轮上的轮齿相互啮合来传递运动和动力。啮合型带传动可以保证传动的准确性，实现同步传动	

（一）摩擦型带传动

1. 平带传动

如图 5-2 所示，平带的横截面为矩形，带的内侧面为工作面。平带的带体薄而软，具有良好的耐弯曲性能，适用于小直径带轮传动。高速运行时，带体容易散热，传动平稳。常用的平带有橡胶帆布带、皮革带、棉布带及化纤带等。普遍采用的是以尼龙薄片为强力层的片基复合胶带，可用于磨床、精密包装机等高速装置的传动。

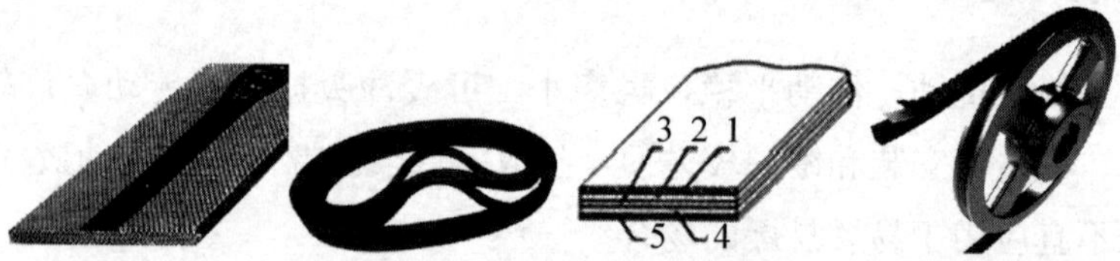

（a）普通平带　（b）片基平带　（c）片基平带构成　（d）平带传动

图 5-2　平带传动

1—覆盖层；2、4—布层；3—片基层；5—工作面覆盖层

根据传动的布置情况，平带传动可分为三种形式：开口传动、交叉传动、半交叉传动，如图 5-3 所示。

开口传动：带轮的两轴线平行，转向相同，应用广泛。

交叉传动：带轮的两轴线平行，转向相反，应用相对较广。

半交叉传动：带轮的两轴线在空间通常交错成 90°。

2. V 带传动

如图 5-4 所示，V 带的横截面为梯形，带的两侧面为工作面。V 带传动是指把 V 带安装在带轮的梯形槽内，V 带的两侧面与带轮梯形槽的两侧面紧密接触，从而产生摩擦力来传递运动和动力。在相同条件下，V 带传动比平带传动的摩擦力大，且 V 带传动通常是多根带同时工作，所以与平带传动相比 V 带传动可以传递更大的功率，应用广泛。

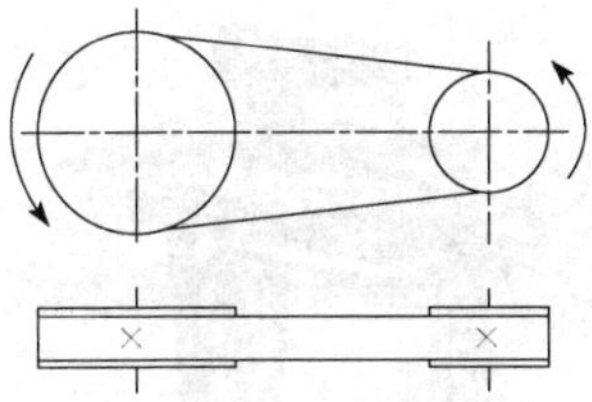

（a）开口传动

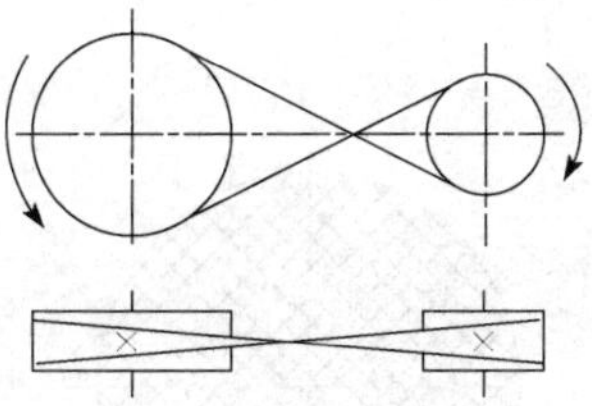

（b）交叉传动

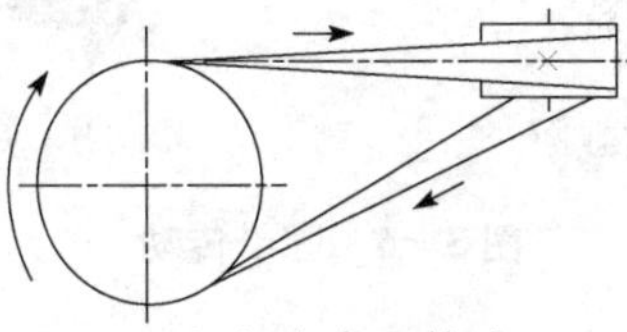

（c）半交叉传动

图 5-3　平带的传动形式

汽车中的 V 带常用于发动机的曲轴与冷却风扇、打气泵之间的传动，这三者之间的距离较大，用 V 带传动可节约成本，但需定期检查并调整 V 带的张紧度。

3. 多楔带传动

多楔带是指以平带为基体，内表面排布有等间距纵向梯形楔的环形传动带，其工作面为梯形楔的侧面，楔角为 40°，如图 5-5 所示。多楔带兼有平带和 V 带的优点，并且弥补了两种带的不足，多用于结构紧凑的大功率传动。

图 5-4　V 带传动示意图

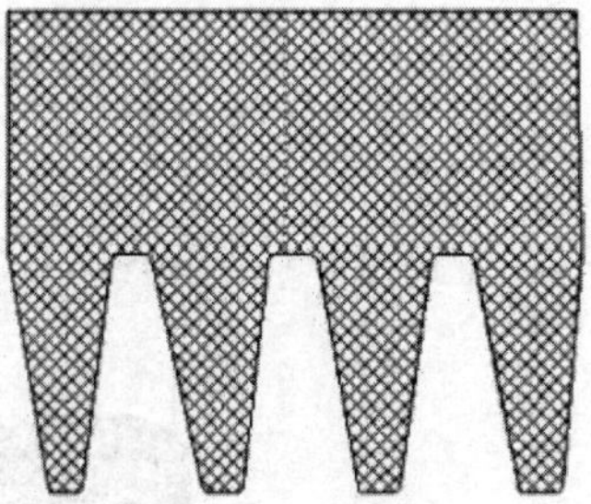

图 5-5　多楔带

现代汽车大多使用 V 形多楔带传递动力。其特点是传动功率大，在相同条件下，多楔带比普通 V 带的传动功率高 30%～50%；传动系统结构紧凑，振动小，运转平稳；耐热、耐油；使用过程中伸长率小，使用寿命长。

4. 圆带传动

圆带常用皮革制成，也可用锦纶等材料制成，圆带的横截面为圆形，如图 5-6 所示。圆带只适用于低速、轻载的传动场合，例如家用缝纫机。

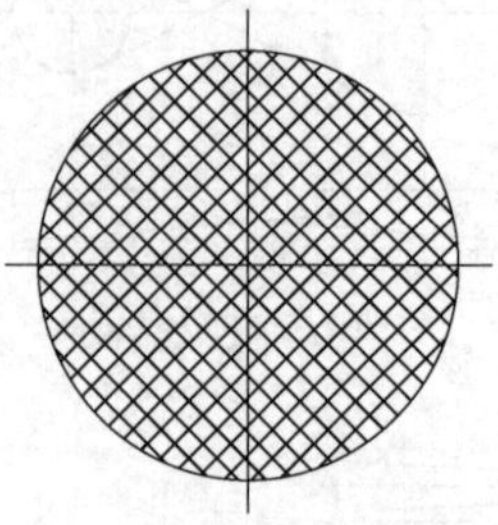

（a）圆带的横截面

（b）圆带的应用

图 5-6　圆带传动

（二）啮合型带传动

如图 5-7 所示，啮合型带（同步带）传动不仅具有摩擦型带传动的优点，还具有不打滑、传动比准确等优点。在轿车中广泛应用于配气系统的正时机构。这是因为轿车的发动机较小，其凸轮轴与曲轴相距较远，若采用大型车上的齿轮作正时机构，则两齿轮的直径会很大，不适用，所以用其取代齿轮传动，如图 5-8 所示。

图 5-7　啮合型带（同步带）传动

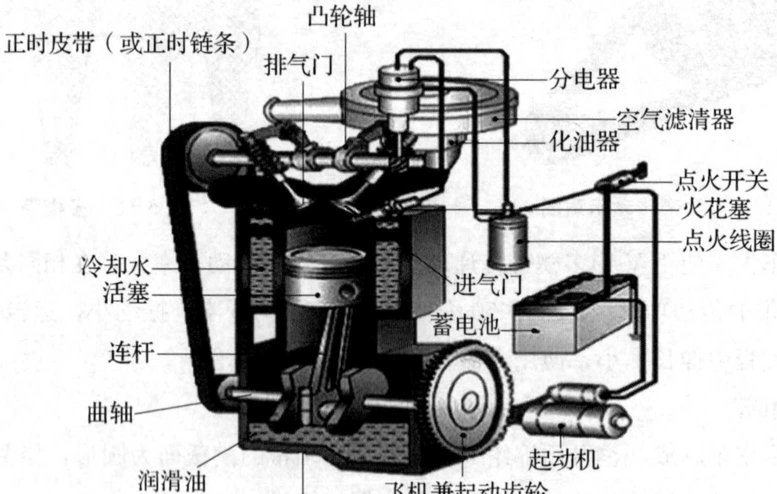

图 5-8　正时机构

技能训练

一、训练目的

调整发电机的传动带。

二、训练器材

轿车一辆，传动带调整工具。

三、训练内容

（1）将发电机向与发动机相反的方向推移，锁紧固定螺栓及调整螺栓。

（2）用拇指向下压传动带，通过传动带的变形程度确定其紧度，如图 5－9 所示。应注意各车型及不同类型的皮带的规格稍有差异，具体可查阅修理手册。

也可使用传动带张力检测仪检查传动带的紧度。如图 5－10 所示为三种常用的传动带张力检测仪，可在狭小空间检查传动带的紧度。

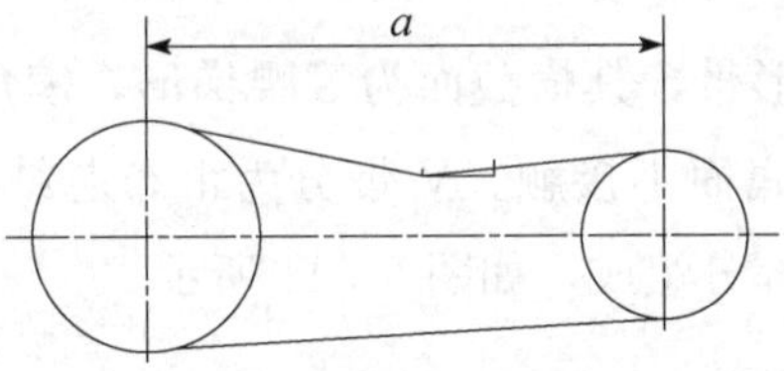

图 5－9　检查传动带紧度

（a）指针式张力仪　（b）数显声波式张力仪　（c）通用性张力仪

图 5－10　传动带张力检测仪

（3）调整紧度后，使汽车发动机运转 5min，再次检查传动带的变形量或张力。

（4）确定紧度后，启动发动机，检查发电机运转是否正常，观察充电指示灯是否熄灭。

课后讨论

为什么汽车发动机传动系统中的正时机构会选用啮合型带传动?

任务 2 认识 V 带传动

任务目标

(1) 了解 V 带轮的结构与制造材料。

(2) 了解 V 带传动的主要参数。

(3) 能够正确使用与维护 V 带传动机构。

知识链接

一、V 带

(一) V 带的结构

V 带是一种无接头的环形带，其横截面为等腰梯形，楔角均为 40°。工作面是与轮槽相接触的两侧面，带与轮槽底面不接触。V 带分为帘布芯结构和绳芯结构两种，均由顶胶、承载层、底胶和包布四部分组成，如图 5-11 所示。

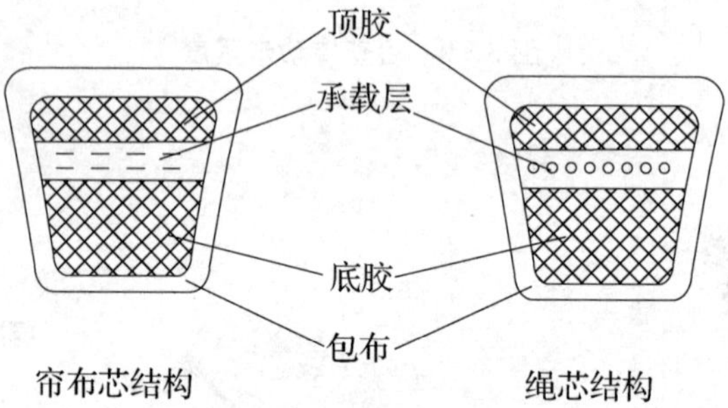

图 5-11 V 带的结构

顶胶和底胶为橡胶材料。包布由几层橡胶布制成，是带的保护层。承载层是 V 带的主要承力层，由胶帘布或胶线绳制成。帘布芯结构的 V 带制造方便，抗拉强度高，价格低廉，应用广泛；绳芯结构的 V 带柔韧性好，适用于转速较高、带轮直径较小的场合。

(二) V 带传动的类型

V 带传动的类型：普通 V 带传动、窄 V 带传动、多楔带传动、齿形 V 带传动。

二、V 带轮

（一）V 带轮的结构

如图 5-12 所示，V 带轮由轮缘、腹板（轮辐）和轮毂三部分组成。轮缘是带轮的工作部分，制有梯形轮槽；轮毂是带轮与轴的连接部分；轮缘与轮毂通过腹板连接成一个整体。

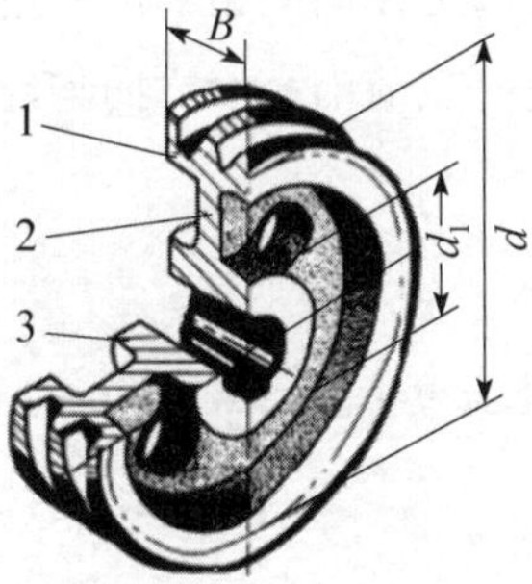

图 5-12　V 带轮的组成

1—轮缘；2—轮辐；3—轮毂

V 带轮的典型结构包括实心式、腹板式、孔板式和轮辐式四种，如图 5-13 所示。

（a）实心式　（b）腹板式　（c）孔板式　（d）轮辐式

图 5-13　V 带轮的结构

V 带在规定的张紧力下安装在 V 带轮上，与所配用 V 带的截面宽度相对应的带轮的直径称为基准直径。当基准直径≤（2.5～3）d_0 时（d_0 为安装带轮处的轴的直径），可采用实心式；当基准直径≤300mm 时，可采用腹板式；当轮缘和轮毂之间的距离超过 100mm 时，为了减轻重量，可采用孔板式；当基准直径＞300mm 时，可采用轮辐式，以减轻重量。

为了适应弯曲变形后的 V 带，传动时仅 V 带两侧与槽轮接触，底部并无接触。V 带轮的槽角应略小于 V 带的楔角，一般为 34°、36°、38°。

带绕过带轮时会产生弯曲应力，且带在小带轮上产生的弯曲应力大于其在大带轮上产生的弯曲应力。实践证明，弯曲应力是影响带使用寿命的主要因素，因此必须限制小带轮的最小直径。

（二）V带轮的材料

带轮采用铸铁、钢、铝合金或工程塑料等材料制成，灰铸铁应用最广。当带速 $v \leqslant 25\text{m/s}$ 时，采用 HT150；当带速 $v=25 \sim 30\text{m/s}$ 时，采用 HT200；当带速 $v \geqslant 30\text{m/s}$ 时，则应采用球墨铸铁、铸钢或锻钢，也可采用钢板冲压后焊接带轮。小功率传动时可采用铸铝或工程塑料等制成的带轮。

V带轮的制造要求：质量轻、结构工艺性好；无过大的铸造内应力；质量分布均匀，转速高时需要进行动平衡试验；轮槽工作面的粗糙度要适当，以减少带的磨损；轮槽尺寸和槽面角要确保一定的精度，以便使载荷沿高度方向均匀分布。

（三）V带的标记

V带的标记通常压印在V带外表面上。

标记示例：带型为A型、基准长度 $L_a=1400\text{mm}$ 的普通V带，标记为A1400（GB/T 11544—2012）。

三、V带传动的主要参数

（一）V带的横截面尺寸

普通V带的横截面尺寸见表5-2。

表5-2　普通V带的横截面尺寸

型号	Y	Z	A	B	C	D	E
顶宽 b/mm	10	13	17	22	32	38	
节宽 b_p/mm	5.3	8.5	11	14	19	27	32
高度 h/mm	4.0	6.0	8.0	11	14	19	25
楔角 α/°	40						
每米质量 q/(kg/m)	0.04	0.06	0.10	0.17	0.30	0.60	0.87

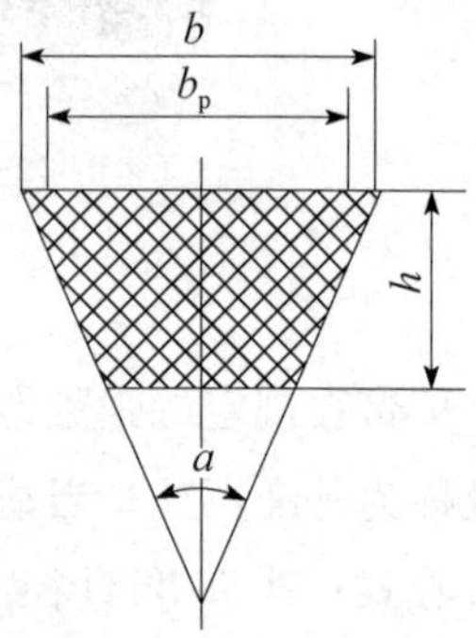

（二）V带轮的基准直径

V带轮的基准直径 d_a 的数值已标准化，应按国家标准选用。带轮的基准直径越小，传动时带在带轮上的弯曲变形越严重，带所受的弯曲应力越大，越容易断裂。为了延长带的使用寿命，人们规定了各型号的普通V带轮的基准直径最小值 d_{dmin}，以防止带弯曲过大，见表5-3。

表 5-3 V带轮最小基准直径 单位：mm

带型	Y	Z	A	B	C	D	E
d_{dmin}	20	50	75	125	200	355	500

（三）传动比

机构中瞬时输入角速度与输出角速度的比值称为机构的传动比。传动比的大小反映了传动过程中速度的变化程度，也反映了转矩的变化程度。对于带传动，其传动比为主动轮转速与从动轮转速的比值，用 i 表示，表达式为：

$$i=\frac{n_1}{n_2}=\frac{d_{p2}}{d_{p1}}$$

式中：n_1、n_2——主、从动轮转速，r/min；

d_{p1}、d_{p2}——主、从动轮节圆直径，mm。

传动比越大，两带轮直径差就越大。在中心距不变的情况下，两带轮直径差越大，小带轮的包角就越小，带的传动能力就越低。通常，V带传动的传动比 $i \leqslant 7$，常用 2～7。

（四）带的线速度

以小带轮为例，带速 v（单位为 m/s）的计算公式为：

$$v=\frac{\pi d_{p1} n_1}{60\times 1000}$$

式中：d_{p1}——小带轮的节圆直径，mm；

n_1——小带轮的转速，r/min。

带速 v 一般取 5～25m/s。带速 v 过快或过慢都不利于带的传动。带速太慢，在传动功率一定时，所需圆周力增大，会引起打滑；带速太快，离心力又会使带与带轮间的压紧程度减弱，导致传动能力降低。

（五）包角

包角是带与带轮接触弧所对应的圆心角，用 α 表示，如图 5-14 所示。包角的大小反映带与带轮轮缘接触弧的长短。包角越小，接触弧长越短，接触面间产生的摩擦力总和也就越小。为了提高带传动的承载能力，包角不能太小，一般要求V带传动中小带轮的包角 $\alpha_1 \geqslant 120°$。由于大带轮的包角总是大于小带轮的包角，因此只要确保小带轮上的包角满足要求即可。

（六）中心距

中心距 a 是两带轮传动中心之间的距离，如图 5-14 所示。两带轮中心距越大，带传

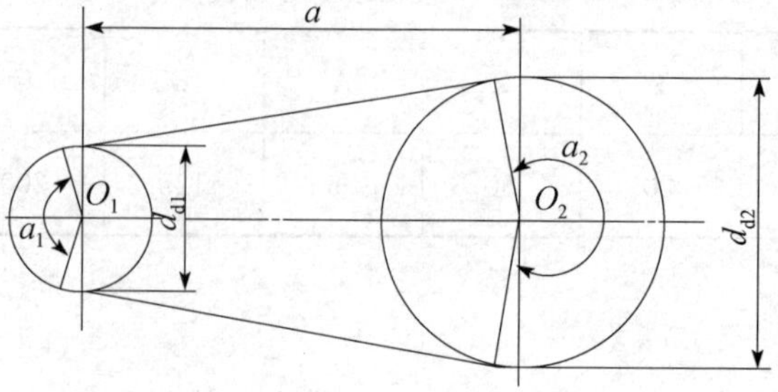

图 5－14　带轮的包角

动能力越高。但中心距过大又会使整体传动尺寸加大，高速时易使带发生振动，反而会降低传动能力。因此，中心距一般规定在 0.7（$d_{d}+d_{d2}$）～2（$d_{d}+d_{d2}$）范围内。

（七）V 带的根数

V 带的根数应依据具体传递功率的要求确定。带的根数越多，传动功率越大。

四、V 带传动的张紧、安装与维护

（一）带传动的张紧

根据摩擦传动原理，带必须以一定的张力紧套在带轮上才能正常工作，而运转一段时间后，由于外界因素的影响，带会出现松弛现象。为了保证带传动的工作效率，必须定期检查 V 带并重新对 V 带进行张紧，确保其正常工作。常用的张紧方法为调整中心距和使用张紧轮。

（二）调整中心距

1. 定期张紧

如图 5－15（a）所示，装有带轮的电动机安装在移动导轨上，旋转调节螺钉可以增大或减小中心距，从而达到张紧或松开的目的。如图 5－15（b）所示，电动机安装在摆动底座上，可以通过旋转螺母调节中心距，达到张紧的目的。

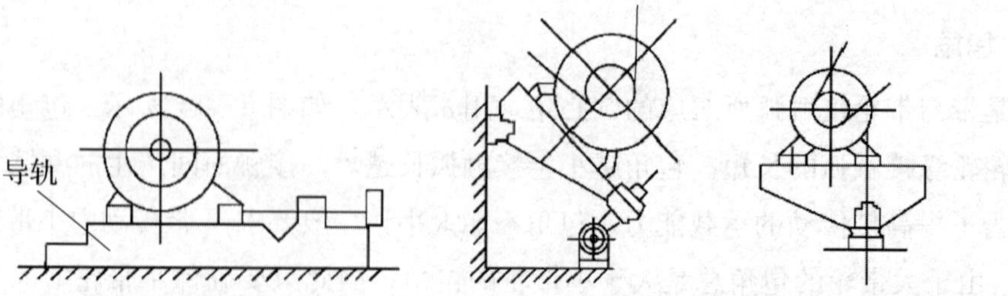

（a）导轨移动调整中心距　（b）摆动底座调整中心距　（c）浮动架调整中心距

图 5－15　V 带的张紧

2. 自动张紧

如图 5－15（c）所示，电动机安装在浮动架上，电动机的自重使带轮随电动机绕固定轴摆动，以达到自动张紧的目的。

（三）使用张紧轮

若中心距不能调整，可使用张紧轮张紧，如图 5－16 所示。V 带传动的张紧轮一般安装在 V 带松边内侧，使带只受单向弯曲，同时要尽量靠近大带轮，避免减小带轮的包角。平带传动的张紧轮可置于松边外侧并靠近小带轮，以增大小带轮的包角。张紧轮直径可小于小带轮直径，轮槽尺寸应与带轮相同。

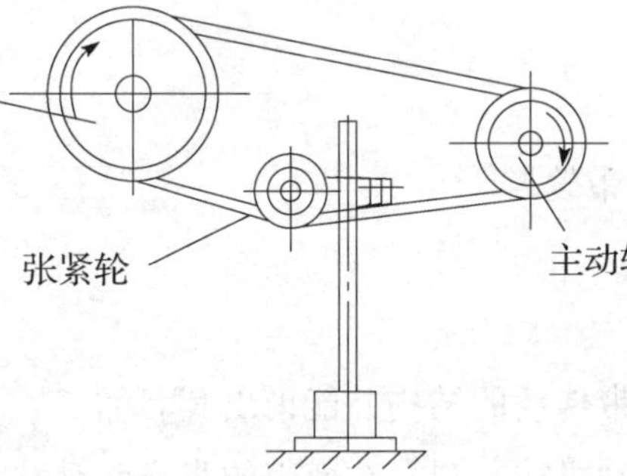

图 5－16　使用张紧轮张紧

（四）V 带传动的安装与维护

1. 带轮的安装

平行轴传动时，各带轮的轴线必须保持规定的平行度。两带轮轮槽的对称平面应重合，其偏角误差 β 应小于 20′，如图 5－17 所示。

2. 传动带的安装

（1）通常应采用调整各轮中心距的方法来装带和张紧，带的张紧程度以大拇指能将带按下约 15mm 为宜，如图 5－18 所示。新带使用前，最好先拉紧一段时间。

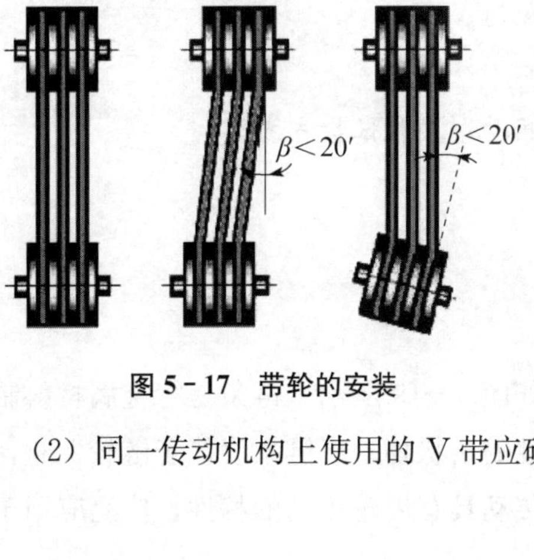

图 5－17　带轮的安装

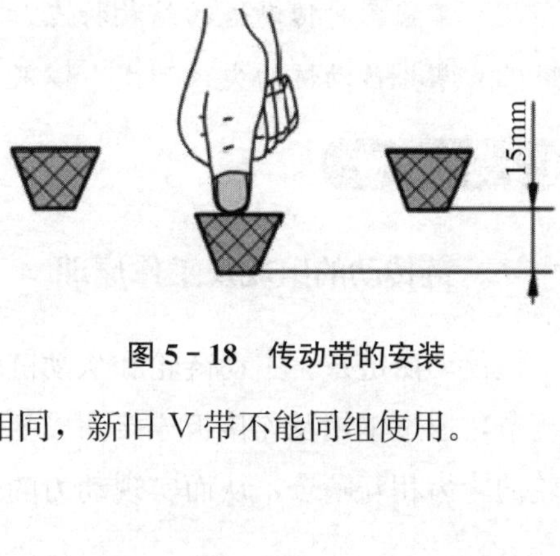

图 5－18　传动带的安装

（2）同一传动机构上使用的 V 带应确保型号相同，新旧 V 带不能同组使用。

3. 带传动的维护

（1）定期检查，及时调整。

（2）安装防护罩。这样既可预防伤人事故，又可防止润滑油、切削液、杂物等飞溅到带上而影响传动。

技能训练

一、训练目的

观察V带传动机构，了解工作原理。

二、训练器材

摩擦传动的V带与带轮若干。

三、训练内容

（1）识别各种形式带传动的结构并能说出其名称。

（2）对照汽车带传动机构，观察改变带的张紧度对发电机、冷却风扇和水泵的工作情况有什么影响，并解释产生变化的原因。

课后讨论

V带传动的张紧通常采用什么方法？张紧后对小带轮的包角有什么影响？

任务3 认识链传动

任务目标

（1）了解链传动的组成、工作原理、分类及应用。

（2）掌握各种传动链的结构特点。

（3）掌握传动链的失效形式，以及链传动的润滑形式和张紧方式。

知识链接

一、链传动的组成及工作原理

链传动由链条、主动链轮和从动链轮组成，如图5-19所示。链条是将金属材料制成的环节，通过钢销及连接板连接而成的具有挠曲性的条状物。当链条绕接于链轮上时，与链轮的轮齿相互啮合，从而实现动力的传递。链传动具有齿轮传动的特性，广泛应用于起重、搬运、动力传递等场合，如图 5－20 所示的摩托车中的链条起传递动力的作用。当两轴距离较远且要求两轴间的转速比绝对精确时，用链传动最为适当。

图 5－19　链传动

图 5－20　摩托车中的链条传动

二、链传动的优缺点

链传动是属于具有中间挠性件的啮合传动，它兼具齿轮传动和带传动的部分特点。

（一）优点

（1）传动距离远，平均传动比准确。

（2）结构比较紧凑，有效拉力大，传动效率高。

（3）不受潮湿及高温等不良环境的影响，使用寿命长。

（4）作用在轴和轴承上的力较小，可用于两轴中心距较大的场合。传动效率比带传动高。

（二）缺点

（1）瞬时速度不稳定，从动轮的回转不均匀，不宜用于传动精度要求高的机械。

（2）高速运转时易产生振动，发出噪声。

（3）安装与维护较困难，且制造成本高。

（4）无过载保护，链条的铰链磨损后，链条节距会变大，传动时易脱落。

三、链传动的类型与结构

按用途不同，链传动可分为传动链、起重链和输送链，如图 5－21 所示。传动链主要

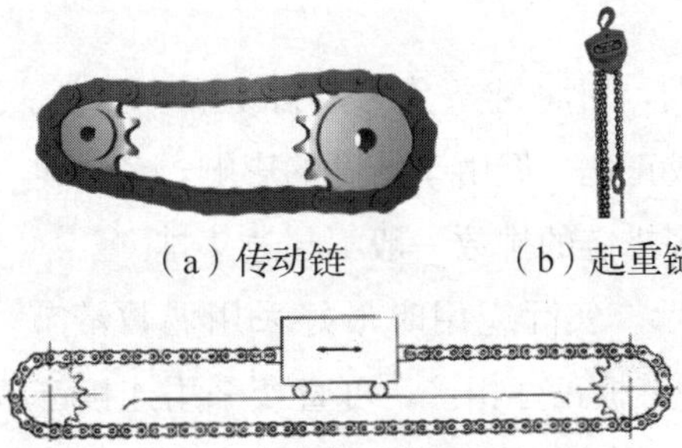

（a）传动链　　（b）起重链

（c）输送链

图 5－21　链传动的类型

用于工作速度 $v<15\text{m/s}$ 的一般机械传动；起重链用于提升重物；输送链用于运输机械，工作速度 $v\leqslant 4\text{m/s}$。常用的传动链有滚子链和齿形链两种。

（一）滚子链

1. 滚子链的组成

滚子链由滚子、套筒、连接销、内链板、外链板组成，如图 5-22 所示。

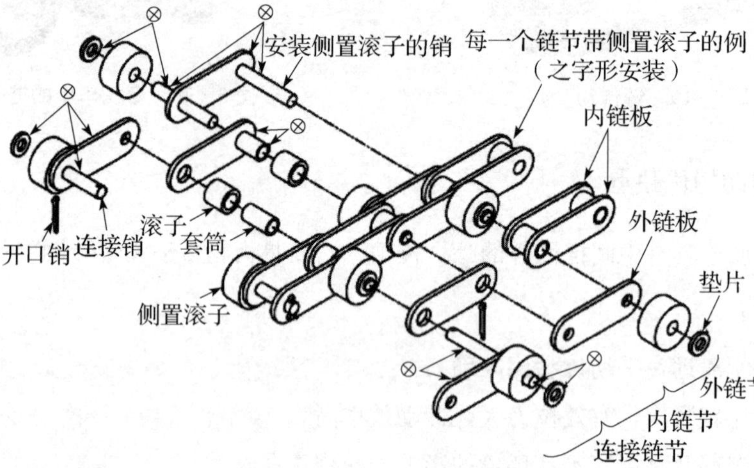

图 5-22 滚子链的结构与组成

内链板与套筒、外链板与连接销均为过盈配合；套筒与连接销、滚子与套筒均为间隙配合，它们之间可以自由转动，能够减轻对齿廓的磨损。内链板紧压在套筒两端，称为内链节。连接销与外链板铆牢，称为外链节。内、外链节构成一个铰链。当链条啮入、啮出时，内、外链节做相对转动。同时，滚子沿链轮、链齿滚动，可减少链条与轮齿的磨损。内、外链板均做成“∞”形，目的是减轻重量，并保持各横截面的强度大致相等。链条材料为经过热处理的碳素钢或合金钢，可提高链的强度和耐磨性。

2. 滚子链链条的主要参数——节距 *p*、链节数

节距 p 为滚子链上相邻的两个滚子的中心距离，如图 5-23 所示。节距越大，链条各零件的尺寸就越大，所能传递的功率也越大。

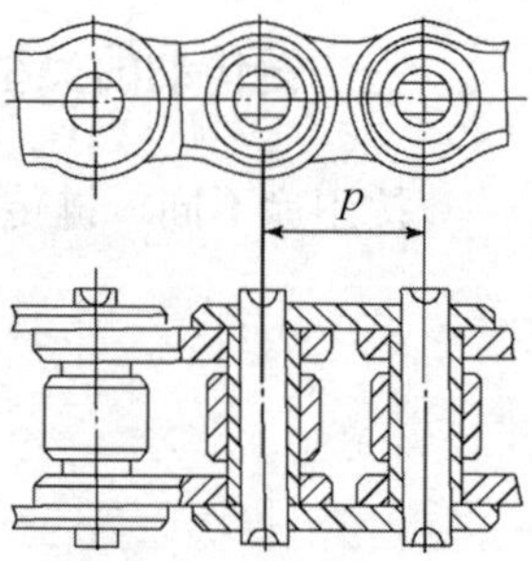

图 5-23 滚子链的节距

按链条的结构类型不同，可将链条分为单排链和多排链。多排链的承载能力与排数成正比，但由于精度的影响，各排链承受的载荷不均匀，因此多排链的排数一般不超过 4 排。

链条长度以链节数表示。实际应用时最好采用偶数链节（如图 5-24），这样内、外链板正好相接，可直接采用连接链节，接头处用开口销或弹簧卡固定。若链节数为奇数，则还需采用过渡链节（如图 5-25），此时若链条受到拉伸，过渡链节还会承受附加弯矩，因此应尽量避免采用奇数链节的链条。

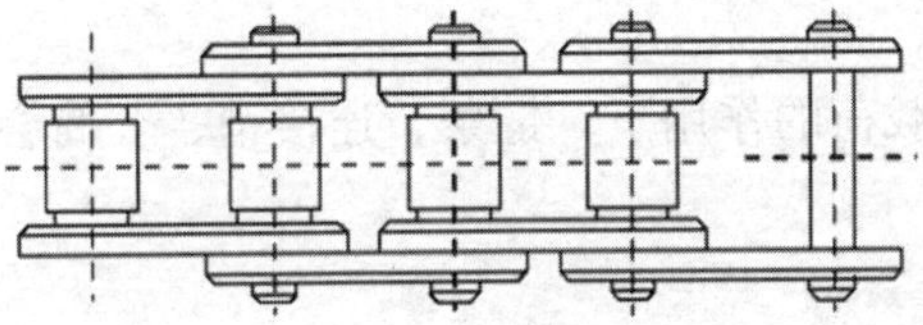

图 5-24　偶数节链条

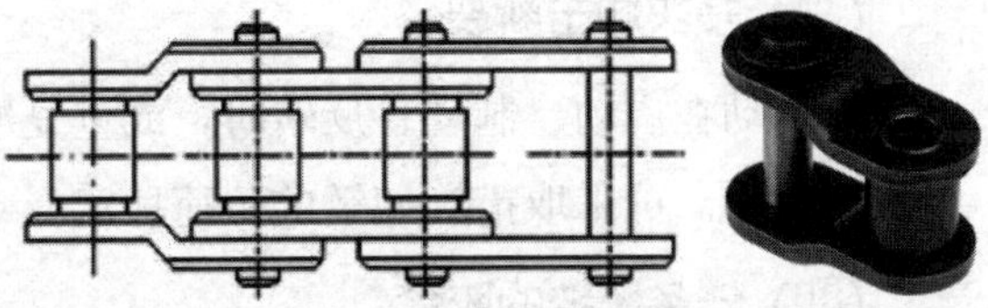

图 5-25　过渡链节

3. 滚子链的标记

滚子链是标准件，其标准为GB/T 1243—2024，分为A、B两个系列，常用的是A系列。滚子链的标记方法为：

链号 — 排数 — 链节 — 标准编号

例如，链号为08A、单排、87节的滚子链标记为08A-1-87（GB/T 1243—2024）。

（二）齿形链

齿形链又称无声链，是由许多齿形链板通过铰链连接而成的，如图5-26所示。与滚子链相比，齿形链的优点是运转平稳、噪声小、承受冲击载荷的能力强；缺点是结构复杂、价格较高、质量大。齿形链多用于高速（链速可达40m/s）或运动精度要求较高的场合。

图 5-26　齿形链

四、传动链的失效形式及维修措施

（一）链条铰链磨损

链条铰链的连接销与套筒之间承受较大的压力且存在相对滑动，故在承压面上会产生磨损。磨损会使链条节距增加，极易导致跳齿或脱链。可采用的维修措施如下：

（1）提高加工与安装精度。

（2）提高支承件的刚度。

（3）更换新链条。

（4）适当张紧。

（二）链板疲劳开裂

链传动的紧边和松边拉力不等，导致作用在链条上的拉力不断发生变化，经过一定的应力循环后，链板会发生疲劳断裂。可采用的维修措施如下：

（1）选用规格合适的链条。

（2）更换质量合格的链条。

（3）控制或减弱负载和动力源的冲击振动。

（三）多次冲击断裂

链传动在启动、制动、反转时，或重复冲击载荷的作用下，链条、连接销、套筒会发生疲劳断裂。可采取措施使链的负荷稳定。

（四）链条铰链的胶合

链速过高时，连接销和套筒的工作表面因摩擦而产生瞬时高温，使两者黏结，随着连接销与套筒的运动，工作表面的金属会被撕落，发生严重黏着磨损，这种现象称为胶合。链传动的极限速度受到胶合的限制。可采用的维修措施如下：

（1）去除润滑油内的杂质，改善润滑条件，更换润滑油。

（2）更换规格稍大的链条。

（五）链条的静力拉断

在低速（$v<0.6$m/s）重载或突然过载时，载荷超过链条的静强度，链条将被拉断。

五、链传动的布置及张紧方式

（一）链传动的布置

链传动的两轴应平行，两链轮应位于同一平面内。一般宜采用水平或接近水平的布置，并使链的松边处于下方。链传动的布局可分为两种：一种是主动轮直径大，从动轮直径小；另一种是主动轮直径小，从动轮直径大。这两种布局形式用于不同传动比的场合。

（二）链传动的张紧方式

（1）增大两轮中心距。

（2）采用张紧装置。张紧轮的直径稍小于小链轮的直径，并置于松边。张紧轮的加装位置有两种：一种是张紧轮置于传动链的外侧，靠近小链轮，如图 5－27（a）所示；另一种是张紧轮置于传动链的内侧，靠近大链轮，如图 5－27（b）所示。

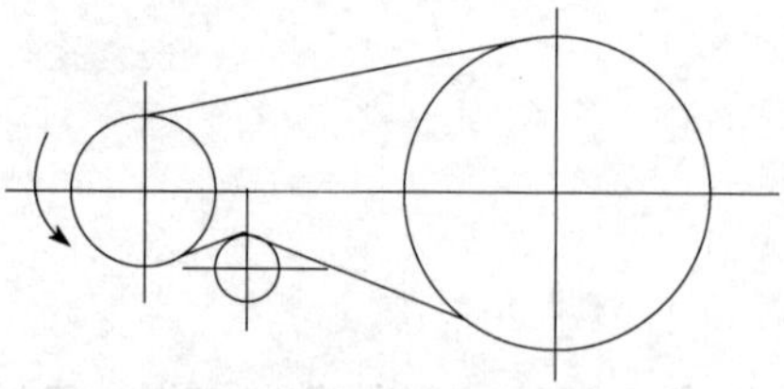

（a）张紧轮置于传动链的外侧，靠近小链轮

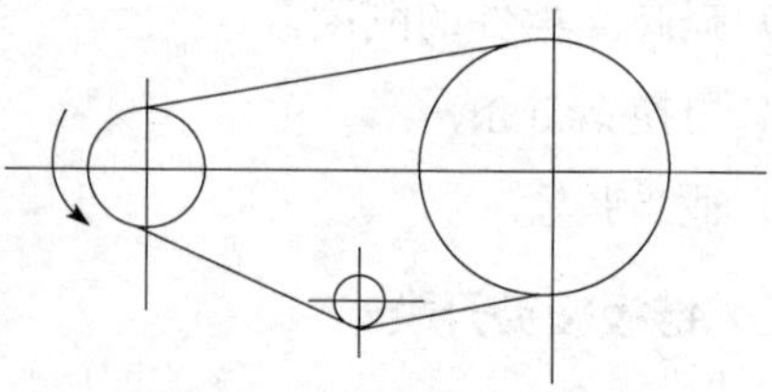

（b）张紧轮置于传动链的内侧，靠近大链轮

图 5－27　链传动的布置及张紧

六、链传动的润滑

良好的润滑能减小链传动的摩擦和磨损，缓解冲击，帮助散热，是确保链传动正常工作的必要条件。如图 5－28 所示，链传动的润滑方式主要有人工给油、油杯滴油、浸泡润滑、飞溅润滑、压力润滑。根据传动链的润滑要求及润滑环境选择适合的润滑方式。

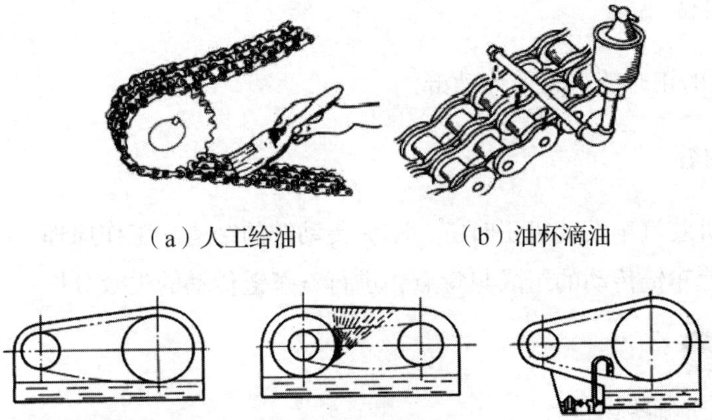

（a）人工给油　（b）油杯滴油

（c）浸泡润滑　（d）飞溅润滑　（e）压力润滑

图 5－28　链传动的润滑方式

七、链传动在汽车中的应用

在汽车传动系统中，链传动主要用于发动机的配气机构。对于顶置式气门机构的发动机，曲轴与凸轮轴间的距离一般比较大，为减少发动机的外形尺寸，通常不用齿轮作正时机构，而是用同步带或链条传动作正时机构。与同步带相比，链条的使用寿命较长，但传动过程中产生的噪声较大。为减小噪声，通常选用小链节的链条。

链传动具有尺寸紧凑、可靠性高、耐磨性强等特征，这些特征是齿轮传动和带传动不具备的，因此链传动具有广阔的应用前景。近年来，汽车用链正朝着小节距、高转速、多品种和高性能指标的方向发展。越来越多的汽车发动机的正时传动系统采用链传动，如图 5－29 所示。

图 5－29　汽车发动机正时链条

技能训练

一、训练目的

了解传动链的结构和工作原理。

二、训练器材

汽车发动机的正时链与失效传动链。

三、训练内容

（一）通过拆装汽车发动机正时链，掌握传动链的结构和工作原理。

（二）根据汽车链传动的组成与特点，进行汽车链传动的失效分析。

课后讨论

链传动适用于哪些场合？

任务 4 认识齿轮传动

任务目标

（1）了解齿轮的用途，掌握齿轮传动的特点与类型。

（2）理解渐开线的形成及其基本性质。

（3）掌握直齿圆柱齿轮及齿轮传动中各部分的名称与正确啮合的条件。

（4）熟悉直齿圆柱齿轮的几何尺寸与计算公式，并能够进行实际计算。

知识链接

一、齿轮传动的特点及类型

（一）齿轮传动的特点

齿轮传动是利用主动齿轮和从动齿轮间的啮合来传递动力和运动的，其圆周速度可达 300m/s，传递功率可达 10^5kW，齿轮直径可从不到 1mm 至 150m 以上。齿轮传动是现代机械中应用最广泛的传动方式之一。

1. 优点

齿轮传动的优点是瞬时传动比恒定不变；机械效率高；使用寿命长，工作可靠性高；结构紧凑；适用的圆周速度及功率的范围较广。

2. 缺点

齿轮传动的缺点是对制造和安装的精度要求较高；使用成本较高；不适用于远距离的两轴间的传动；低精度齿轮在传动时会产生噪声和振动。

（二）齿轮传动的类型

根据一对齿轮两轴线的相对位置和齿轮齿向的不同，可按表 5-4 进行齿轮传动分类。

表 5-4　齿轮传动的分类

平行轴齿轮传动	直齿圆柱齿轮传动		齿轮齿条传动	人字齿轮传动

	轮齿齿线与轴线平行			
相交轴齿轮传动	直齿锥齿轮传动		斜齿锥齿轮传动	曲齿锥齿轮传动

	两轴相交，分度曲面为圆锥面的锥齿轮			
交错轴齿轮传动	蜗杆传动		交错轴斜齿轮传动	准双曲面齿轮传动
				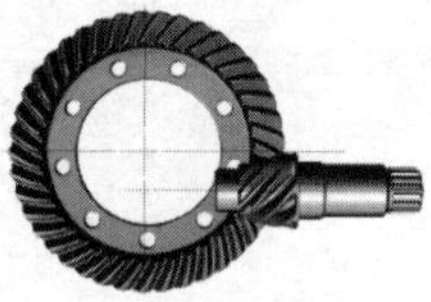
	两轴线既不相交，也不平行			

二、渐开线齿轮传动的基本常识

（一）渐开线的形成及基本性质

如图 5-30 所示，当直线 NK 沿着一个固定的圆做纯滚动时，直线上任一点 K 的轨迹称为该圆的渐开线，该圆称为渐开线的基圆，直线 NK 称为渐开线的发生线。

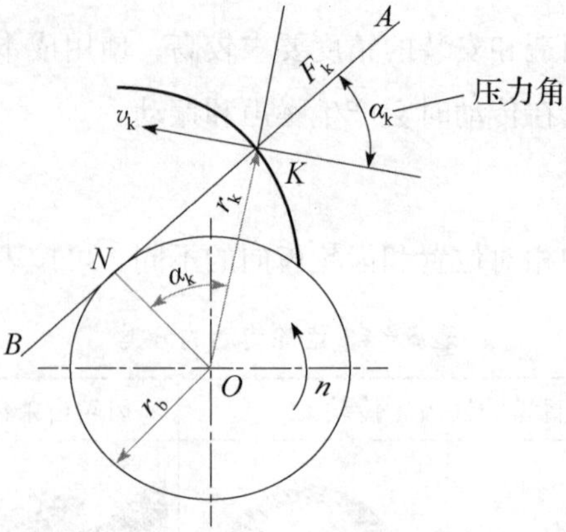

图 5-30 渐开线的形成

由渐开线的形成过程可知，渐开线具有以下特性：

(1) 发生线沿基圆滚过的长度等于基圆上被滚过的相应弧长 $\overline{NK} \widehat{=} AN$。

(2) 发生线 NK 是渐开线在任意点 K 的法线，即渐开线上任意点的法线必与基圆相切。

(3) 如图 5-30 所示的 α_k 是渐开线上 K 点的法线与该点的速度方向线所夹的锐角，称为该点的压力角。渐开线上各点处的压力角不等，随半径的不同而变化，K 点离圆心 O 越远，压力角越大，反之则越小。基圆上的压力角等于零。

(4) 渐开线的形状取决于基圆的大小。基圆半径越小，渐开线越弯曲；基圆半径越大，渐开线越趋于平直；基圆的半径为无穷大时，渐开线趋于平直。

(二) 渐开线直齿圆柱齿轮各部分的名称及参数

1. 直齿圆柱齿轮各部分的名称（如图 5-31）

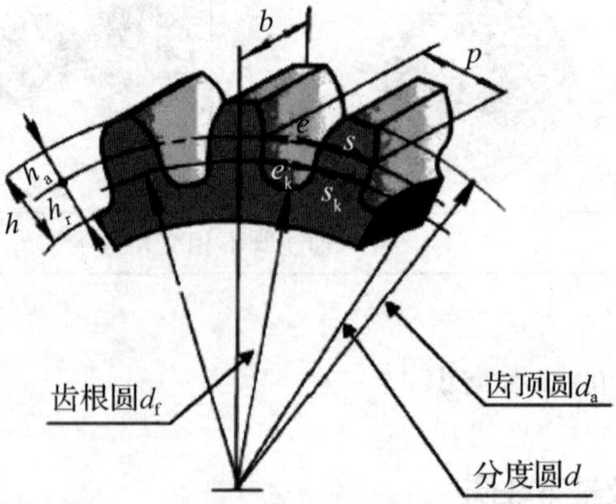

图 5-31 直齿圆柱齿轮各部分的名称

(1)“四圆”。直齿圆柱齿轮的“四圆”是指齿顶圆、齿根圆、分度圆和基圆。

齿顶圆：由齿轮各轮齿顶部所围成的圆，用 d_a 表示直径。

齿根圆：由齿轮各轮齿根部所围成的圆，用 d_f 表示直径。

分度圆：具有标准模数、标准齿形角，且其上齿厚等于齿槽宽的圆，用 d 表示直径。

基圆：在渐开线齿轮形成过程中，发生线在其上做纯滚动的圆，用 d_b 表示直径。

(2)“四弧”。直齿圆柱齿轮的“四弧”是指齿距、齿厚、齿槽宽和基圆齿距。

齿距：相邻两轮齿在分度圆上所对应的弧长，用 p 表示。

齿厚：齿轮轮齿两侧在分度圆上所对应的弧长，用 s 表示。

齿槽宽：相邻轮齿近侧齿廓在分度圆上所对应的弧长，用 e 表示。

基圆齿距：相邻两轮齿在基圆上所对应的弧长，用 p_b 表示。

(3)“三高”。直齿圆柱齿轮的“三高”是指齿高、齿顶高和齿根高。

齿高：齿顶圆至齿根圆的径向距离，用 h 表示。

齿顶高：分度圆至齿顶圆的径向距离，用 h_a 表示。

齿根高：分度圆至齿根圆的径向距离，用 h_f 表示。

(4) 齿宽。齿宽是指齿轮有齿部分沿分度圆柱面的直母线方向量度的宽度，用 b 表示。

2. 直齿圆柱齿轮的主要参数

(1) 齿数 z。齿轮整个圆周上的轮齿的总数称为齿轮的齿数，用 z 表示。

(2) 模数 m。齿距 p 除以圆周率所得的商称为模数，即 $m=p/\pi$，单位为 mm。模数能反映齿轮尺寸和轮齿承载能力，是计算齿轮尺寸的基本参数，如图 5-32 所示。

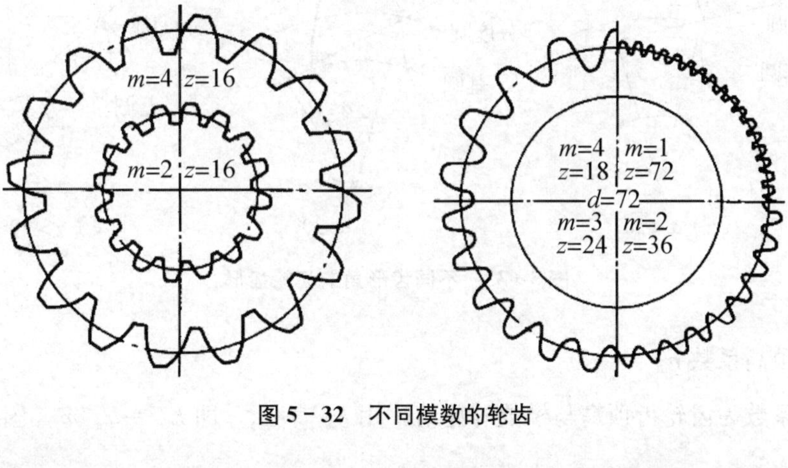

图 5-32 不同模数的轮齿

齿数相等的齿轮，模数越大，齿轮的齿形越大；反之，模数越小，齿轮的齿形越小。当模数一定时，齿数越多，齿轮的几何尺寸越大。为了方便齿轮的设计与制造，我国规定了标准模数系列，具体见表 5-5。

表 5-5　渐开线圆柱齿轮标准模数系列（摘自 GB/T 1357—2008）　单位：mm

第一系列	1	1.25	1.5	2	2.5	3	4	5	6	8
	10	12	16	20	25	32	40	50		
第二系列	1.125	1.375	1.75	2.25	2.75	3.5	4.5	5.5	(6.5)	
	7	9	11	14	18	22	28	35	45	

注：①表中数据适用于直齿和斜齿渐开线圆柱齿轮的法向模数。

②优先选用第一系列中的法向模数，避免采用第二系列中的法向模数 6.5。

（3）齿形角 α。

齿轮齿廓上某点径向直线与齿廓在该点的切线所夹的锐角称为该点的齿形角，用 α 表示。齿廓上不同点的齿形角是不相等的。离基圆越远，齿形角越大；越靠近基圆，齿形角越小。通常所说的齿形角即为分度圆上的齿形角，我国规定为 20°，其公式为：

$$\cos\alpha=\frac{r_b}{r}$$

式中：r_b——基圆半径，mm；

r——分度圆半径，mm。

分度圆上齿形角的大小，会对齿轮的几何形状产生影响。如图 5-33 所示，在分度圆半径不变的条件下，齿形角 α 大于 20°时，r_b 减小，齿顶变尖，齿根变厚，承载能力增强，但传动较费力；齿形角 α 小于 20°时，r_b 增大，齿顶变宽，齿根变细，承载能力降低。

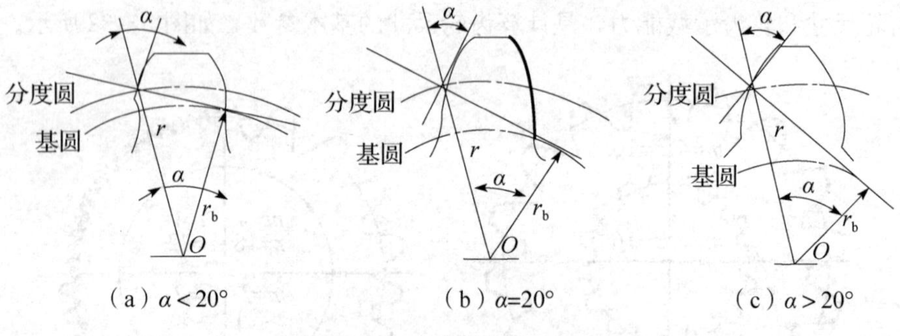

图 5-33　不同齿形角的齿轮齿形

（4）齿顶高系数 h_a^*。

齿顶高系数为齿轮齿顶高与模数的比值，用 h_a^* 表示，即 $h_a^*=h_a/m$，国标规定标准齿 $h_a^*=1$。

（5）顶隙系数 c^*。

齿轮顶隙与模数的比值称为顶隙系数，用 c^* 表示，即 $c^*=c/m$，国标规定标准齿 $c^*=0.25$。

（三）渐开线齿轮啮合的特点

（1）渐开线齿轮能够保持恒定的传动比。

（2）渐开线齿轮具有中心距可分性，即齿轮因磨损导致中心距改变，却仍然能够保持传动比不变。

（3）齿廓间正压力方向不变。渐开线两齿轮传动时啮合点的轨迹为一条直线，如图 5 - 34 所示的 N_1N_2，可确保齿轮传动的平稳性。

（4）制造工艺性好。

（四）渐开线齿轮正确啮合的条件

（1）主动齿轮与从动齿轮的模数相等，即 $m_1=m_2=m$。

（2）主动齿轮与从动齿轮的齿形角相等，即 $\alpha_1=\alpha_2=\alpha$。

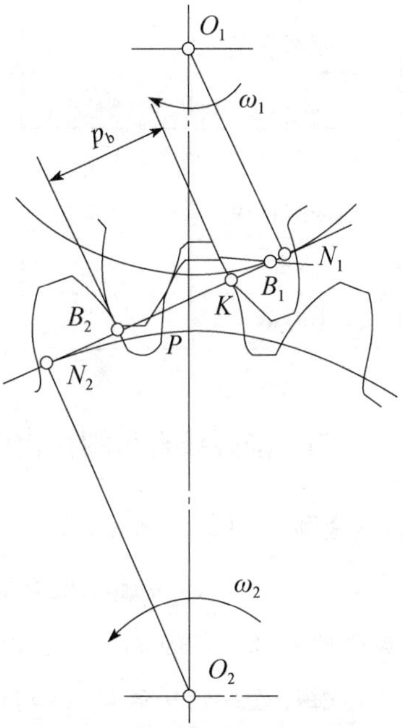

图 5 - 34　渐开线齿轮的啮合

三、渐开线直齿圆柱齿轮各部分尺寸的计算公式

渐开线直齿圆柱齿轮各部分尺寸的计算公式见表 5 - 6。

表 5 - 6　渐开线直齿圆柱齿轮各部分尺寸的计算公式

名称	符号	计算公式	备注
模数	m	选用标准值	齿轮三要素
齿形角	α	选用标准值，$\alpha=20°$	
齿数	z	由传动比计算求得	
顶隙	c	$c=c^* m=0.25m$	轮齿径向 4 个参数
齿顶高	h_a	$h_a=h_a^* m=m$	
齿根高	h_f	$h_f=(h_a^*+c^*)m=1.25m$	
全齿高	h	$h=h_a+h_f=(2h_a^*+c^*)m=2.25m$	
齿距	p	$p=\pi m$	四周 4 个参数
齿厚	s	$s=p/2=\pi m/2$	
齿槽宽	e	$e=s=p/2=\pi m/2$	
基圆齿距	p_b	$p_b=p\cos\alpha=\pi m\cos\alpha$	

续表

名称	符号	计算公式	备注
分度圆直径	d	$d=mz$	4个直径
基圆直径	d_b	$d_b=d\cos\alpha=mz\cos\alpha$	
齿顶圆直径	d_a	$d_a=d+2h_a=m(z+2)$	
齿根圆直径	d_f	$d_f=d-2h_f=m(z-2.5)$	
齿宽	b	$b=$（6～12）m，通常取$b=10$m	1个齿宽
中心距	a	$a=$（d_1+d_2）/2$=m$（z_1+z_2）/2	1个中心距，两齿轮外啮合

四、渐开线直齿圆柱齿轮各部分几何尺寸的计算

【例 5－1】 相啮合的一对外啮合标准直齿圆柱齿轮（$\alpha=20°$，$h_a*=1$，$c*=0.25$），齿数 $z_1=17$、$z_2=46$，模数 $m=8$mm，试计算两齿轮的分度圆直径 d、齿顶圆直径 d_a、齿根圆直径 d_f、齿厚 s、全齿高 h 和中心距 a。

解： 已知齿轮的模数和齿数，可直接运用表 5－6 中的公式求出各部分几何尺寸。

分度圆直径：$d_1=mz_1=8\times17=136$mm

$d_2=mz_2=8\times46=368$mm

齿顶圆直径：$d_{a1}=m(z_1+2)=8\times(17+2)=152$mm

$d_{a2}=m(z_2+2)=8\times(46+2)=384$mm

齿根圆直径：$d_{f1}=m(z_1-2.5)=8\times(17-2.5)=116$mm

$d_{f2}=m(z_2-2.5)=8\times(46-2.5)=348$mm

齿厚：$s_1=s_2=s=\dfrac{\pi m}{2}=\dfrac{3.14\times8}{2}=12.56$mm

全齿高：$h_1=h_2=h=2.25m=2.25\times8=18$mm

中心距：$a=\dfrac{m(z_1+z_2)}{2}=\dfrac{8\times(17+46)}{2}=252$mm

【例 5－2】 某齿轮传动中的大齿轮丢失，仅剩小齿轮。已知这对齿轮为外啮合标准直齿圆柱齿轮，中心距 $a=112.5$mm，$z_1=38$，$d_{a1}=100$mm。试确定丢失的大齿轮的齿数、模数和主要几何尺寸。

解： 根据已知条件可先求齿轮模数：

$$m=\frac{d_{a1}}{z_1+2}=\frac{100}{38+2}=2.5\text{mm}$$

将已知数据代入 $a=\dfrac{m(z_1+z_2)}{2}$，有

$$112.5\text{mm}=\frac{2.5\text{mm}\times(38+z_2)}{2}$$

解得大齿轮的齿数 $z_2=52$

则大齿轮的主要几何尺寸为：

$$d_2=mz_2=2.5\times52=130\text{mm}$$
$$d_{a2}=m(z_2+2)=2.5\times(52+2)=135\text{mm}$$
$$d_{f2}=m(z_2-2.5)=2.5\times(52—2.5)=123.75\text{mm}$$
$$d_{b2}=d_2\cos\alpha=mz_2\cos\alpha=2.5\times52\times\cos20°=122.16\text{mm}$$

技能训练

一、训练目的

能够区分齿轮的类别。

二、训练器材

不同齿形、形状、轴交角的齿轮副若干。

三、训练内容

将分散的齿轮重新配对，在配合的过程中注意观察哪些齿轮能正常配合、传递动力，从而掌握齿轮副正确啮合的条件。

课后讨论

(1) 齿轮传动的特点是什么？

(2) 按齿轮两轴线的相对位置和齿轮的齿向，可将齿轮啮合传动分为哪几类？

任务 5 认识常见齿轮传动

任务目标

(1) 了解斜齿圆柱齿轮传动的特点及正确啮合条件。

(2) 了解直齿锥齿轮传动的特点及正确啮合条件。

(3) 了解蜗杆传动的特点，熟悉蜗杆传动的基本参数及正确啮合条件。

(4) 掌握各种类别的齿轮传动的应用。

知识链接

一、斜齿圆柱齿轮传动

（一）斜齿圆柱齿轮传动的特点及应用

直齿圆柱齿轮啮合时，轮齿沿整个齿宽同时进入啮合、同时脱离啮合，因此沿齿宽方向会突然加载及卸荷，传动平稳性较差，易产生冲击和噪声，不适用于高速和重载传动。而一对平行轴斜齿圆柱齿轮啮合时，斜齿轮的齿廓是逐渐进入、脱离啮合的，如图 5-35 所示，这样就弥补了直齿圆柱齿轮啮合时的缺陷。

图 5-35　斜齿轮啮合传动

斜齿圆柱齿轮传动的特点如下：

（1）同时进入啮合轮齿的对数较多，重合度较大，因此承载能力大，可用于大功率传动。

（2）传动平稳，连续性好，传动中的冲击、振动较小，可用于高速传动。

（3）使用寿命长，但不能当作滑移齿轮使用，这是因为斜齿轮轮齿倾斜，传动时会产生轴向力。

由上述特点可以看出，不论是受力还是传动，斜齿轮明显优于直齿轮，所以在高速、大功率的传动中，斜齿轮传动应用更为广泛。汽车减速器的齿轮传动大都应用斜齿圆柱齿轮。

（二）标准斜齿圆柱齿轮的基本参数

标准斜齿圆柱齿轮的基本参数见表 5-7。

表 5-7　标准斜齿圆柱齿轮的基本参数

名称	说明
端面	垂直于齿轮轴线的平面，用 t 表示，如图 5-36 所示
法面	垂直于齿轮齿线的平面，用 n 表示，如图 5-36 所示
端面模数	斜齿轮端平面内的模数，用 m_t 表示，是斜齿轮的计算模数
法面模数	斜齿轮法平面内的模数，用 m_n 表示，是斜齿轮的标准模数

续表

名称	说明
端面齿形角	斜齿轮端平面内的齿形角，用 α_t 表示，如图 5-37 所示
法面齿形角	斜齿轮法平面内的齿形角，用 α_n 表示，如图 5-37 所示，斜齿轮的标准齿形角 $\alpha_n=20°$
螺旋角 β	圆柱螺旋线的切线与通过切点的圆柱直母线所夹的锐角，用 β 表示，如图 5-37 所示，通常取 15°左右
端面模数与法面模数的关系	$m_n=m_t\cos\beta$
端面齿形角与法面齿形角的关系	$\tan\alpha_n=\tan\alpha_t\cos\beta$
齿顶高系数与顶隙系数的关系	斜齿轮的端面和法面的齿顶高和齿根高都是相等的，即 $h_{an}^*m_n=h_{at}^*m_t$ 及 $c_n^*m_n=c_t^*m_t$，$h_{an}^*=1$，$c_n^*=0.25$

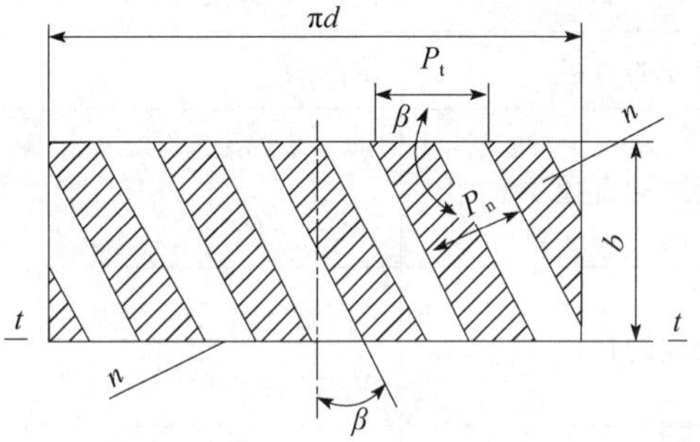

图 5-36　端面与法面

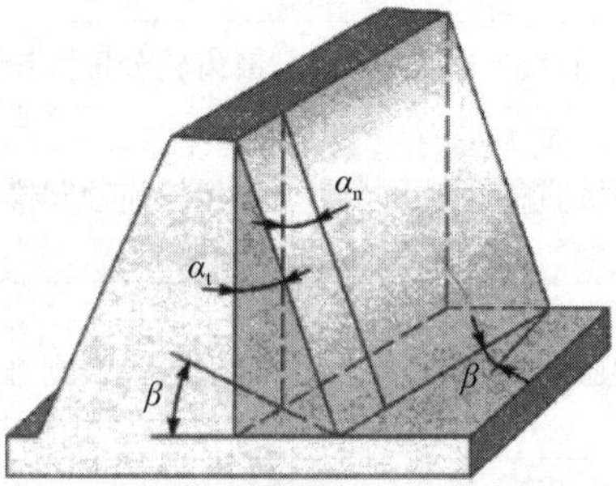

图 5-37　端面齿形角与法面齿形角

（三）斜齿圆柱齿轮的正确啮合条件及旋向的判断

一对外啮合斜齿圆柱齿轮传动的正确啮合条件如下：

（1）两斜齿轮的法面模数相等，即 $m_{n1}=m_{n2}=m$。

（2）两斜齿轮的法面齿形角相等，即 $\alpha_{n1}=\alpha_{n2}=20°$。

（3）两斜齿轮的螺旋角相等、方向相反，即 $\beta_1=-\beta_2$。

斜齿圆柱齿轮的螺旋方向分为右旋和左旋，判断方法是伸出右手，掌心对着自己，四指指向与齿轮的轴线方向一致，则大拇指上升方向与螺旋线上升方向一致的为右旋，不一致的为左旋，如图 5-38 所示。

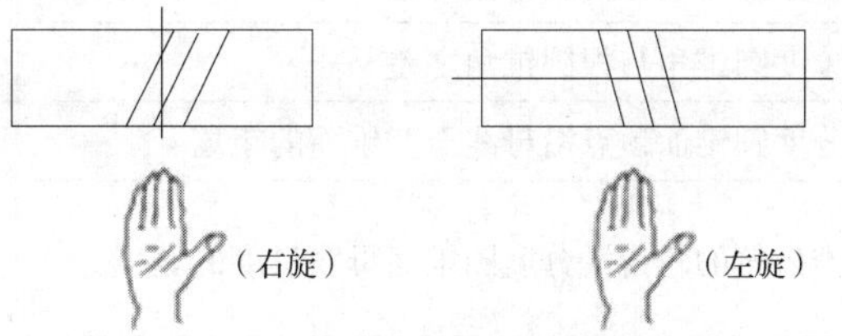

图 5-38　斜齿圆柱齿轮的旋向判断

二、直齿锥齿轮传动

齿线是分度圆锥面的直母线的锥齿轮称为直齿锥齿轮。直齿锥齿轮用于传递相交轴或交错轴的旋转运动。

（一）直齿锥齿轮的基本参数

直齿锥齿轮的基本参数见表 5-8。

表 5-8　直齿锥齿轮的基本参数

名称	代号	定义	计算公式
模数	m	齿距除以圆周率所得的商	$m=p/\pi$，给定大端端面模数，取标准值
齿形角	α	背锥齿廓与分度圆交点处的切线与通过该切点且垂直于分度圆锥面的直线所夹的锐角	$\alpha=20°$
分度圆直径	d	锥齿轮分度圆锥面与背锥面交线的直径	$d=mz$
齿顶圆直径	d_a	锥齿轮齿顶圆锥面与背锥面交线的直径	$d_a=d+2h_a\cos\delta=m(z+2\cos\delta)$
齿根圆直径	d_f	锥齿轮齿根圆锥面与背锥面交线的直径	$d_f=d-2h_f\cos\delta=m(z-2.4\cos\delta)$
齿距	p	锥齿轮上，两个相邻的同侧齿面之间的分度圆弧长	$p=\pi m$
齿顶高	h_a	齿顶圆至分度圆之间沿背锥母线量度的距离	$h_a=m$
齿根高	h_f	分度圆至齿根圆之间沿背锥母线量度的距离	$h_f=1.2m$
齿高	h	齿顶圆至齿根圆之间沿背锥母线量度的距离	$h=h_a+h_f=2.2m$
分度圆锥角	δ	锥齿轮轴线与分度圆锥面母线的夹角	$\tan\delta_1=z_1/z_2$ $\tan\delta_2=z_2/z_1$
顶圆锥角	δ_a	锥齿轮轴线与顶锥母线的夹角	$\delta_a-\alpha+\theta_a$
根圆锥角	δ_f	锥齿轮轴线与根锥母线的夹角	$\delta_f=\delta-\theta_f$
齿顶角	θ_a	顶圆锥角与分度圆锥角之差	$\tan\theta_a=2\sin\delta/z$
齿根角	θ_f	分度圆锥角与根圆锥角之差	$\tan\theta_f=2.4\sin\delta/z$
外锥角	R	分度圆锥面顶点沿母线至背锥面的距离	$R=d/\sin\delta$
齿宽	b	锥齿轮的轮齿沿分度圆锥面母线量度的宽度	$b\leqslant\frac{1}{3}R$

（二）直齿锥齿轮传动的特点及正确啮合条件

1. 直齿锥齿轮传动的特点

一对锥齿轮传动，相当于一对做纯滚动的圆锥摩擦轮传动。

一对标准直齿锥齿轮传动，两轮的分度圆锥面与节圆锥面重合。两轮轴线的交角称为轴交角，用Σ表示，大多数情况下轴交角$\Sigma=\delta_1+\delta_2=90°$，如图 5－39 所示。

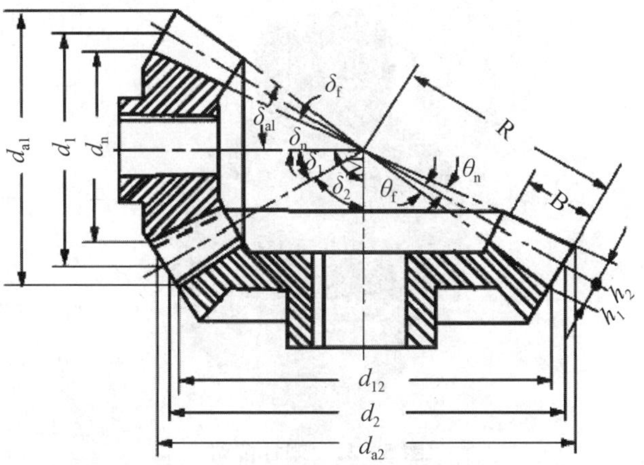

图 5－39　直齿圆锥齿轮啮合传动

2. 直齿锥齿轮传动的正确啮合条件

两轮的大端端面模数相等且为标准值，即 $m_1=m_2=m$。

两轮的大端齿形角相等且为标准值，即 $\alpha_1=\alpha_2=20°$。

（三）直齿锥齿轮的应用

由于直齿锥齿轮的设计、制造和安装均比较简便，因此应用广泛，如汽车后桥的齿轮箱内的差速器（如图 5－40）。此外，曲齿锥齿轮由于传动平稳、承载能力强，常用于高速、重载传动，如汽车、飞机、拖拉机等传动机构。

图 5－40　差速器

三、蜗杆传动

（一）蜗杆传动的组成

蜗杆传动是由蜗杆、蜗轮组成的啮合传动装置，如图 5-41 所示。蜗杆传动用于传递在空间交错的两轴间的运动和动力，通常两轴交错角为 90°。

图 5-41　蜗杆传动

蜗杆上只有一条螺旋线的称为单头蜗杆，有两条以上螺旋线的称为多头蜗杆，通常蜗杆的头数 z 为 1～4。蜗杆传动的类型很多，如阿基米德蜗杆、渐开线蜗杆等，实际生产中应用最多的是阿基米德蜗杆。

蜗杆传动中，蜗轮通常为从动件，蜗杆通常为主动件。蜗杆传动几何参数的国家标准见 GB/T 19935—2005。

（二）蜗杆传动的参数

（1）蜗杆传动的传动比。蜗杆传动的传动比是指主动件蜗杆角速度与从动件蜗轮角速度的比值，也等于主动件蜗杆头数与从动件蜗轮齿数的反比，即

$$i_{12}=\frac{\omega_1}{\omega_2}=\frac{n_1}{n_2}=\frac{z_2}{z_1}$$

（2）中间平面。通过蜗杆轴线且与蜗轮轴线垂直的平面称为中间平面。在中间平面内的蜗杆传动相当于标准齿条与标准直齿圆柱齿轮相啮合，如图 5-42 所示。

（3）模数（m）。蜗杆的模数是指轴向模数，用 m_x 表示。蜗轮的模数是指端面模数，用 m_t 表示。蜗杆与蜗轮正确啮合时，必须满足蜗杆的轴向模数等于蜗轮的端面模数，即 $m_x=m_t=m$。

（4）齿形角（α）。蜗杆的齿形角为轴向齿形角，用 α_x 表示。蜗轮的齿形角为端面齿形角，用 α_t 表示。蜗杆与蜗轮正确啮合时，必须满足蜗杆的轴向齿形角等于蜗轮的端面齿形角，即 $\alpha_x=\alpha_t=\alpha$。

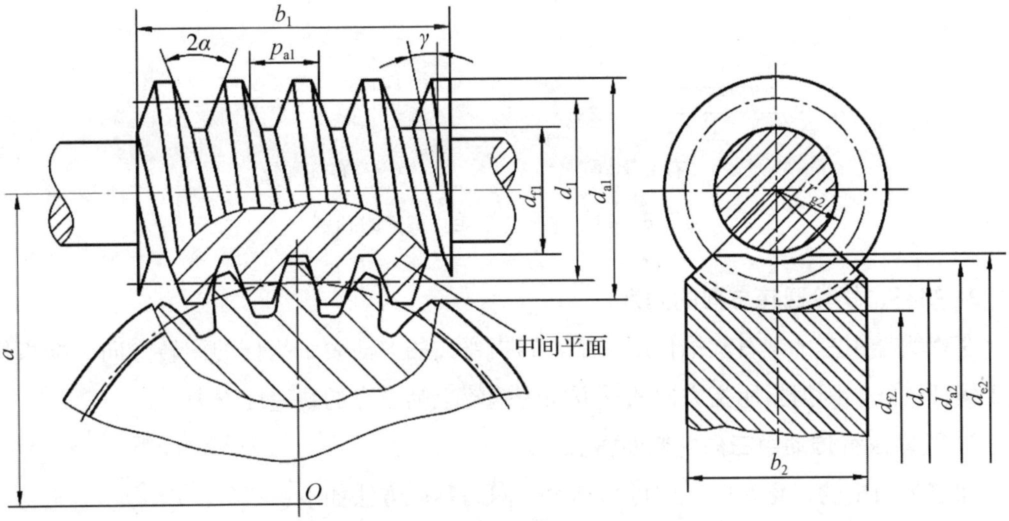

图 5-42　蜗杆传动的中间平面

（5）导程角（γ）、螺旋角（β）。

蜗杆的导程角：蜗杆分度圆柱螺旋线的切线与端平面的夹角，用 γ 表示。

蜗轮的螺旋角：蜗轮分度圆柱轮齿的旋向与轴线的夹角，用 β 表示。

蜗杆与蜗轮正确啮合时，必须满足蜗杆的导程角等于蜗轮的螺旋角，且旋向相同，即 $\gamma=\beta$。

（6）蜗杆的直径系数（q）。蜗杆的直径系数是蜗杆分度圆直径 d_1 与轴向模数 m 的比值，用 q 表示，即 $q=d_1/m$。蜗杆的直径系数与蜗杆导程角之间的关系为 $q=z_1/\tan\gamma$。

蜗杆头数 z_1 一定时，蜗杆直径系数 q 越小，导程角 γ 越大，效率越高。

（7）蜗杆传动的标准中心距（a）。

$$a=\frac{d_1+d_2}{2}=\frac{m(q+z_2)}{2}$$

式中，d_1——蜗杆分度圆直径，mm；

d_2——蜗轮分度圆直径，$d_2=mz_2$，mm。

（三）蜗杆传动的三向判别

蜗杆传动的三向即蜗杆（蜗轮）旋向、蜗杆转向、蜗轮转向。

1. 蜗杆（蜗轮）旋向的判别

蜗杆（蜗轮）的旋向判别与斜齿轮旋向判别方法相同，均采用右手定则。伸出右手，掌心对着自己，四指指向与蜗杆（蜗轮）的轴线方向一致，则大拇指指向与蜗杆（蜗轮）螺旋线一致的为右旋，不一致的为左旋，如图 5-43 所示。

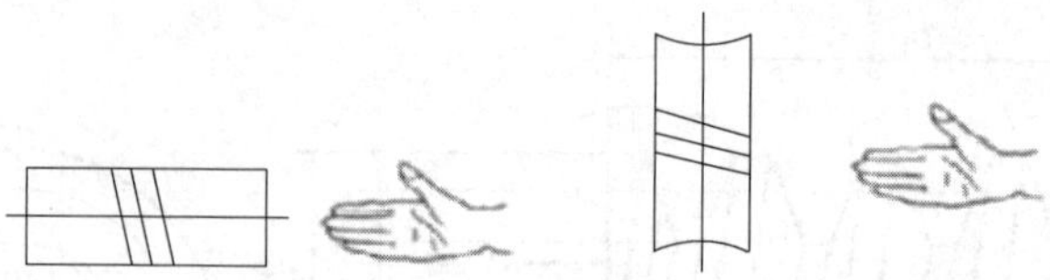

（a）右旋蜗杆　　（b）右旋蜗轮

图 5-43　蜗杆（蜗轮）旋向的判别

2. 蜗杆、蜗轮回转方向的判别

左旋蜗杆用左手，右旋蜗杆用右手，四指弯曲的方向表示蜗杆的回转方向，拇指伸直代表蜗杆轴线，则拇指所指方向的反方向为蜗轮上啮合点的线速度方向。

3. 蜗轮蜗杆传动中三向的判断方式

知道三向中的任意两向，即可判别第三向。具体方法如下：

（1）已知蜗杆（蜗轮）旋向、蜗杆转向，求蜗轮转向。

利用左（右）手定则，伸出左（右）手，弯曲四指指向与蜗杆旋转方向一致，则大拇指指向的反方向即为蜗轮在啮合点处的运动方向。

（2）已知蜗杆（蜗轮）旋向、蜗轮转向，求蜗杆转向。

利用假设法加左（右）手定则，假设蜗杆为顺时针旋转，用左（右）手定则判断蜗轮的转向，如果与已知方向一致，说明假设正确，即蜗杆为顺时针旋转；不一致，说明假设错误，则蜗杆为逆时针旋转。

（3）已知蜗杆转向、蜗轮转向，求蜗杆（蜗轮）旋向。

利用假设法加左（右）手定则，假设蜗杆（蜗轮）为左（右）旋，用左（右）手定则判断蜗轮的转向，如果与已知方向一致，说明假设正确，即蜗杆（蜗轮）为左（右）旋；不一致，说明假设错误，则蜗杆（蜗轮）为右（左）旋。

（四）蜗杆传动的特点

1. 优点

（1）传动比大，结构紧凑，体积小，重量轻，其传动比 $i=10\sim80$，若只传递运动（如分度运动），其传动比可达 1000。

（2）传动平稳，噪声小。蜗杆传动同时进入啮合齿的对数较多且啮合为逐渐进入和逐渐退出，所以传动平稳，产生的噪声小。

（3）具有自锁功能。当蜗杆的导程角很小时，蜗杆只能带动蜗轮传动，而蜗轮不能带动蜗杆转动。

2. 缺点

（1）蜗杆传动效率低。因为传动中摩擦较大，所以传动效率低。

（2）蜗杆传动发热量大，齿面容易磨损，成本高。需要有良好的润滑和散热装置。同时为了减少磨损，需要采用减摩性能良好的有色金属材料制造蜗轮，如铜合金等，因此材料成本高。

(3) 蜗杆不能任意互换啮合。仅模数和齿形角相同的蜗杆与蜗轮是不能任意互换啮合的。

技能训练

一、训练目的

认识不同类型齿轮传动的结构及啮合方式。

二、训练器材

不同类型齿轮传动减速器各一台，拆卸工具一套。

三、训练内容

(1) 拆装减速器。

(2) 观察齿轮传动的结构和啮合方式。

课后讨论

分析起重设备中的提升机构常采用蜗杆传动的原因。

任务6 齿轮传动的维护与检测

任务目标

(1) 了解齿轮传动的润滑方法。

(2) 了解齿轮失效的常见形式。

(3) 了解齿轮材料的选用要求。

(4) 了解常用齿轮热处理的形式及热处理的主要作用。

知识链接

一、齿轮传动的润滑

润滑对于齿轮传动十分重要，不仅可以减小摩擦、减轻磨损，还可以起到冷却、防锈、降低噪声、延缓齿轮失效等作用。

（一）润滑方式

闭式齿轮传动的润滑方式有浸油润滑和喷油润滑两种，通常根据齿轮的圆周速度确定润滑方式。

1. 浸油润滑

当齿轮的圆周速度 $v<12\text{m/s}$ 时，通常将大齿轮浸入油池中进行润滑，如图 5－44 所示。齿轮浸入油中的深度至少为 10mm，转速低时可浸深一些，注意浸入过深会增大运动阻力并使油温升高。在多级齿轮传动中，对于未浸入油池的齿轮，可采用惰轮蘸油润滑，将油带到未浸入油池的齿轮齿面上，如图 5－45 所示。

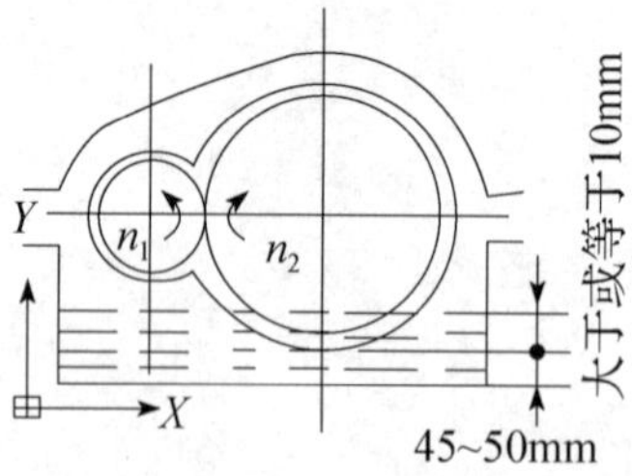

图 5－44　浸油润滑

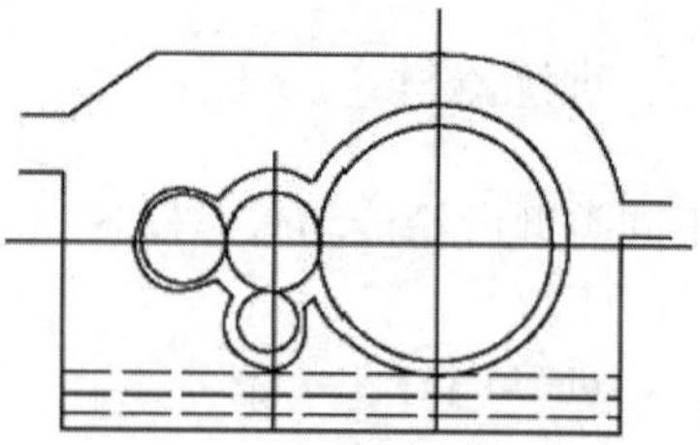

图 5－45　惰轮蘸油润滑

2. 喷油润滑

当齿轮的圆周速度 $v>12\text{m/s}$ 时，由于圆周速度大，齿轮搅油剧烈，且黏附在齿廓面上的油易被甩掉，因此不宜采用浸油润滑，而应采用喷油润滑。如图 5－46 所示为用油泵将具有一定压力的润滑油经喷油嘴喷到啮合的齿面上。

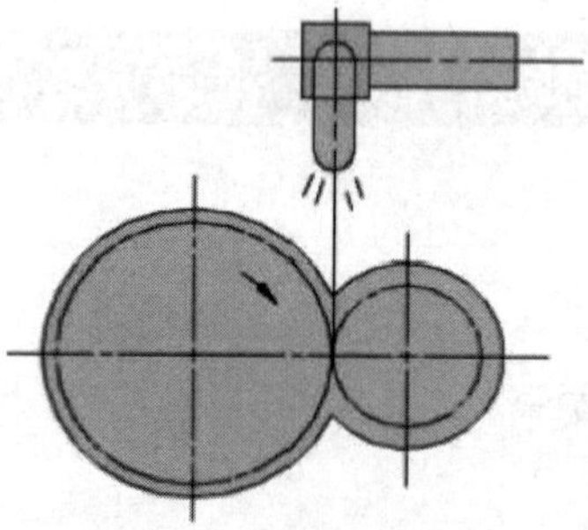

图 5－46　喷油润滑

（二）润滑油的选择

选择润滑油时，先根据齿轮的工作条件以及圆周速度查得运动黏度值，再根据选定的黏度确定润滑油的牌号。工作中必须经常检查齿轮传动润滑系统的状况（如润滑油的油面高度等），油面过低会造成润滑不良，油面过高会增加搅油功率的损失。对于压力喷油润滑系统，还需检查油压状况，油压过低会造成供油不足，而油压过高的原因可能是油路不畅通，需及时调整油压。

二、齿轮传动的失效形式

(一) 轮齿折断

轮齿在工作过程中，齿根部受较大的交变弯曲应力，当弯曲应力超过材料的弯曲疲劳极限时，轮齿的受拉一侧将产生疲劳裂纹，随着裂纹的扩展，导致轮齿折断。轮齿受到短期过载或冲击载荷的作用会发生过载折断，如图 5－47 所示。

图 5－47　轮齿过载折断

(二) 齿面点蚀

齿轮工作时，在循环变化的接触应力、齿面摩擦力及润滑剂的反复作用下，轮齿表面或次表层会出现疲劳裂纹，裂纹逐渐扩展，导致齿面金属剥落形成麻点状凹坑，这种现象称为齿面点蚀，如图 5－48 所示。齿面点蚀首先出现在齿面节线偏齿根侧。对于润滑良好的闭式齿轮传动，齿面点蚀是主要失效形式。

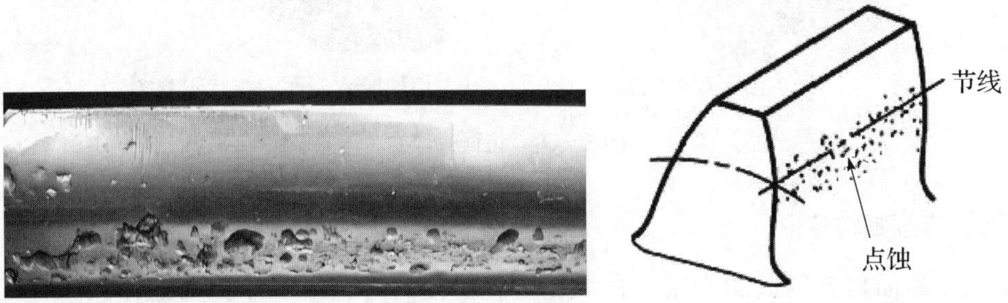

(a) 扩展性点蚀　　(b) 点蚀位置

图 5－48　齿面点蚀

(三) 齿面磨损

粗糙齿面的摩擦或者砂粒、金属屑等磨料落入齿面之间，都会引起齿面磨损，如图 5－49 所示。磨损会导致齿廓变形和齿厚变薄，产生振动和噪声，甚至断裂。齿面磨损是开式齿轮传动的主要失效形式。

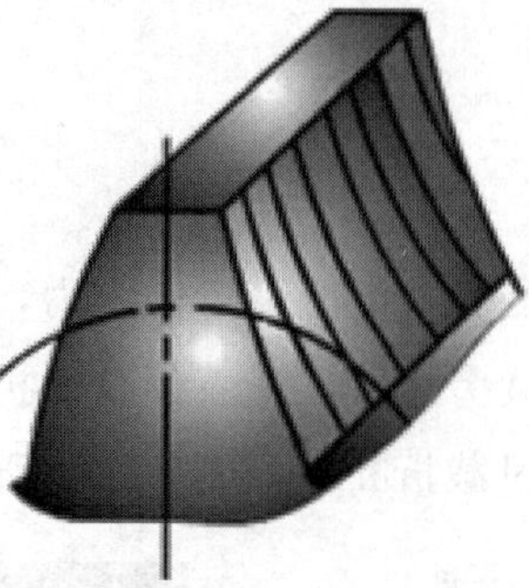

图 5-49 齿面磨损

（四）齿面胶合

高速重载齿轮传动，齿面所受压力大，产生相对滑动的速度快，啮合处局部过热，产生的瞬间高温会使油膜破裂，造成齿面金属直接接触并相互黏着。随着齿面相对运动，黏着金属会被撕落，使齿面形成条状沟痕，产生齿面热胶合，如图 5-50 所示。低速重载齿轮传动（$v \leqslant 4m/s$），啮合处局部压力过高，会使油膜破裂而黏着，产生齿面冷胶合。齿面胶合会引起振动和噪声，导致齿轮失效。

（a）齿面胶合实物

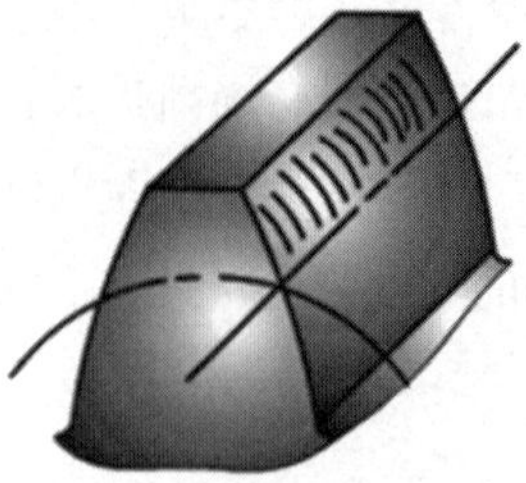

（b）齿面胶合表面沟纹状示意图

图 5-50 齿面热胶合

（五）齿面塑性变形

用较软齿面材料制造的齿轮，在承受重载荷传动时，由于摩擦力的作用，齿面表层材料会沿摩擦力的方向发生塑性变形，如图 5-51 所示，主动轮齿面节线处产生凹坑，从动轮齿面节线处产生凸起。提高齿面硬度和润滑油黏度，可以减轻或防止齿面塑性变形。

三、齿轮材料的选用及热处理

（一）齿轮材料选用要求

齿面应有足够的硬度，以确保自身具有抗点蚀、抗磨损、抗胶合和抗塑性变形的能

（a）齿面塑形变形实物

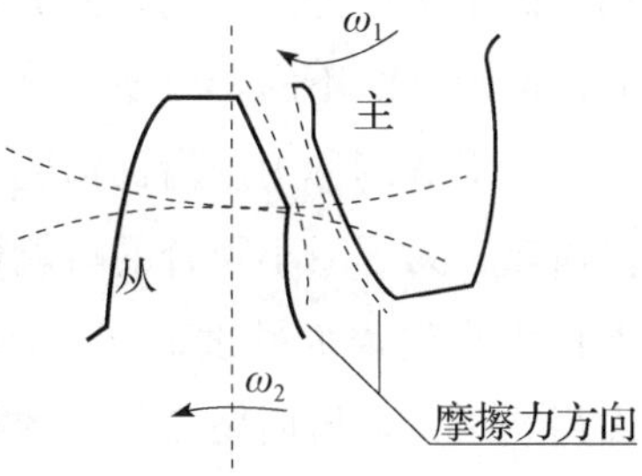

（b）齿面塑性变形示意图

图 5-51 齿面塑性变形

力。轮齿心部应有足够的强度和韧性，以确保齿根具有抗弯曲能力。此外，还应确保齿轮满足机械加工、热处理工艺性及经济性等要求。

（二）常用齿轮材料及热处理

常用的齿轮材料为各种牌号的优质碳素结构钢、合金结构钢、铸钢、铸铁和非金属材料等。一般的齿轮采用锻钢制造，锻钢具有强度高、韧性好、便于制造、便于热处理等优点。当齿轮的尺寸较大（400～600mm）而不便锻造时，多选用铸钢制造。

在低速、轻载场合使用的齿轮可以采用铸铁制造，先制成齿坯再加工成齿轮。当齿轮的直径大于 500mm 时，可制成大齿圈或轮辐式齿轮。

此外，在高速、轻载而又要求低噪声的场合，也可采用非金属材料（如夹布胶木、尼龙等）制造齿轮。

钢制齿轮热处理的方法如下：

（1）表面淬火。表面淬火常用于中碳钢和中碳合金钢，如 45Mn、40Cr 钢等。表面淬火后，齿面硬度一般为 40～55HRC。其特点是抗疲劳点蚀、抗胶合能力强，耐磨性好。由于齿轮心部未淬硬，仍有足够的韧性，因此能承受一定的冲击力。

（2）渗碳淬火。渗碳淬火常用于低碳钢和低碳合金钢，如 20Cr、20CrMnTi 钢等。渗碳淬火后，齿面硬度可达 56～62HRC，而齿轮心部仍保持较高的韧性，因此轮齿的抗弯强度和齿面接触强度高，耐磨性较好，常用于承受冲击载荷的重要齿轮传动。齿轮经渗碳淬火后，轮齿变形较大，应进行磨削加工。

（3）渗氮。渗氮是一种表面化学热处理方式。渗氮后不需要进行其他热处理，齿面硬度可达 850～1200HV。由于渗氮处理后的齿轮硬度高，制造工艺温度低，变形性小，因此适用于内齿轮和难以磨削的齿轮，或含铅、钼、铝等合金元素的渗氮钢，如 38CrMoAlA 等。

（4）调质。调质处理常用于含碳量为 0.3%～0.5%的优质碳素钢或合金钢制造的齿轮。调质处理后，齿面硬度一般为 220～280HBS。

（5）正火。正火能消除内应力，细化晶粒，改善力学性能和切削性能。机械强度要求不高的齿轮可采用中碳钢正火处理，调质的大直径齿轮可采用铸钢正火处理。

根据热处理后齿面硬度的不同，齿轮可分为软齿面齿轮和硬齿面齿轮，一对啮合齿轮的齿面硬度均大于 350HBS 的称为硬齿面齿轮，反之则称为软齿面齿轮。常规要求的齿轮传动可采用软齿面齿轮。为了减小胶合的可能性，并使配对的大、小齿轮寿命相当，通常使小齿轮齿面硬度比大齿轮齿面硬度高出 30～50HBS。对于高速、重载或重要的齿轮传动，可采用硬齿面齿轮组合，齿面硬度可大致相同。

技能训练

一、训练目的

熟悉齿轮的失效现象。

二、训练器材

主减速器总成一套，已经失效的直齿圆柱齿轮副若干。

三、训练内容

根据对失效齿轮副的观察，结合本项目所学知识分析齿轮的失效原因，总结齿轮副正常啮合的条件。

课后讨论

（1）常见的齿轮失效形式有哪些？分析失效原因。

（2）齿轮失效对生产有什么影响？可采取哪些预防措施？

素质提升

我国 RV 减速器的发展

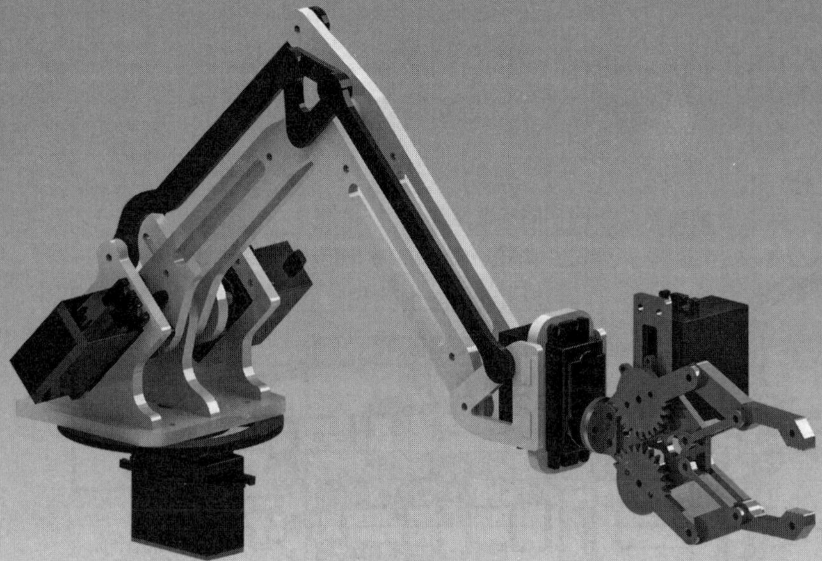

项目 6

轮 系

在机器中，由一系列相互啮合的齿轮组成的传动系统称为轮系，可实现变速、分路传动、运动分解与合成等功能。

任务 1 轮系的应用与分类

任务目标

（1）掌握轮系的分类及各自的运动简图。

（2）了解轮系的应用。

知识链接

由一对齿轮组成的传动是齿轮传动中最简单的形式，如图 6-1 所示。实际使用的机器中，需要通过多对齿轮传动来完成工作。常见的齿轮传动应用如图 6-2 至图 6-4 所示。

图 6-1 圆柱齿轮传动

图 6-2 钟表

图 6-3 滑移齿轮变速装置

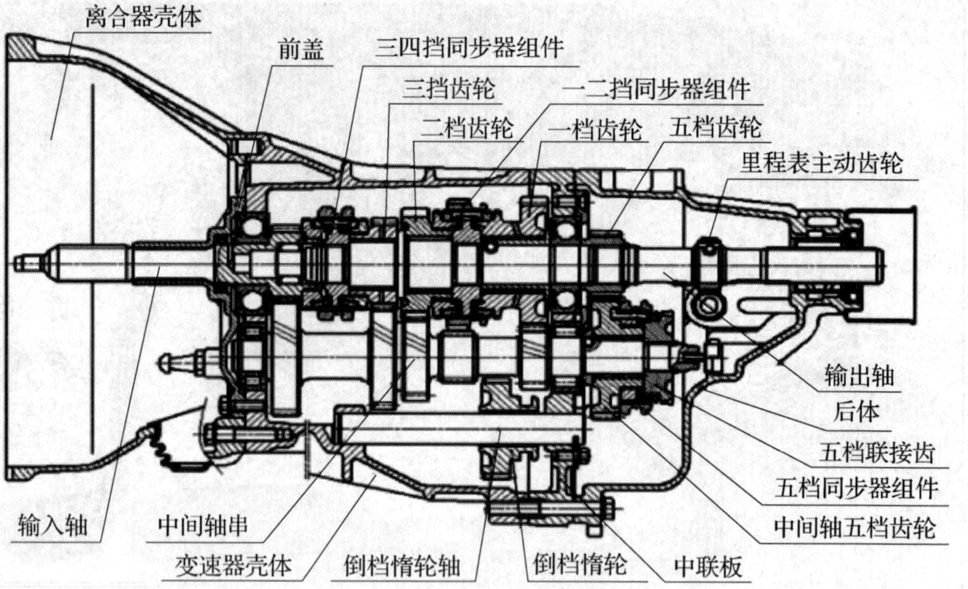

图 6-4　汽车变速器

一、轮系分类

根据轮系在运转过程中，各齿轮的几何轴线在空间的相对位置是否变化，可以将轮系分为三大类：定轴轮系、周转轮系、混合轮系。

（一）定轴轮系

轮系在运转过程中，所有齿轮轴线的几何位置均相对于机架固定不动。运动结构简图如图 6-5 所示。

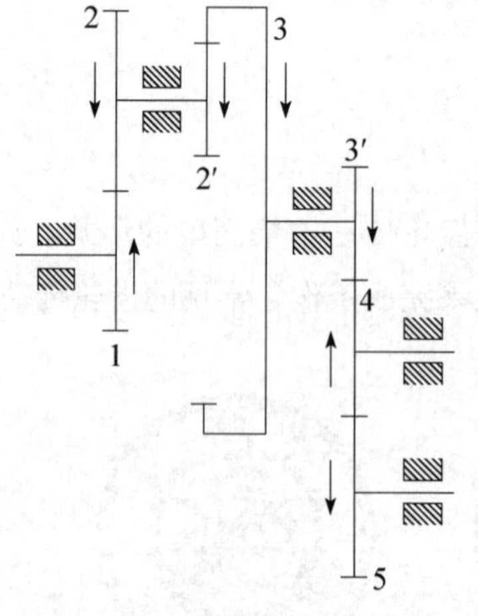

图 6-5　定轴轮系运动结构简图

（二）周转轮系

轮系在运转过程中，至少有一个齿轮轴线的几何位置不固定，而是绕着其他定轴齿轮的轴线回转。运动结构简图如图 6－6 所示。

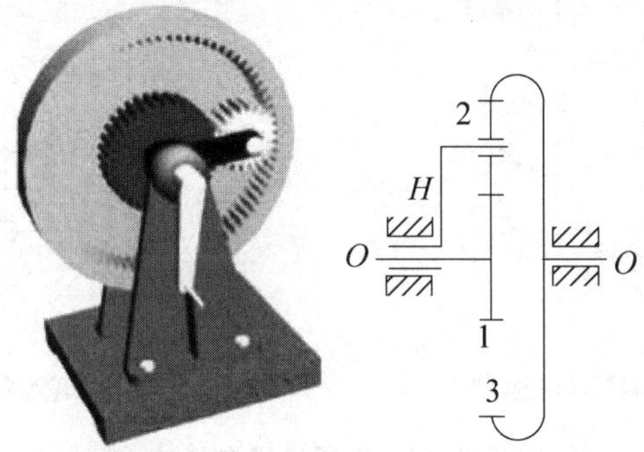

图 6－6　周转轮系运动结构简图

（三）混合轮系

在轮系中，既有定轴轮系又有周转轮系。运动结构简图如图 6－7 所示。

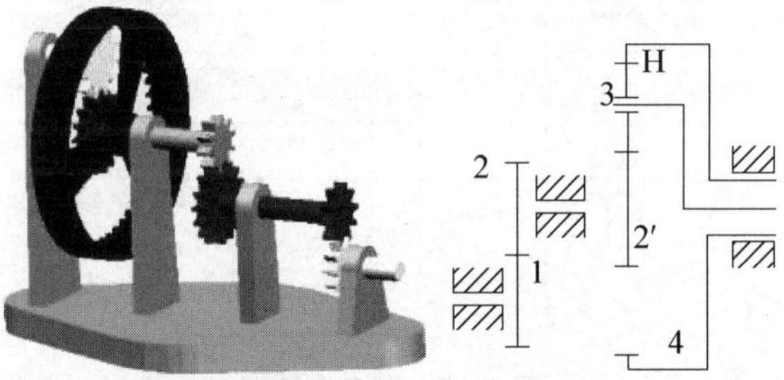

图 6－7　混合轮系运动结构简图

二、轮系的应用特点

（一）可获得较大传动比，实现较远距离的传动

若要用一对齿轮获得较大的传动比，则必然要将一个齿轮做得很大，这样会使机构的体积增大，同时小齿轮也容易损坏。如果采用轮系传动，不但可以很容易地获得较大的传动比，而且可以实现较远距离的传动。

（二）可以方便地实现变速和变向

在输入轴转向不变的情况下，可以利用惰轮（中间齿轮）改变方向。如图 6－8 所示为车床上走刀丝杠的三星轮换向机构，扳动手柄 a 可实现图示的两种传动。由于两种传动仅相差一次外啮合，因此从动轮 4 相对于主动轮 1 有两种输出转向。

在输入轴转速不变的情况下，可以利用齿轮系使输出轴获得多种工作转速。如图 6－9 所示为汽车变速器，可使输出轴获得 4 挡位转速。

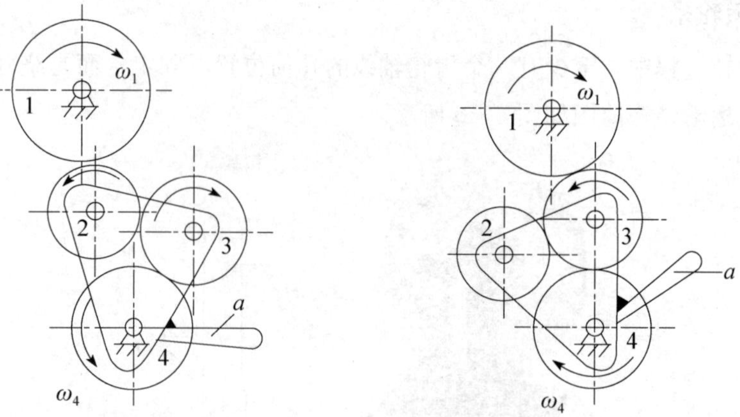

（a）从动轮4逆时针运动　　（b）从动轮4顺时针运动

图 6-8　三星轮换向机构

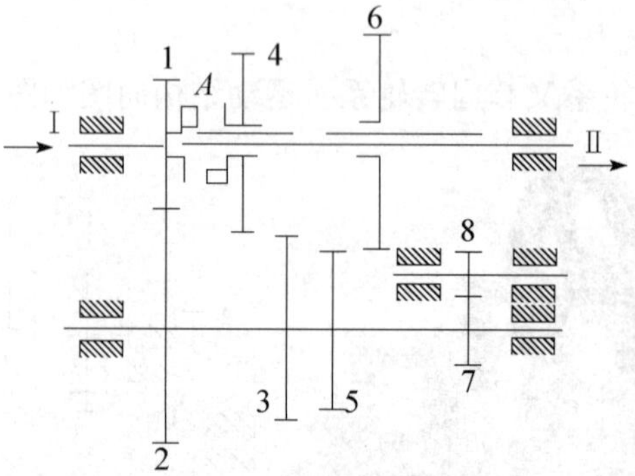

图 6-9　汽车变速器

（三）可以实现运动的合成和分解

利用行星轮系，可以将两个独立的运动合成为一个运动，或将一个运动分解为两个独立的运动。如图 6-10 所示的汽车后桥差速器即为分解运动的齿轮系。汽车转弯时，它可将发动机传到齿轮 5 的运动，以不同的速度传递给左、右车轮，维持汽车的平稳性。

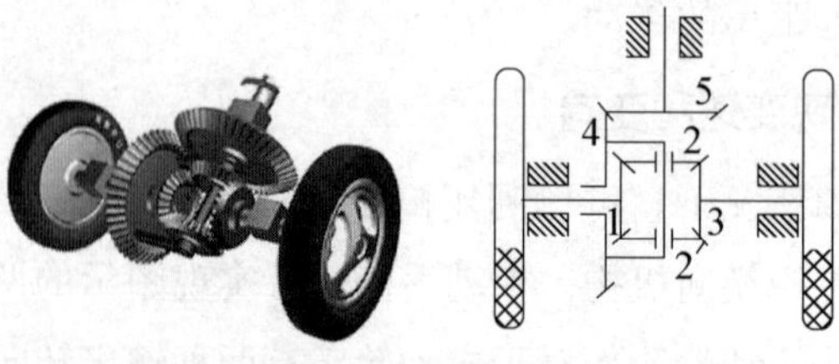

图 6-10　汽车后桥差速器

技能训练

一、训练目的

了解机床变速箱或汽车变速器的总成及工作原理。

二、训练器材

机床变速箱或汽车变速器一台，拆卸工具一套。

三、训练内容

（1）拆卸机床变速箱或汽车变速器，认识定轴轮系和周转轮系。
（2）观察齿轮的传动情况，尤其是定轴轮系和周转轮系中齿轮转速的变化情况。

课后讨论

分析图 6 - 11 所示的轮系各属于哪种类型？并分析其工作原理。

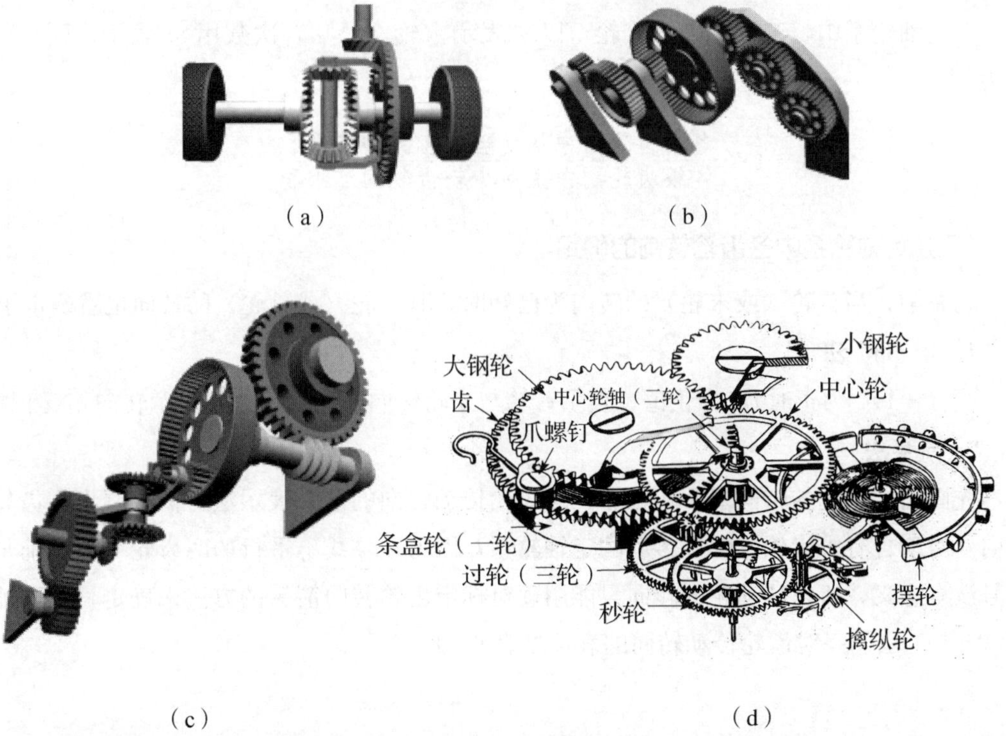

图 6 - 11　轮系

任务 2 定轴轮系传动比及从动齿轮转速的计算

任务目标

（1）掌握定轴轮系传动比的计算方法。

（2）掌握定轴轮系中任意从动齿轮转速的计算方法。

知识链接

一、定轴轮系传动比的计算

（一）轮系的传动比

轮系始端主动轮与末端从动轮的转速之比称为轮系的传动比。定轴轮系的传动比等于各对齿轮传动比的连乘积，等于各对齿轮的从动轮齿数的连乘积与主动轮齿数的连乘积之比。

在定轴轮系中，若以 1 表示首轮，以 k 表示末轮，外啮合次数用 m 表示，则总传动比为：

$$i_{总}=i_{1k}=(-1)^m\frac{\text{各级齿轮副中从动齿轮齿数的连乘积}}{\text{各级齿轮副中主动齿轮齿数的连乘积}}$$

（二）定轴轮系中各齿轮转向的确定

轮系中，当首轮（或末轮）的转向为已知时，其末轮（或首轮）的转向也就确定了。

1. $(-1)^m$ 法

当 $(-1)^m$ 为正时 i_{1k} 为正值，表示首轮与末轮转向相同；反之，表示转向相反。

2. 箭头法

先画出主动轮的转向箭头，根据一对齿轮传动转向的箭头表示法，依次画出各齿轮的转向。对于含有锥齿轮、蜗杆传动的定轴轮系，因为在轴线不平行的两齿轮传动比前加正负号没有意义，所以从动轮的转向只能用逐对标定齿轮转向箭头的方法来确定，而不能采用 $(-1)^m$ 法。一对齿轮传动转向的表达见表 6-1。

表 6-1　一对齿轮传动转向的表达

类型	运动结构简图	转向表达
圆柱齿轮啮合传动	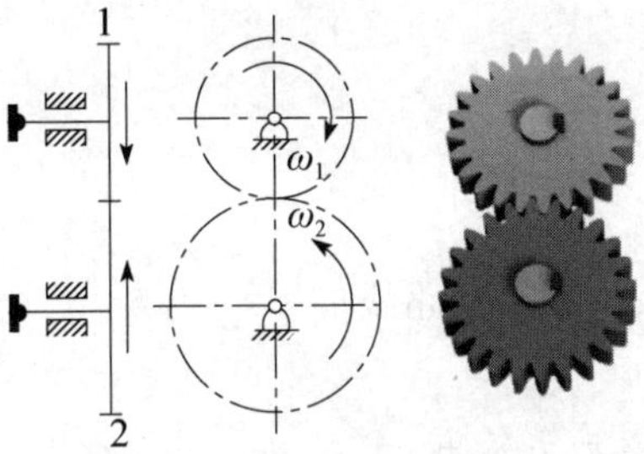 外啮合	$i_{12}=(-1)\ \frac{n_1}{n_2}=-\frac{z_2}{z_1}$ 用箭头表示转向，主、从动齿轮转向相反，两箭头指向相反
	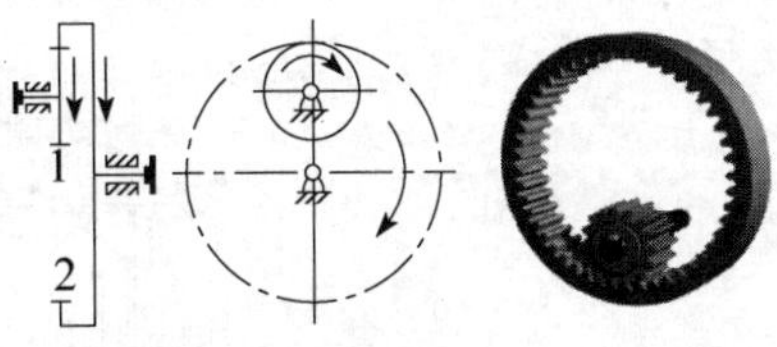 内啮合	$i_{12}=\frac{n_1}{n_2}=+\frac{z_2}{z_1}$ 主、从动齿轮转向相同，两箭头指向相同
锥齿轮啮合传动	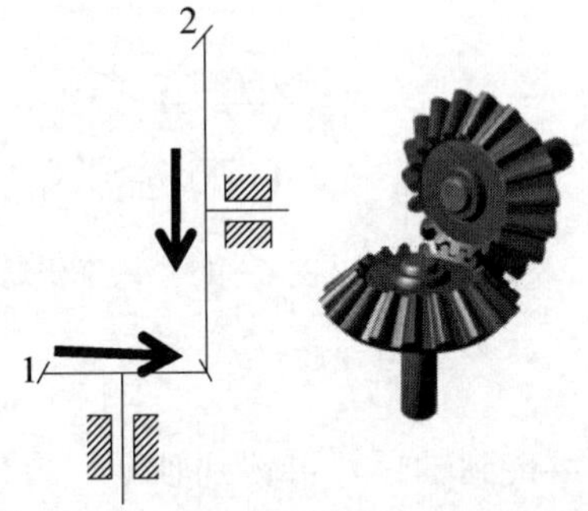	两箭头同时指向或同时相背啮合点
蜗杆啮合传动	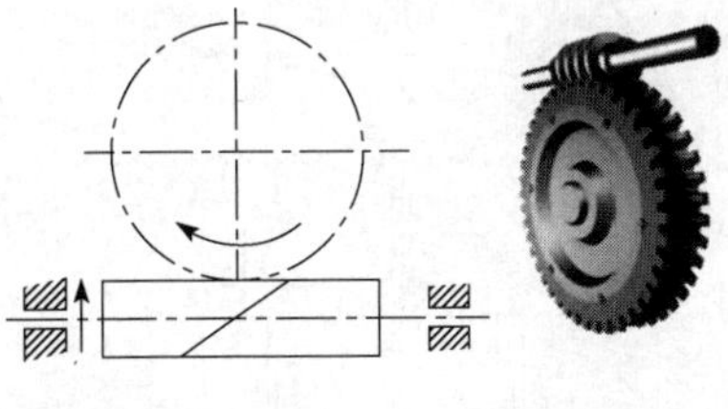	两箭头的指向按照蜗杆传动的规定标注

（三）传动路线的确定

无论定轴轮系有多复杂，都应从输入轴（首轮转速 n_1）至输出轴（末轮转速 n_k）的传动路线进行分析。

1. 三级齿轮传动装置（如图 6－12）

运动和动力是由轴Ⅰ经轴Ⅱ传到轴Ⅲ，再传到轴Ⅳ。该轮系传动路线如下：

$$n \rightarrow \text{I} \rightarrow \frac{Z_1}{Z_2} \rightarrow \text{II} \rightarrow \frac{Z_3}{Z_4} \rightarrow \text{III} \rightarrow \frac{Z_5}{Z_6} \rightarrow \text{IV} \rightarrow n_6$$

2. 两级齿轮传动装置（如图 6－13）

运动和动力是由轴经轴Ⅱ传到轴Ⅲ。该轮系传动路线如下：

$$\text{动力输入} \rightarrow \text{I} \rightarrow \frac{Z_1}{Z_2} \rightarrow \text{II} \rightarrow \frac{Z_3}{Z_4} \rightarrow \text{III} \rightarrow \text{动力输出}$$

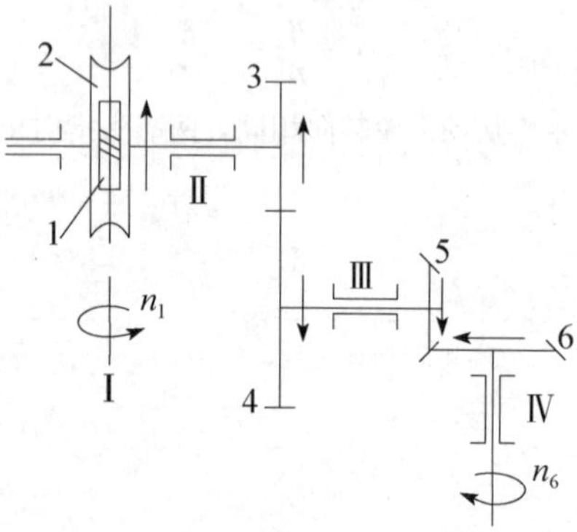

图 6－12　轮系传动路线 1

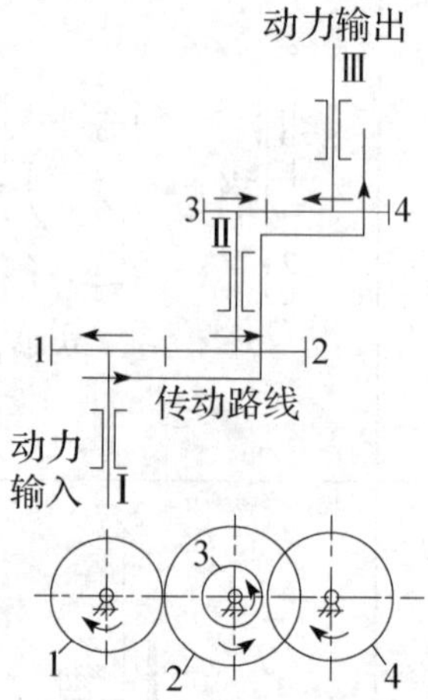

图 6－13　轮系传动路线 2

3. 五级齿轮传动装置（如图 6－14）

运动和动力是由轴Ⅰ经轴Ⅱ传到轴Ⅲ，再传到轴Ⅳ，再传到轴Ⅴ，再传到轴Ⅵ。该轮系传动路线如下：

$$n \rightarrow \text{I} \rightarrow \frac{Z_1}{Z_2} \rightarrow \text{II} \rightarrow \frac{Z_3}{Z_4} \rightarrow \text{III} \rightarrow \frac{Z_5}{Z_6} \rightarrow \text{IV} \rightarrow \frac{Z_7}{Z_8} \rightarrow \text{V} \rightarrow \frac{Z_8}{Z_9} \rightarrow \text{VI} \rightarrow n_9$$

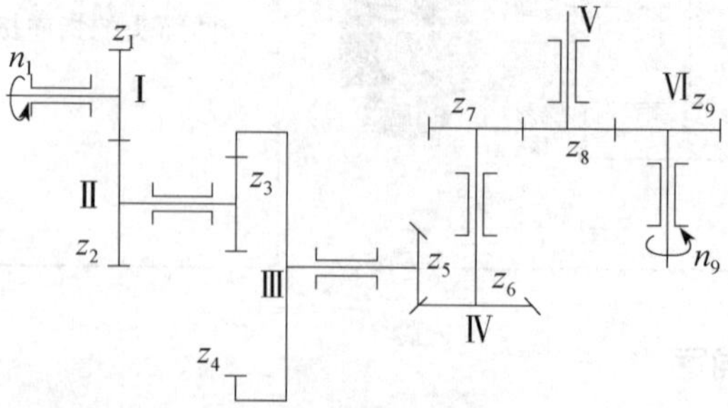

图 6－14　轮系传动路线 3

【例 6-1】如图 6-15 所示轮系，已知各齿轮齿数及 n_1 转向。请分析该机构的传动路线；求 i_{19} 并判断 n_9 转向。

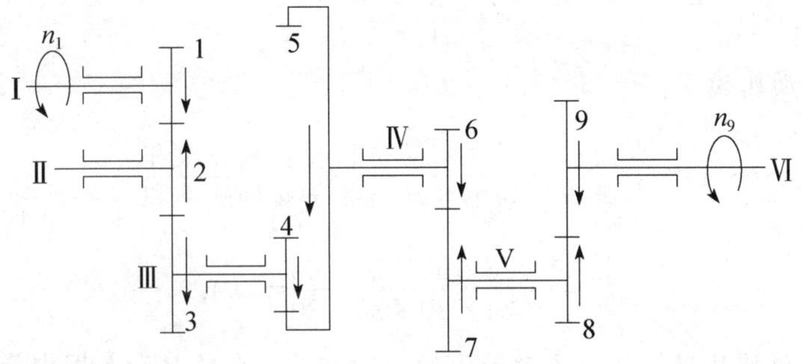

图 6-15　例题 6-1 图

解：该机构的传动路线为

$$n \to \mathrm{I} \to \frac{Z_1}{Z_2} \to \mathrm{II} \to \frac{Z_3}{Z_4} \to \mathrm{III} \to \frac{Z_5}{Z_6} \to \mathrm{IV} \to \frac{Z_7}{Z_8} \to \mathrm{V} \to \frac{Z_8}{Z_9} \to \mathrm{VI} \to n_9$$

因为轮系传动比为

$$i_{总} = i_{1k} = (-1)^m \frac{各级齿轮副中从动齿轮齿数的连乘积}{各级齿轮副中主动齿轮齿数的连乘积}$$

所以

$$i_{19} = (-1)^4 \frac{Z_2 Z_3 Z_5 Z_7 Z_9}{Z_1 Z_2 Z_4 Z_6 Z_8}$$

$i_{总}$为正值，表示定轴轮系中主动齿轮（首轮）1 与从动齿轮（末轮）9 转向相同。转向也可以通过在图上依次画箭头来确定。

【例 6-2】如图 6-16 所示，已知 $z_1=24$，$z_2=28$，$z_3=20$，$z_4=60$，$z_5=20$，$z_6=20$，$z_7=28$，齿轮 1 为主动齿轮。请分析该机构的传动路线；求传动比 i_7；若齿轮 1 转向已知，试判定齿轮 7 的转向。

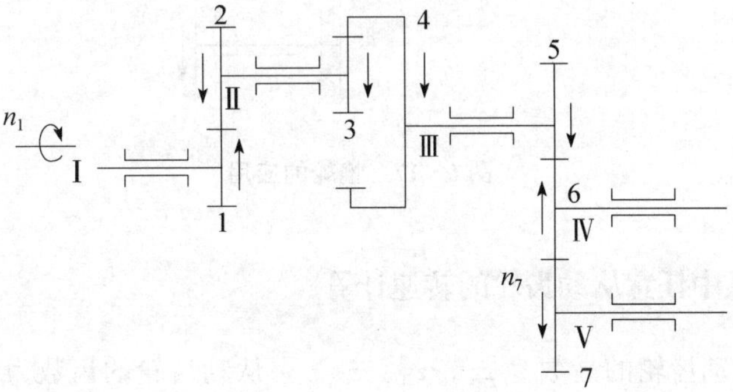

图 6-16　例题 6-2 图

解：该机构的传动路线为

$$n \rightarrow \mathrm{I} \rightarrow \frac{Z_1}{Z_2} \rightarrow \mathrm{II} \rightarrow \frac{Z_3}{Z_4} \rightarrow \mathrm{III} \rightarrow \frac{Z_5}{Z_6} \rightarrow \mathrm{IV} \rightarrow \frac{Z_6}{Z_7} \rightarrow \mathrm{V} \rightarrow n_7$$

因为轮系传动比为

$$i_{总}=i_{1k}=(-1)^m \frac{各级齿轮副中从动齿轮齿数的连乘积}{各级齿轮副中主动齿轮齿数的连乘积}$$

所以

$$i_{17}=-\frac{28\times60\times20\times28}{24\times20\times20\times20}=-4.9$$

$i_{总}$为负值，说明从动轮7与主动轮1的转向相反，各轮转向如图中箭头所示。

（四）惰轮的应用

观察图6-17所示轮系，中间齿轮既是前对齿轮（z_1—z_2）的从动轮，又是后对齿轮（z_2—z_3）的主动轮。根据传动比的计算公式，整个轮系的传动比为：

$$i_{13}=\frac{n_1}{n_3}=i_{12}i_{23}=\frac{z_2 z_3}{z_1 z_2}=\frac{z_3}{z_1}$$

从式中可以看出，齿轮2的齿数在计算总传动比时可以约去。对总传动比毫无影响，却起到了改变齿轮副中从动轮（输出轮）回转方向的作用，这样的齿轮称为惰轮。惰轮常用于传动距离稍远和需要改变转向的场合。显然，两齿轮间有奇数个惰轮时，首、末两轮的转向相同；有偶数个惰轮时，首、末两轮的转向相反。

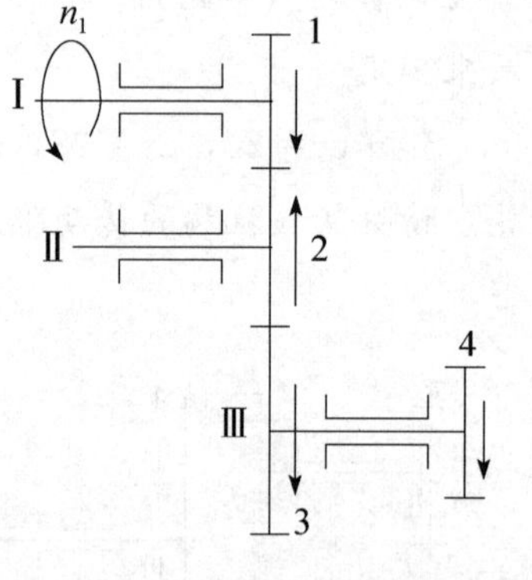

图6-17　惰轮的应用

二、定轴轮系中任意从动齿轮的转速计算

设轮系中各主动齿轮的齿数为z_1、z_3、z_5…，从动齿轮的齿数为z_2、z_4、z_6…，首轮的转速为n_1，第k个齿轮的转速为n_k，由

$$i_{1k}=\frac{n_1}{n_k}=\frac{z_2z_4z_6\cdots z_k}{z_1z_3z_5\cdots z_{k-1}}\text{（不考虑齿轮转向）}$$

可得到第 k 个齿轮的转速为

$$n_k=\frac{n_1}{i_{1k}}=n_1\frac{z_1z_3z_5\cdots z_{k-1}}{z_2z_4z_6\cdots z_k}$$

【例 6-3】 如图 6-18 所示为滑移齿轮变速机构，已知 $z_1=26$，$z_2=51$，$z_3=42$，$z_4=29$，$z_5=49$，$z_6=36$，$z_7=56$，$z_8=43$，$z_9=30$，$z_{10}=90$，轴Ⅰ的转速 $n_1=200\text{r/min}$。试求当轴Ⅲ上的三联齿轮分别与轴Ⅱ上的 3 个齿轮啮合时，轴Ⅳ的 3 种转速。

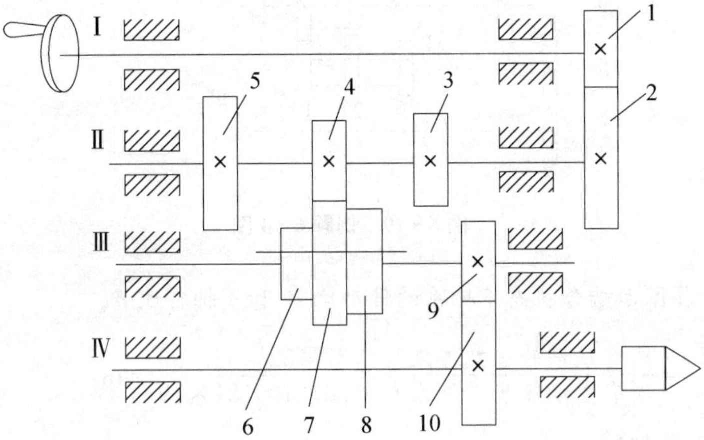

图 6-18 例题 6-3 图

解： 该变速机构的传动路线为

$$I(n_1)\rightarrow\frac{z_1}{z_2}\rightarrow Ⅱ\rightarrow\left\{\frac{z_5}{z_6}、\frac{z_4}{z_7}、\frac{z_3}{z_8}\right\}\rightarrow Ⅲ\rightarrow\frac{z_9}{z_{10}}\rightarrow Ⅳ\rightarrow n_{Ⅳ}$$

（1）当齿轮 5 与齿轮 6 啮合时：

$$n_{Ⅳ}=n_1\frac{z_1z_5z_9}{z_2z_6z_{10}}=200\times\frac{26\times49\times30}{51\times36\times90}\approx46.26\text{r/min}$$

（2）当齿轮 4 与齿轮 7 啮合时：

$$n_{Ⅳ}=n_1\frac{z_1z_4z_9}{z_2z_7z_{10}}=200\times\frac{26\times29\times30}{51\times56\times90}\approx17.60\text{r/min}$$

（3）当齿轮 3 与齿轮 8 啮合时：

$$n_{Ⅳ}=n_1\frac{z_1z_3z_9}{z_2z_8z_{10}}=200\times\frac{26\times42\times30}{51\times43\times90}\approx33.20\text{r/min}$$

【例 6-4】如图 6-19 所示，定轴轮系的各齿轮齿数为图中所标的数值，且主动轴Ⅰ的转速 $n_1=1480\text{r/min}$。试确定图示啮合状态下该定轴轮系的传动比 i_{IV} 和Ⅴ轴转速 n_{V}；若将轮系中Ⅲ、Ⅳ、Ⅴ轴的啮合齿轮换为 z_{39} 与 z_{21}、z_{84} 与 z_{39} 啮合时，Ⅴ轴转速又是多少？

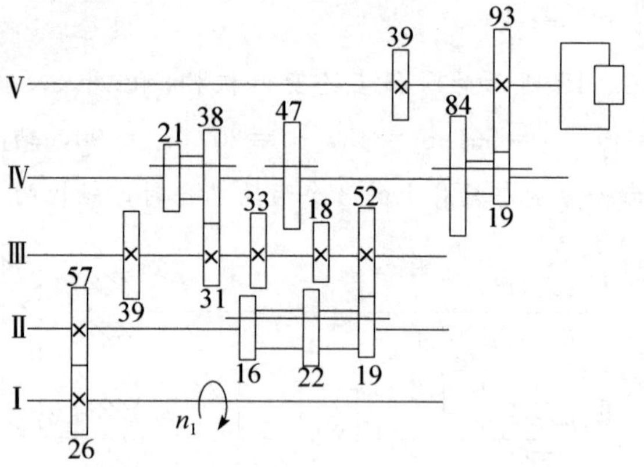

图 6-19　例题 6-4 图

解：（1）计算图示啮合状态下轮系的传动比 i_{IV} 和Ⅴ轴转速 n_{V}

$$i_{\text{IV}}=\frac{n_1}{n_{\text{V}}}=\frac{\text{所有从动轮齿数连乘积}}{\text{所有主动轮齿数连乘积}}=\frac{57\times52\times38\times93}{26\times19\times31\times19}=36$$

$$n_{\text{V}}=\frac{n_1}{i_{\text{IV}}}=\frac{1480}{36}\approx41(\text{r/min})$$

（2）计算按题意改变轮系啮合状态后的Ⅴ轴转速 n_{V}

$$n_{\text{V}}=n_1\,\frac{\text{所有主动轮齿数乘积}}{\text{所有从动轮齿数乘积}}=1480\times\frac{26\times19\times39\times84}{57\times52\times21\times39}\approx987(\text{r/min})$$

技能训练

一、训练目的

（1）掌握判定定轴轮系中各轮转向的方法。

（2）掌握传动系统中各级传动比的计算方法。

二、训练器材

二级减速器一台，齿轮泵一台，机床一台。

三、训练内容

（1）拆装二级减速器，判定各轮的转向并计算各级传动比。

（2）拆装齿轮泵，判定各轮的转向并计算各级传动比。

（3）观察机床主轴箱与进给箱中各轮的转向，并计算各级传动比。

课后讨论

讨论手表的时针、分针、秒针的工作原理。

素质提升

主减速器

项目 7

联　接

为便于机器的制造、安装、运输、维修以及提高劳动生产率，人们在机器中广泛使用各种连接。根据连接之间是否存在运动，分为动连接和静连接；根据连接是否可拆，分为可拆连接和不可拆连接。在机械连接中，属于可拆连接的有螺纹联接、键联接和销联接；属于不可拆连接的有焊接、铆接和铰接。

任务 1 认识螺纹

任务目标

(1) 掌握螺纹的类型和应用。

(2) 掌握普通螺纹的主要参数、代号与标注。

(3) 了解螺纹联接的预紧与防松。

知识链接

一、螺纹的形成、类型和应用

螺纹有多种用途，日常生活中的应用如图 7-1、图 7-2 所示；在生产机械中，螺旋机构可用于传递运动和动力，如图 7-3、图 7-4 所示。

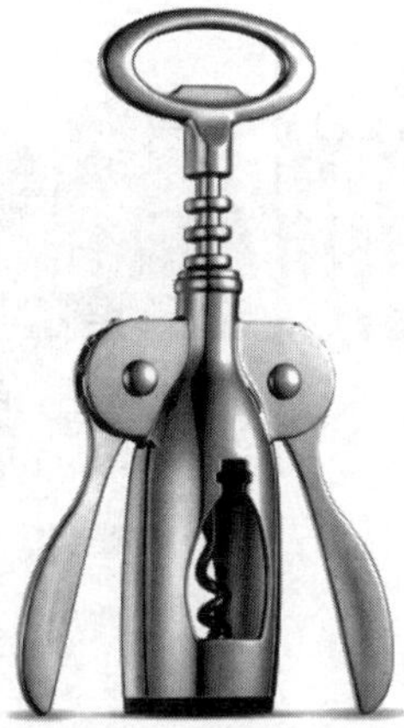

图 7-1 葡萄酒瓶开瓶器

图 7-2 管钳

图 7-3 摩擦压力机

图 7-4 卧式车床

螺纹按工作性质可分为联接用螺纹和传动用螺纹，如图 7-5、图 7-6 所示。

图 7-5 联接用螺纹

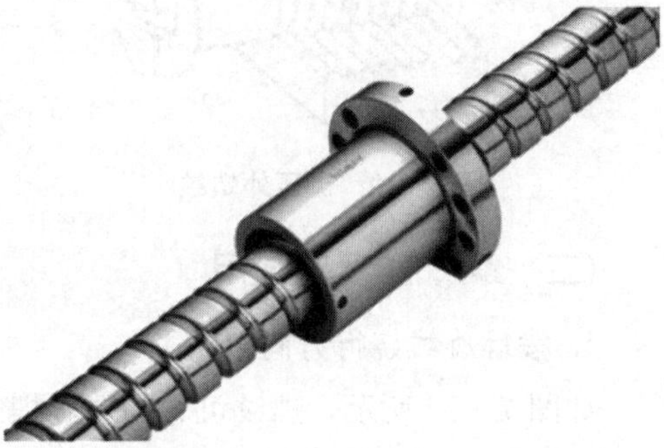

图 7-6 传动用螺纹（将旋转运动变成直线运动）

（一）螺纹的形成

当一个平面图形（如三角形、梯形、矩形等）绕着圆柱面做螺旋运动时，形成的圆柱螺旋体称为螺纹。如图 7-7 所示，在圆柱外表面形成的螺纹称为外螺纹，在圆柱内表面形成的螺纹称为内螺纹，它们共同组成螺旋副。

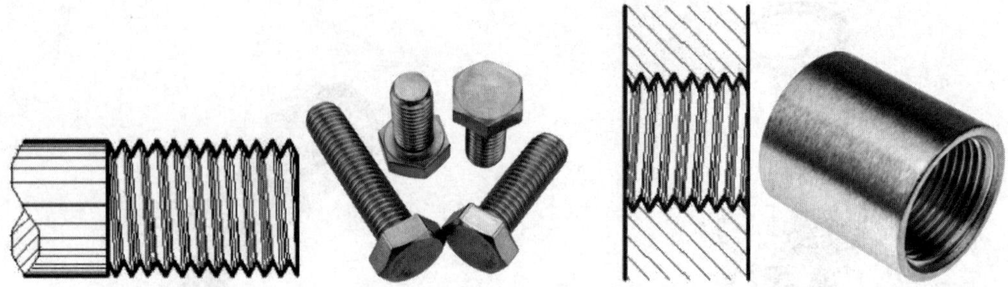

（a）外螺纹　　（b）内螺纹

图 7－7　螺纹

螺纹的加工方法和工具如图 7－8 至图 7－11 所示。

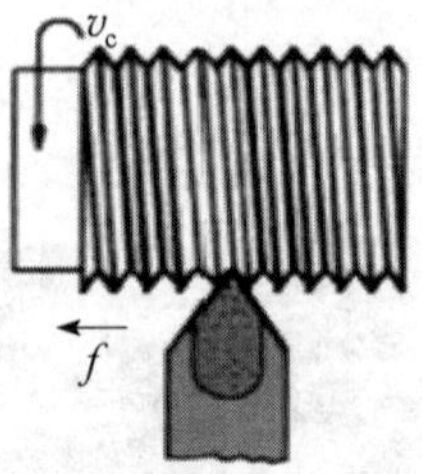

图 7－8　车削外螺纹

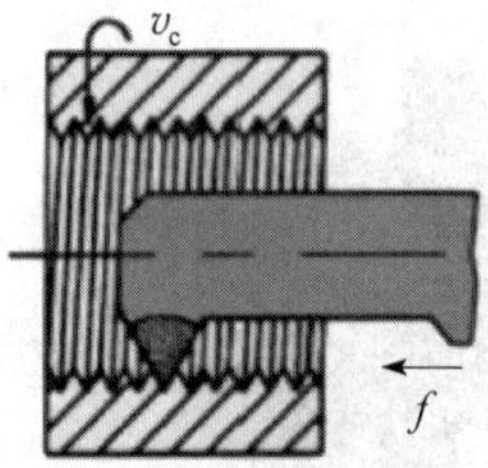

图 7－9　车削内螺纹

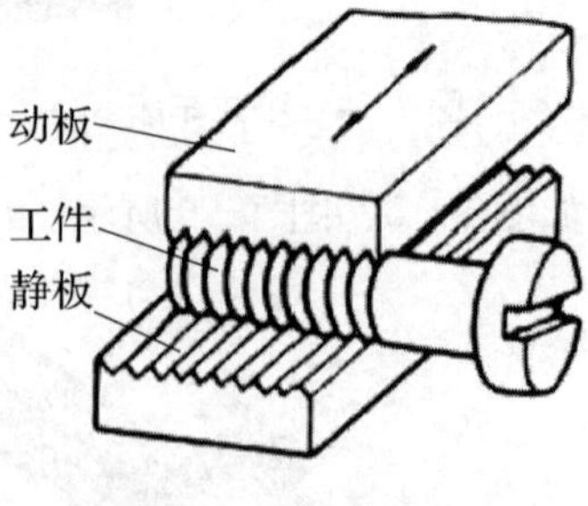

图 7－10　碾压外螺纹

图 7－11　加工内、外螺纹的工具

（二）螺纹的类型和应用

1. 按螺旋线绕行方向分类

如图 7－12 所示，螺纹可分为左旋螺纹和右旋螺纹。

旋向判定：顺着轴线方向看，左边高则为左旋，右边高则为右旋。

右旋螺纹较为常用。

2. 按螺纹牙型分类

沿螺纹轴线方向剖切，得到的螺纹牙齿剖面的形状称为螺纹的牙型。常见的牙型有矩形、三角形、梯形、锯齿形等，如图 7－13 所示。

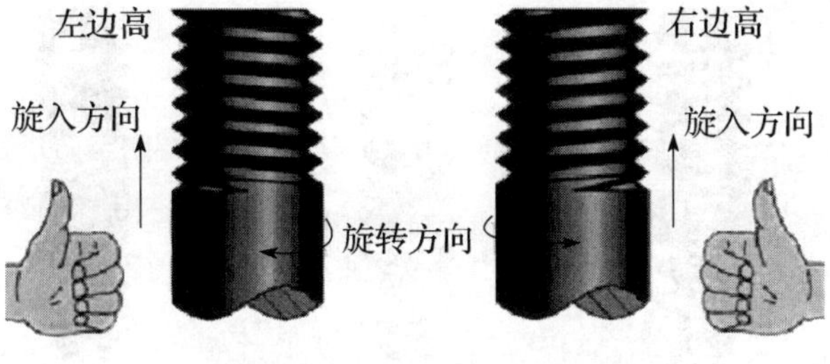

（a）左旋螺纹　　（b）右旋螺纹

图 7－12　按螺旋线绕行方向分类

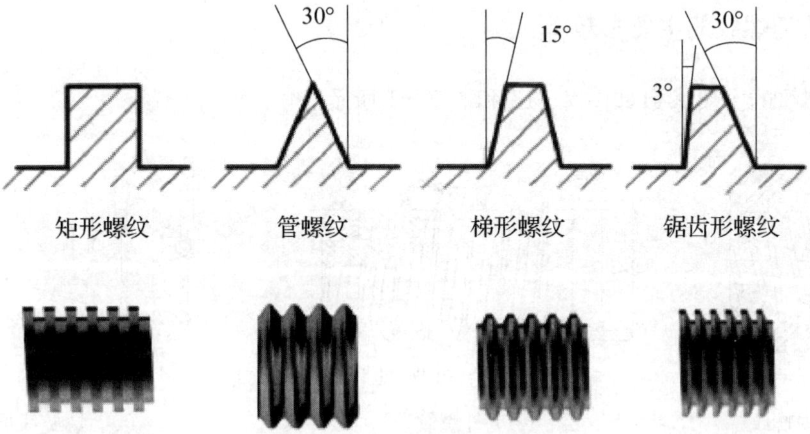

图 7－13　按螺纹牙型分类

(1) 普通螺纹（管螺纹）的牙型角为 60°，同一公称直径下有多种螺距，螺距最大的称为粗牙螺纹，其余为细牙螺纹。粗牙螺纹应用较广，细牙螺纹适用于薄壁零件的联接和微调结构的调节。

(2) 矩形螺纹的牙型为矩形，牙型角为 0°，传动效率高，但牙根强度低，传动精度低。常用于传力或传导螺旋，未标准化，逐渐被梯形螺纹替代。

(3) 梯形螺纹的牙型为等腰梯形，牙型角为 30°，传动效率低于矩形螺纹，但牙根强度高，对中性好。广泛用于传力或传导螺旋，如机床的丝杠、螺旋举重器等。

(4) 锯齿形螺纹工作面的牙型斜角为 3°，非工作面的牙型斜角为 30°，综合了矩形螺纹传动效率高和梯形螺纹牙根强度高的特点，但仅适用于单向受力的传导螺旋。

3. 按螺纹线数分类

按螺旋线的线数，螺纹有单线和多线之分。如图 7－14 所示，在圆柱面上，仅由一条螺旋线形成的螺纹称为单线螺纹（$n=1$），由两条或两条以上在轴向等距离分布的螺旋线形成的螺纹称为多线螺纹（$n \geqslant 2$）。螺纹的线数用 n 表示，为了制造方便，线数一般不超过 4。单线螺纹多用于螺纹联接，多线螺纹多用于螺旋传动。

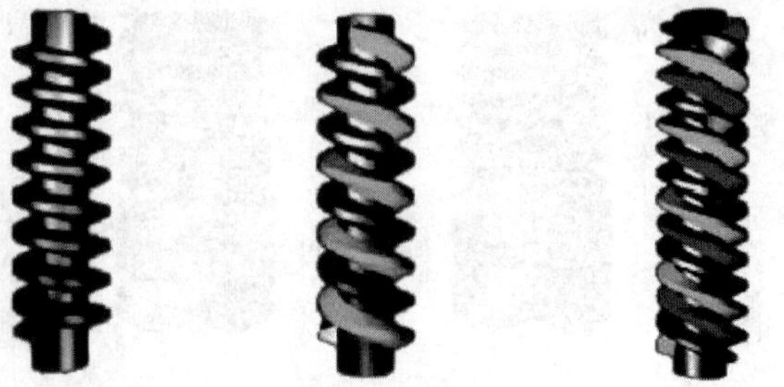

（a）单线螺纹　（b）双线螺纹　（c）三线螺纹

图 7－14　按螺旋线的线数分类

二、普通螺纹的主要参数

普通螺纹的主要参数如图 7－15 和表 7－1 所示。

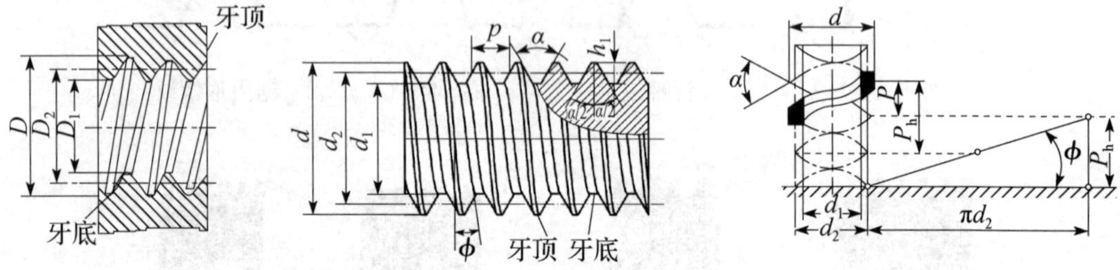

（a）内螺纹　（b）外螺纹　（c）螺旋线展开

图 7－15　普通螺纹的主要参数

表 7－1　普通螺纹的主要参数

主要参数	代号		定义及说明
	内螺纹	外螺纹	
大径（公称直径）	D	d	与外螺纹牙顶或内螺纹牙底重合的假想圆柱面的直径
小径	D_1	d_1	与外螺纹牙底或内螺纹牙顶重合的假想圆柱面的直径
中径	D_2	d_2	中径位于大径和小径之间，是一个假想圆柱面的直径，该圆柱的母线通过牙型上沟槽和凸起的宽度相等的位置
螺距	P		相邻两牙在中径线上对应点间的轴向距离
导程	P_h		同一条螺旋线上的相邻两牙在中径线上对应点间的轴向距离
螺纹升角	ψ		中径圆柱面上螺旋线的切线与垂直于螺纹轴线的平面的夹角
牙型角	α		在螺纹牙型上，相邻两牙侧的夹角
牙型高度	h_1		在螺纹牙型上，牙顶到牙底在垂直于螺纹轴线方向上的距离

内、外螺纹连接的五要素为牙型、螺纹直径、线数、螺距和导程、旋向。螺纹联接需要外螺纹与内螺纹相互旋合，这就要求这五个要素必须完全一致。

三、螺纹的代号与标注

（一）螺纹的代号

常用螺纹的代号见表 7 - 2、表 7 - 3。

表 7 - 2　常用螺纹的代号（一）

<table>
<tr><th colspan="4">螺纹分类</th><th>牙型及牙型角</th><th>特征代号</th><th>说明</th></tr>
<tr><td rowspan="6">联接螺纹</td><td rowspan="2">普通螺纹</td><td colspan="2">粗牙</td><td rowspan="2">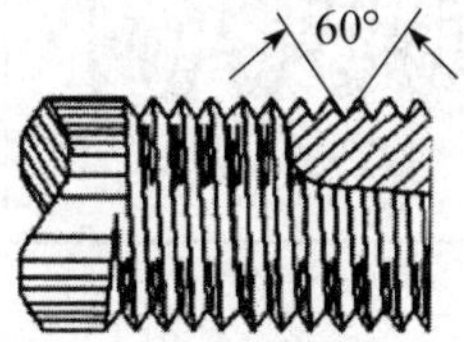</td><td rowspan="2">M</td><td>用于各种紧固联接</td></tr>
<tr><td colspan="2">细牙</td><td>用于精密零件、薄壁零件或负荷大的零件的联接</td></tr>
<tr><td rowspan="4">管螺纹</td><td colspan="2">非密封管螺纹</td><td>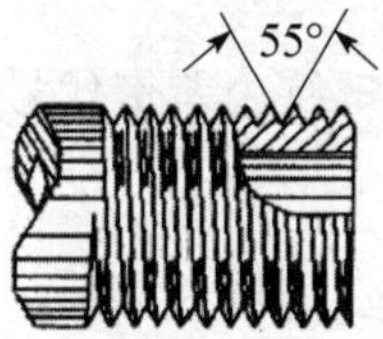</td><td>G</td><td>用于非螺纹密封的低压管路的联接</td></tr>
<tr><td rowspan="3">用螺纹密封的管螺纹</td><td>圆锥外螺纹</td><td>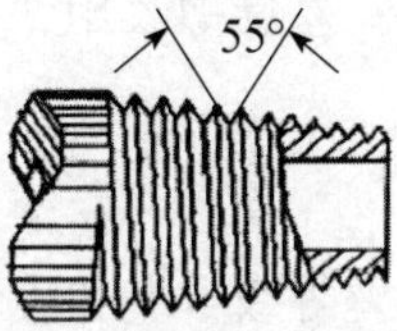</td><td>R</td><td rowspan="3">用于螺纹密封的中高压管路的联接</td></tr>
<tr><td>圆锥内螺纹</td><td>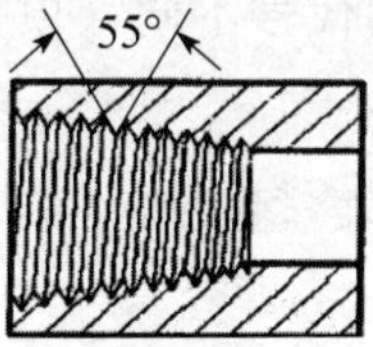</td><td>Rc</td></tr>
<tr><td>圆柱内螺纹</td><td>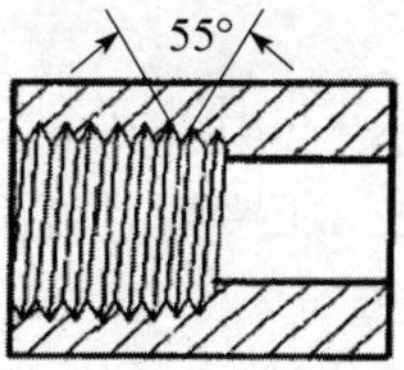</td><td>Rp</td></tr>
</table>

表 7-3　常用螺纹的代号（二）

螺纹分类		牙型及牙型角	特征代号	说明
传动螺纹	梯形螺纹	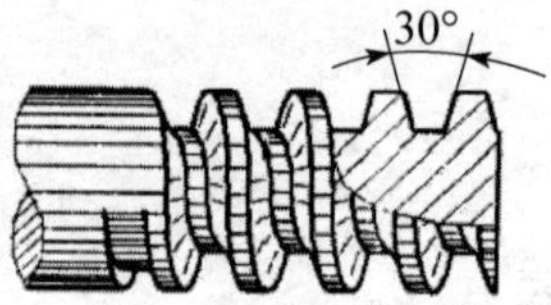	Tr	可双向传递运动和动力
	锯齿形螺纹	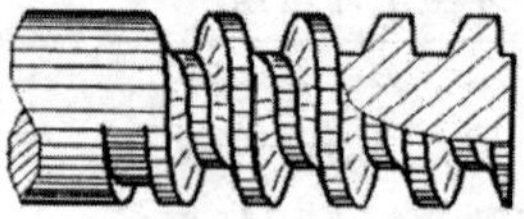	B	只能传递单向运动

（二）螺纹标注

1. 标准螺纹的标注格式

标准螺纹的标注格式为：螺纹代号—螺纹公差带代号—螺纹旋合长度代号

（1）螺纹代号内容及格式。

$$\text{螺纹牙型符号公称直径}\times\frac{\text{螺距(单线时)}}{\text{导程(多线时)}}\text{旋向}$$

注意：对于右旋螺纹，省略标注旋向；左旋螺纹用“LH”表示。对于粗牙普通螺纹，省略标注螺距。

（2）螺纹公差带代号。

螺纹公差带代号是由表示其大小的公差等级数字和表示其位置的字母组成（内螺纹用大写字母，外螺纹用小写字母），如 6H、5g 等。

若螺纹的中径公差带与顶径公差带的代号不同（顶径指外螺纹的大径和内螺纹的小径）则分别标注，如 4H5H、5h6h。

梯形螺纹、锯齿形螺纹只标注中径公差带代号。

（3）旋合长度代号。

螺纹旋合长度是指两个相互配合的螺纹，沿螺纹轴线方向相互旋合部分的长度（螺纹端倒角不包括在内）。

普通螺纹旋合长度分为短（S）、中（N）、长（L）三组；梯形螺纹分为中（N）、长（L）两组。当旋合长度为 N 时，省略标注。必要时，可用数值注明旋合长度。

2. 螺纹标注示例

内、外螺纹配合的公差代号中，前者为内螺纹公差带代号，后者为外螺纹公差带代号，中间用“/”分开，如图 7－16 所示。

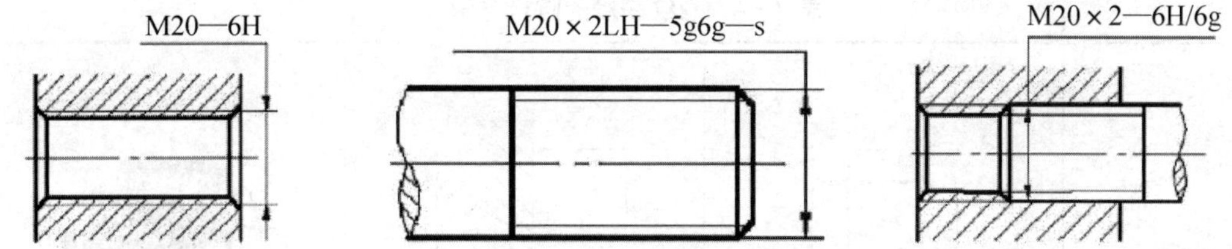

（a）粗牙内螺纹　　（b）细牙外螺纹　　（c）内、外螺纹旋合标记

图 7－16　螺纹标注示例

四、螺纹联接的预紧与防松

（一）螺纹联接的预紧

螺纹联接在承受工作载荷之前预先受到的拧紧作用力叫作预紧力。预紧的目的在于增强联接的可靠性和紧密性。

通常规定，拧紧后的螺纹联接件的预紧力不应超过其材料屈服极限的 80%。

可借助指示式扭力扳手（如图 7－17）或定力矩扳手，利用控制预紧力矩的方法来控制预紧力的大小。

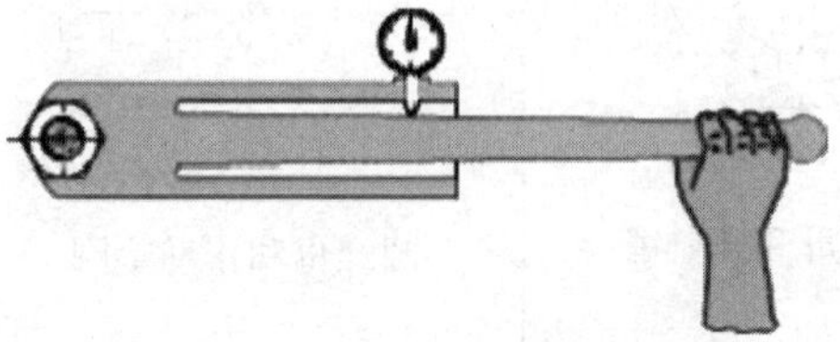

图 7－17　指示式扭力扳手

（二）螺纹联接的防松

螺纹联接通常能够满足自锁条件，拧紧后，螺母和螺栓头部等支承面也能起到防松作用，所以在静载荷和工作温度变化不大时，螺纹连接不会自动松脱。但在冲击、振动、变载荷作用下，或在高温、温度变化较大的情况下，螺纹联接的预紧力和摩擦力会逐渐减小甚至瞬时消失，导致联接失效。

螺纹联接一旦失效，将严重影响机器正常工作，甚至造成事故。因此，为保证联接安全可靠，设计时必须采取有效的防松措施。

防松的根本问题在于防止螺旋副相对转动。根据工作原理不同，防松方法分为摩擦防松、机械防松等。此外，还有一些特殊的防松方法，如铆冲防松、在旋合螺纹间涂胶防松等。

对于重要的联接，特别是在机器内部不易检查的联接，应采用比较可靠的机械防松。

螺纹联接的防松方法见表 7 - 4。

表 7 - 4　螺纹联接的防松方法

摩擦防松	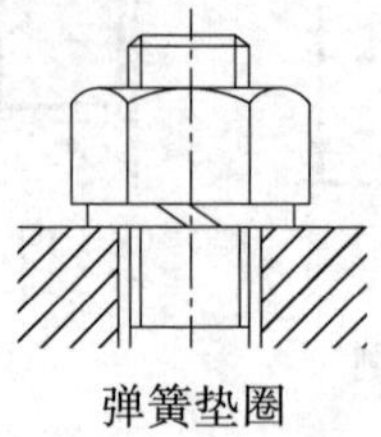 弹簧垫圈	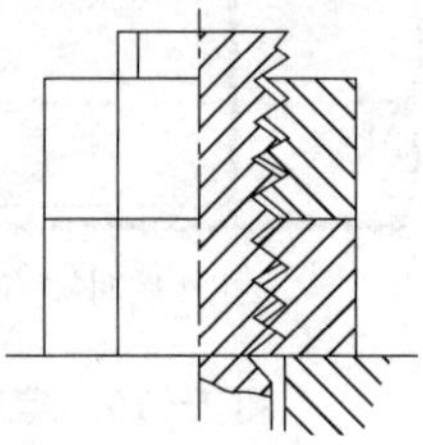 对顶螺母	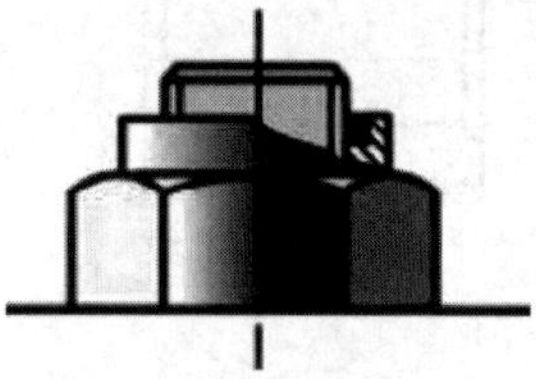 弹性圆螺母
机械防松	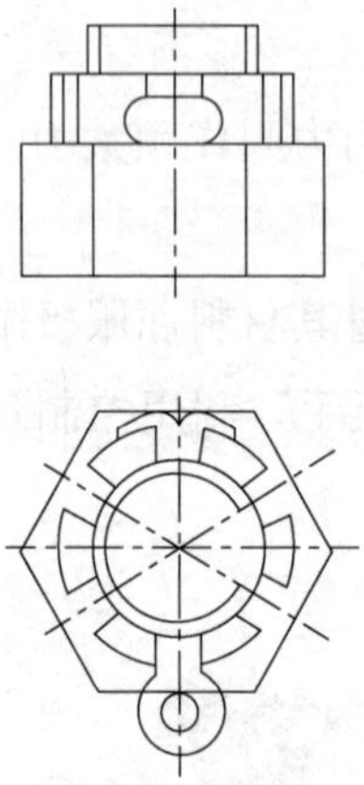 槽形螺母和开口销	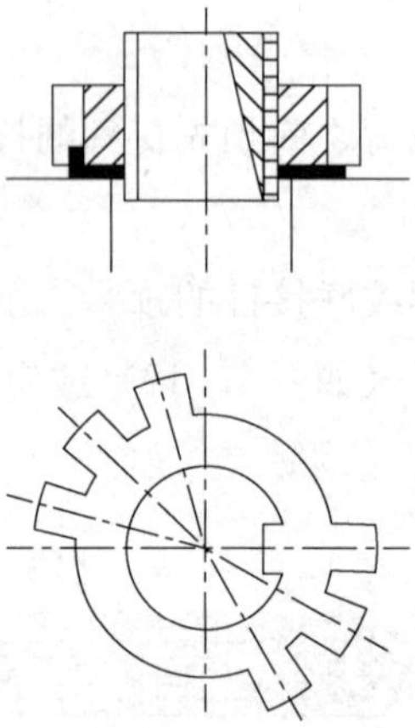 圆螺母和止动垫圈	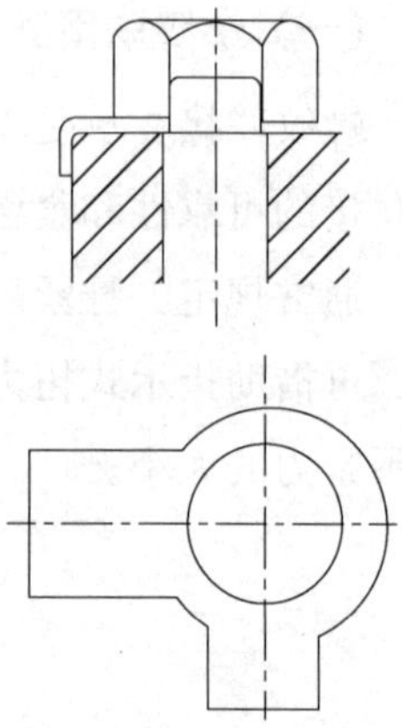 单耳止动垫圈
其他防松方法	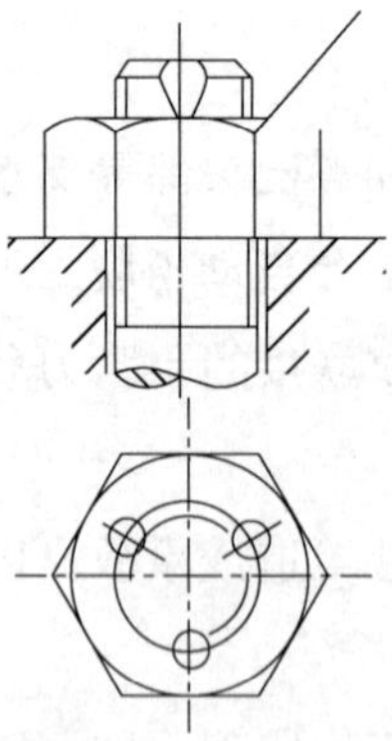 冲点法防松（冲 2、3 个点）	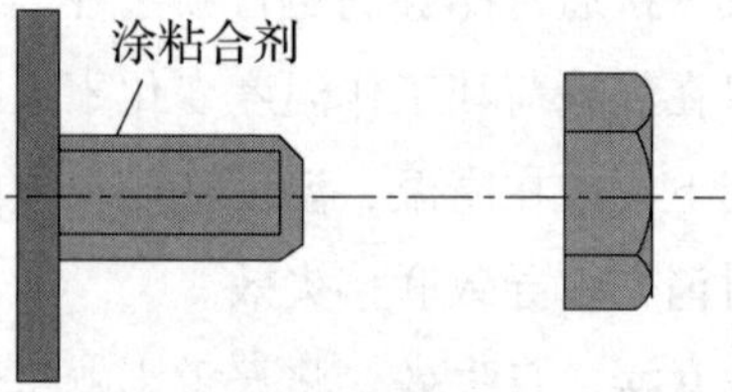 利用粘合剂防松	

技能训练

一、训练目的

（1）认识螺纹联接的拆卸及装配工具。

（2）拆卸、安装减速器。

二、训练器材

（1）螺纹联接的拆卸及装配工具一套，如图 7－18 所示。

（2）二级圆柱减速器，如图 7－19 所示。

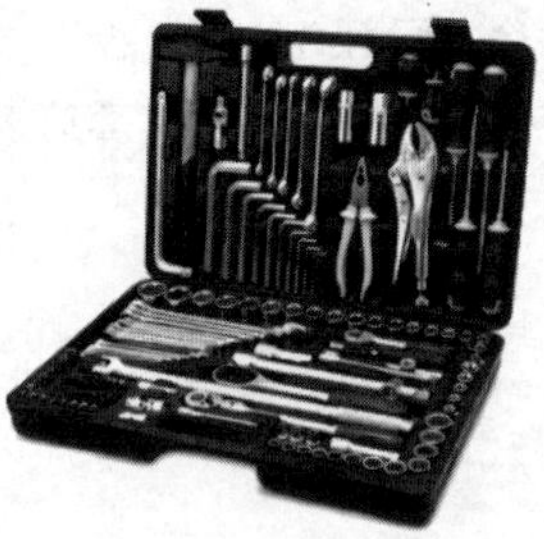

图 7－18　工具箱

图 7－19　二级圆柱减速器

三、训练内容

分析螺纹联接并合理选用工具拆卸、安装减速器。常见螺纹联接的拆卸及装配工具见表 7－5。

表 7－5　常见螺纹连接的拆卸及装配工具

名称		图例	应用
螺钉旋具（螺丝刀）	一字旋具		用来旋紧或松开头部带沟槽的螺钉
	十字旋具		
	快速旋具		用来装卸小螺钉
	弯头旋具		用于螺钉顶部空间受限制的场合

续表

名称		图例	应用
扳手	通用扳手		用来旋紧或松开螺母，开口尺寸能在一定范围内调整
	专用扳手	 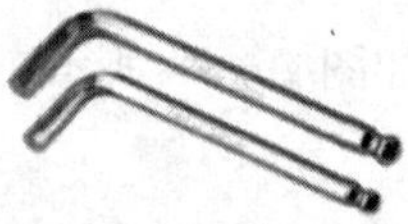  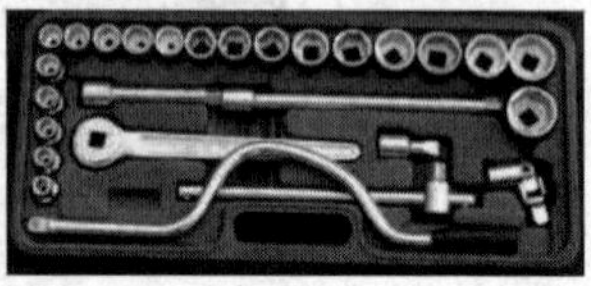 	专用扳手只能扳动一种规格的螺母，根据用途不同可分为开口扳手（呆扳手）、整体扳手（梅花扳手）、套筒扳手、钩形扳手、内六角扳手
	特种扳手	 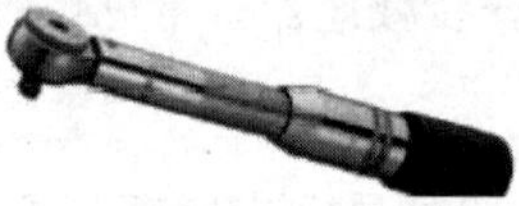	根据特殊要求制造，如棘轮扳手可用于空间狭小的场合

课后讨论

（1）举例说明生产、生活中常见的螺纹的类型与应用。

（2）讨论螺栓组的合理布置方案。

（3）讨论螺栓组的拧紧技巧。

任务 2 认识螺旋传动

任务目标

（1）掌握普通螺旋传动的特点与应用。

(2) 掌握普通螺旋传动的相关计算。

(3) 了解差动螺旋传动、滚珠螺旋传动的特点与应用。

知识链接

一、普通螺旋传动

螺旋传动机构主要应用于机床、起重机械、锻压机械、测量仪器中。螺旋传动的特点见表 7-6。

表 7-6　螺旋传动的特点

优点	缺点
(1) 传动比大； (2) 精度较高； (3) 能够实现自锁； (4) 结构简单，传递平稳，无噪声	摩擦磨损较大，效率较低

(一) 普通螺旋传动的应用形式

普通螺旋传动是指由螺杆和螺母组成的简单螺旋副实现的传动。普通螺旋传动的应用形式见表 7-7。

表 7-7　普通螺旋传动的应用形式

应用形式	应用实例	工作过程
螺母固定不动，螺杆回转并做直线运动	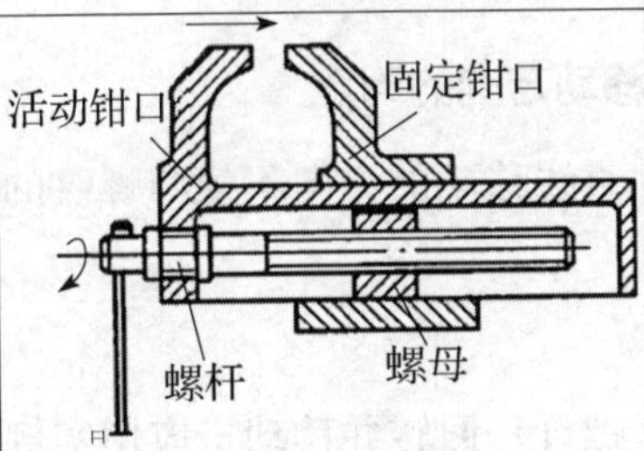 台虎钳	当螺杆按图示方向相对螺母做回转运动时，螺杆连同活动钳口向右做直线运动，与固定钳口实现对工件的夹紧；当螺杆反向回转时，活动钳口随螺杆左移，松开工件
螺杆固定不动，螺母回转并做直线运动	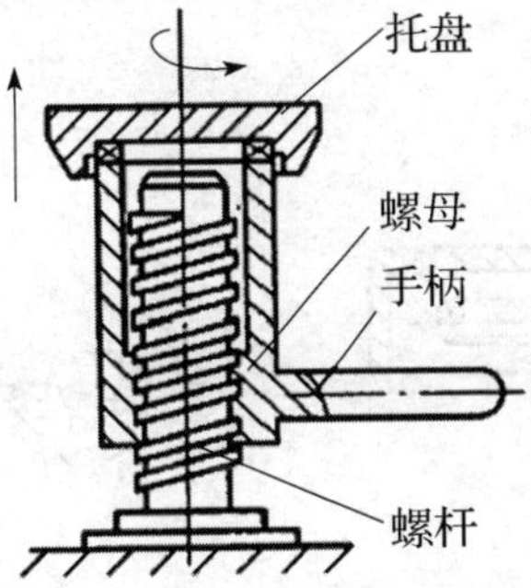 螺纹千斤顶	螺杆联接在底座上固定不动，转动手柄使螺母回转，并做上升或下降的直线移动，从而举起或放下托盘

续表

应用形式	应用实例	工作过程
螺杆原位回转，螺母做直线运动	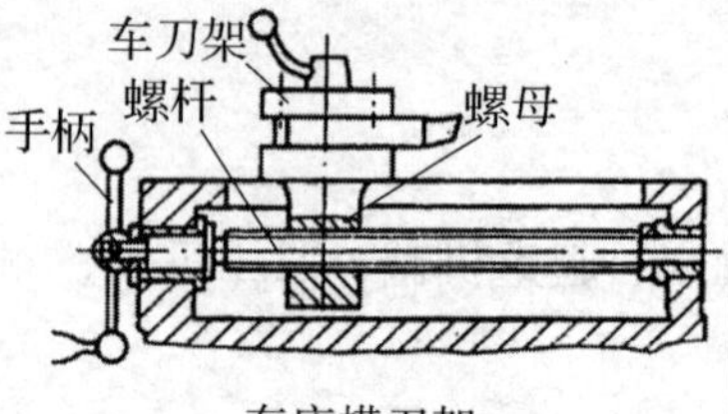 车床横刀架	转动手柄时，与手柄固接在一起的螺杆（丝杠）通过螺母带动车刀架做横向往复运动，从而在切削工件时实现进刀和退刀
螺母原位回转，螺杆做直线运动	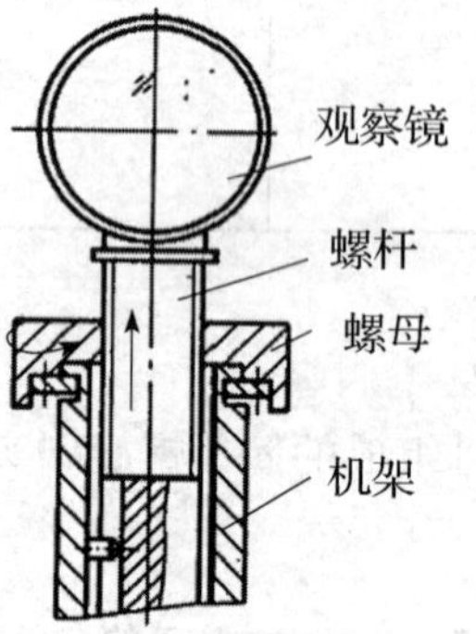 观察镜调整装置	螺杆和螺母为左旋螺纹，当螺母按图示方向回转运动时，螺杆带动观察镜向上移动；螺母反向回转时螺杆连同观察镜向下移动，从而实现对观察镜的上下调节

（二）普通螺旋传动的直线移动方向的判定

对于普通螺旋传动，从动件直线移动的方向不仅与螺纹的回转方向有关，还与螺纹的旋向有关。

1. 应用形式

螺母（螺杆）不动，螺杆（螺母）回转并移动，应用实例如图 7－20 所示。

螺杆（螺母）回转，螺母（螺杆）移动，应用实例如图 7－21 所示。

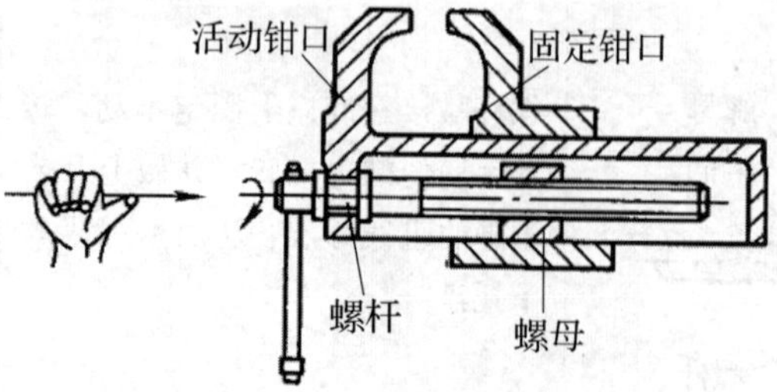

图 7－20　台虎钳

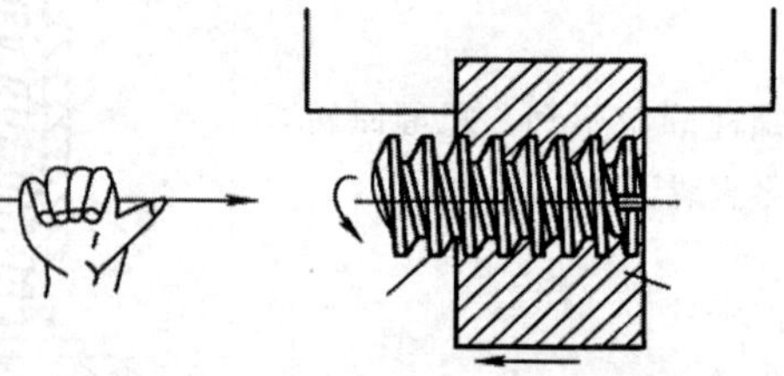

图 7－21　车床床鞍的螺旋传动

2. 移动方向的判定

右旋螺纹用右手判定，左旋螺纹用左手判定。手握空拳，四指指向与螺杆（螺母）回转方向相同，大拇指竖直，则大拇指指向即为主动件螺杆（螺母）的移动方向。

（三）普通螺旋传动的直线移动距离的计算

普通螺旋传动中，螺杆（螺母）相对于螺母（螺杆）每回转一周，螺杆（螺母）就移动一个导程的距离。因此，螺杆（螺母）的移动距离 L 等于回转周数 N 与导程 P_h 的乘积：

$$L=NP_h$$

式中：L——螺杆（螺母）的移动距离，mm；

N——回转周数，r；

P_h——螺纹导程，mm。

【例 7-1】 如图 7-22 所示的普通螺旋传动，已知左旋双线螺杆的螺距为 8mm，若螺杆按图示方向回转两周，求螺母移动的距离和方向。

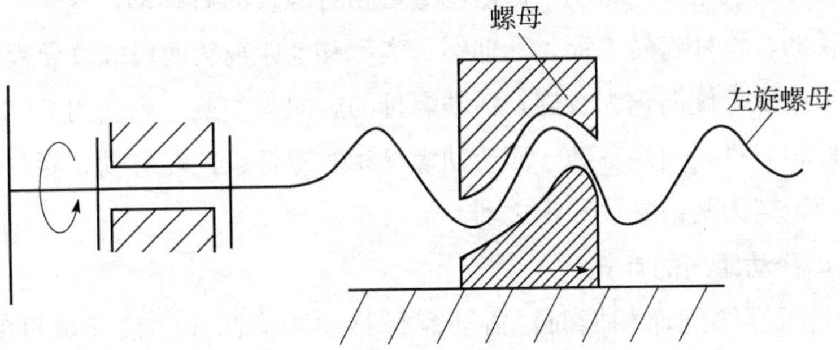

图 7-22 螺旋传动

解： 螺母移动的距离为

$$L=NP_h=NPZ=2\times8\times2=32\text{mm}$$

螺母移动方向的判定：螺杆回转，螺母移动。左旋螺纹用左手确定方向，四指指向与螺杆回转方向相同，大拇指指向的相反方向为螺母的移动方向。因此，螺母的移动方向向右。

二、差动螺旋传动

差动螺旋传动机构可以产生极小的位移，而其螺纹的导程并不需要很小，加工较容易。差动螺旋传动机构常用于测微器、计算机、分度机及诸多精密切削机床中。

（一）差动螺旋传动

1. 差动螺旋传动的定义

由两个螺旋副组成的使活动的螺母与螺杆产生差动的螺旋传动称为差动螺旋传动，如图 7－23 所示。

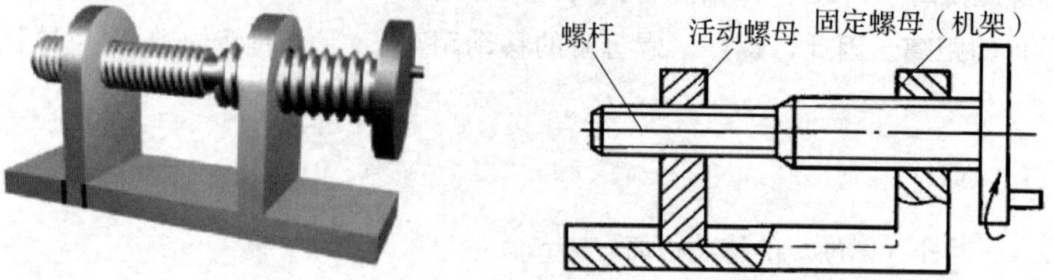

图 7－23　差动螺旋传动

螺杆分别与活动螺母和机架组成两个螺旋副，机架上为固定螺母，活动螺母不能回转而只能沿机架的导向槽移动。设机架和活动螺母的旋向同为右旋，按图 7－23 所示方向转动螺杆时，螺杆相对机架向左移动，而活动螺母相对螺杆向右移动。这样，活动螺母相对机架实现差动移动，螺杆每转 1 周，活动螺母实际移动距离为两段螺纹导程之差。

如果机架上的螺母旋向仍为右旋，活动螺母的旋向为左旋，则按图 7－23 所示方向转动螺杆时，螺杆相对机架向左移动，而活动螺母相对螺杆也向左移动，螺杆每转 1 周，活动螺母实际移动距离为两段螺纹导程之和。

2. 活动螺母移动距离的计算

（1）螺杆上两螺纹旋向相同时，活动螺母移动距离减小。活动螺母实际移动的距离为：

$$L=N(P_{ha}-P_{hb})$$

式中：L——活动螺母实际移动距离，mm；

N——螺杆的回转周数，r；

P_{ha}——机架上固定螺母的导程，mm；

P_{hb}——活动螺母的导程，mm。

若 P_{ha} 和 P_{hb} 相差很小，则螺杆相对于机架转动较大的角度时，活动螺母相对于机架的位移仍可以很小，达到微调的目的。

（2）螺杆上两螺纹旋向相反时，活动螺母移动距离增大。活动螺母实际移动的距离为：

$$L=N(P_{ha}+P_{hb})$$

活动螺母可快速移动，移动方向与螺杆移动方向相同，这种螺旋机构称为复式螺旋机构。

3. 差动螺旋传动方向的判定

L 的计算结果为正值时，活动螺母的实际移动方向与螺杆移动方向相同；计算结果为负值时，活动螺母的实际移动方向与螺杆移动方向相反。

（二）差动螺旋传动的应用

如图 7－24 所示为镗刀差动螺旋微调结构，固定螺母（刀套）的导程 $P_{ha}=1.5\text{mm}$，活动螺母（镗刀）的导程 $P_{hb}=1.25\text{mm}$，则螺杆回转 1 周时镗刀的移动距离：

$$L=N(P_{ha}-P_{hb})=1\times(1.5-1.25)=+0.25\text{mm}$$

可见，差动螺旋传动可以方便地实现微量调节。

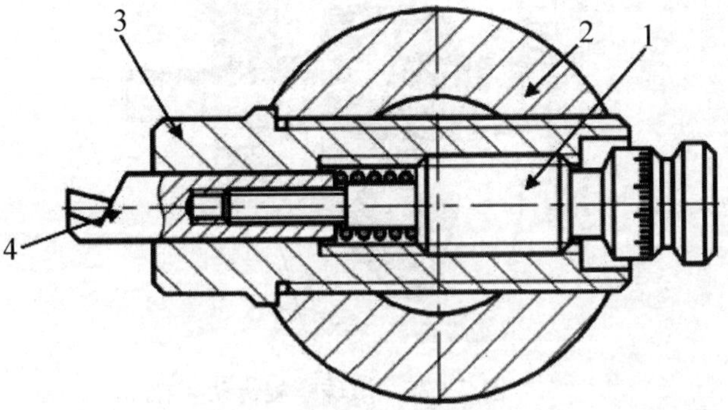

图 7－24　镗刀差动螺旋微调结构

1—螺杆；2—镗杆；3—刀套；4—镗刀

如图 7－25 所示的定心夹紧机构中，平面夹爪和 V 形夹爪组成定心机构。螺杆的两端分别为右旋螺纹和左旋螺纹，采用导程不同的复式螺旋。转动螺杆时，两夹爪即可夹紧工件。

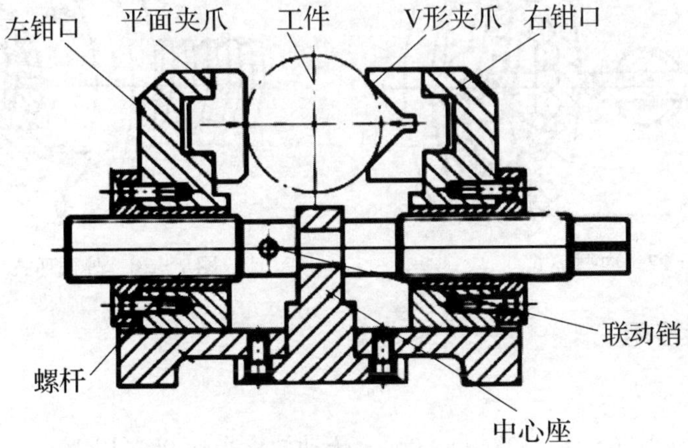

图 7－25　定心夹紧机构

三、滚珠螺旋传动

普通螺旋传动中，螺旋副的摩擦是滑动摩擦，阻力大、效率和精度低，不能满足现代机械的传动要求。因此，许多现代机械中采用滚珠螺旋传动。

（一）组成和工作原理

如图 7-26 所示，滚珠螺旋传动主要由滚珠、螺杆、螺母及滚珠循环装置组成。其工作原理是在具有螺旋槽的螺旋杆与螺母之间，连续填满滚珠作为中间体，当螺杆与螺母相对转动时，滚珠在螺纹滚道内滚动，螺杆与螺母间以滚动摩擦代替滑动摩擦，从而提高了传动效率和传动精度。

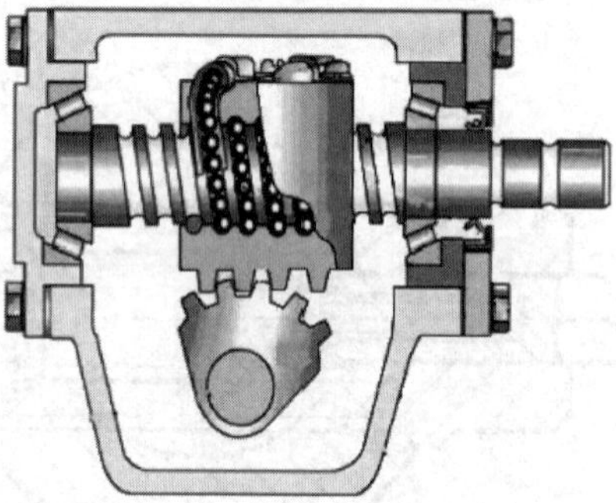

图 7-26　滚珠螺旋传动

（二）常见类型

滚珠螺旋传动按滚珠循环方式不同，可分为内循环式（如图 7-27）和外循环式（如图 7-28）两种。

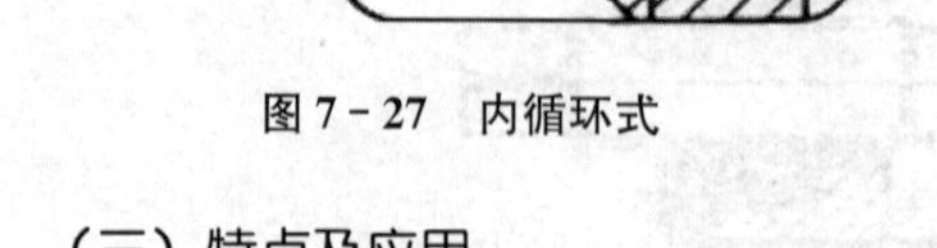

图 7-27　内循环式

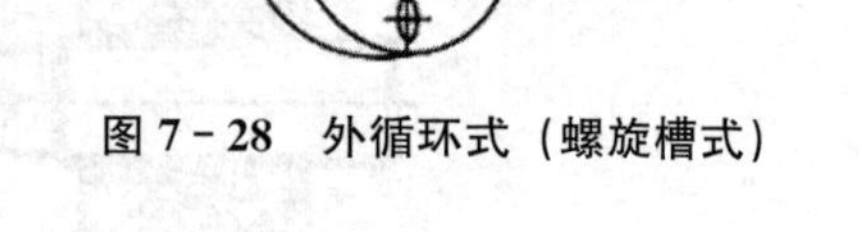

图 7-28　外循环式（螺旋槽式）

（三）特点及应用

1. 优点

（1）摩擦因数小（$f=0.002\sim0.005$），传动效率高达 90%以上。

（2）磨损小，使用寿命长，工作平稳。

（3）间隙可调，传动精度与刚度均得到提高。

（4）不具有自锁性，可将直线运动变为回转运动。

2. 缺点

（1）结构复杂，制造困难，成本高。

（2）在需要防止逆转的机构中，要加自锁机构。

（3）承载能力不如普通螺旋传动大。

3. 应用

滚珠螺旋传动多用于车辆转向机构及对传动精度要求较高的场合，如数控机床的进给机构（如图 7-29）、飞机机翼和起落架的控制驱动机构以及大型水闸闸门的升降驱动机构等。

图 7-29　数控机床的进给机构

技能训练

一、训练目的

（1）掌握普通螺旋传动的工作原理。

（2）掌握确定普通螺旋传动移动件的移动方向和移动距离的方法。

二、训练器材

台虎钳一台，如图 7-30 所示。

图 7-30　台虎钳

三、训练内容

（1）拆装台虎钳，了解其结构。

（2）确定台虎钳活动钳口的移动方向和移动距离。

课后讨论

讨论千斤顶、千分尺、微调镗刀的工作原理。

任务 3 认识键联接和花键联接

任务目标

（1）了解键联接的主要类型和特点。

（2）掌握平键联接的选择和计算方法。

（3）了解花键联接的特点和应用。

知识链接

一、键联接

键联接由键、轴和轮毂组成，主要用于实现轴和轮毂的周向固定并传递转矩。键联接的主要类型有平键联接、半圆键联接、楔键联接和切向键联接，它们均已标准化。

（一）平键联接

平键的两侧面是工作面，平键的上表面与轮毂槽底之间留有间隙，如图 7－31（a）所示。

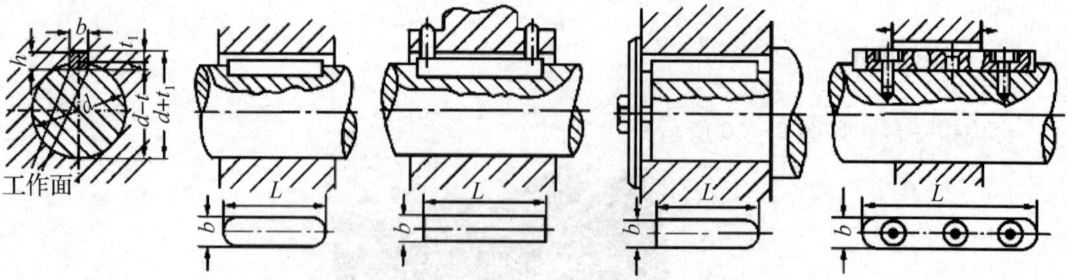

（a）工作面　（b）圆头平键　（c）方头平键　（d）单圆头平键　（e）导向平键

图 7－31　平键联接

平键的定心性好，装拆方便，应用广泛。常用的平键有普通平键和导向平键。普通平键按其结构可分为圆头（称为A型）、方头（称为B型）和单圆头（称为C型）。A型键在槽中固定良好，但轴上键槽引起的应力集中较大。B型平键［如图7－31（c）］则克服了上述缺点，但当键的尺寸较大时，应用紧定螺钉将键固定在键槽中，以防松动。C型平键［如图7－31（d）］则用于轴端与轮毂的联接。导向平键［如图7－31（e）］较长，用螺钉固定在键槽中，键与轮毂之间采用间隙配合，轴上零件可沿键做轴向滑移。

（二）半圆键联接

半圆键也是以两侧面为工作面，如图7－32所示。轴上键槽用与半圆键尺寸相同的键槽铣刀铣出，半圆键可在槽中绕其几何中心摆动以适应毂槽底面的倾斜。半圆键联接的特点是工艺性好，装配方便，尤其适用于锥形轴端与轮毂的联接；但键槽较深，对轴的强度削弱较大，一般用于轻载静联接。

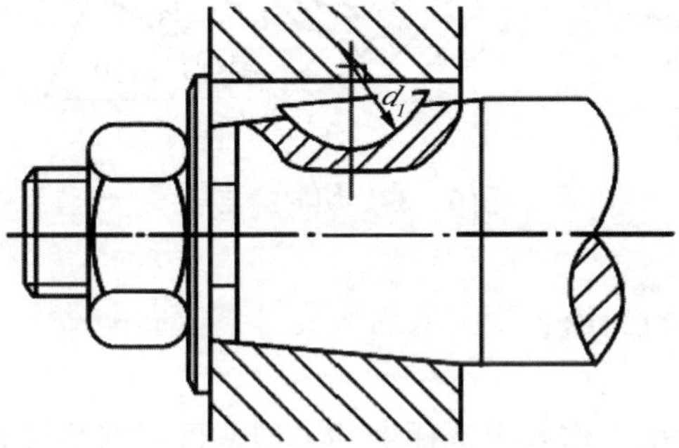

图7－32　半圆键联接

（三）楔键联接和切向键联接

楔键的上、下两面为工作面，如图7－33（a）所示。键的上表面和与它相配合的轮毂键槽底面均有1∶100的斜度。装配时将楔键打入，使楔键楔紧在轴和轮毂的键槽中，楔键的上、下表面受挤压，工作时靠挤压产生的摩擦力传递转矩。楔键分为普通楔键和钩头型楔键，如图7－33（b）、（c）所示，钩头型楔键设置钩头是为了方便装拆。

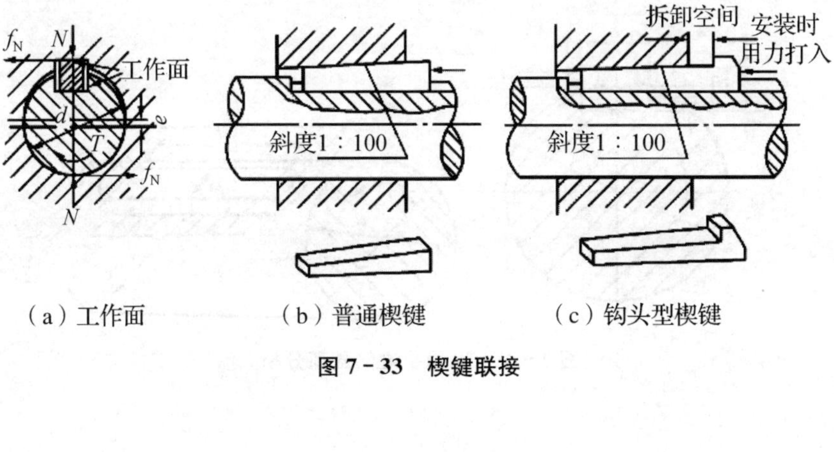

（a）工作面　　（b）普通楔键　　（c）钩头型楔键

图7－33　楔键联接

楔键的主要缺点是键楔紧后，轴和轮毂的配合产生偏心和偏斜，因此楔键一般用于定心精度要求不高和低转速的场合。

切向键由一对楔键组成，如图 7－34（a）所示，装配时将两键楔紧。键的上、下面为工作面，如图 7－34（b）所示，工作面上的压力沿轴的切线方向作用，能传递很大的转矩。用一对切向键时，只能单向传递转矩，当要双向传递转矩时，须采用两对互成 120°分布的切向键，如图 7－34（c）所示。由于切向键对轴的强度削弱较大，因此常用于直径大于 100mm 的轴上。

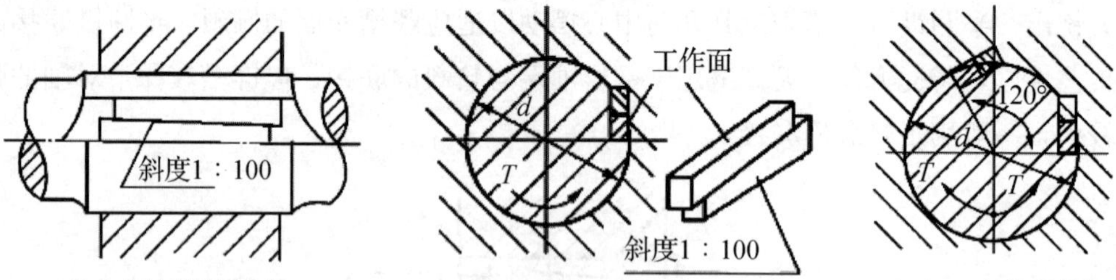

（a）切向键的组成　（b）工作面　（c）双向传递转矩

图 7－34　切向键连接

二、平键联接的选择与计算

设计键联接时，先根据工作要求选择键的类型，再根据装键处的轴径 d 从标准中查取键的宽度 b 和高度 h，并参照轮毂长度选取键的长度 L，最后进行键联接的强度校核。

键的材料一般采用抗拉强度不低于 $600\mathrm{N/mm^2}$ 的碳素钢。平键联接的主要失效形式为工作面的压溃，除非有严重的过载，否则一般不会出现键的剪断的情况，因此通常只按工作面上的挤压应力进行强度校核计算。导向平键联接的主要失效形式是过度磨损，因此一般按工作面上的压力进行条件性强度校核计算。

如图 7－35 所示，假定载荷在键的工作面上均匀分布，普通平键联接的挤压强度条件为

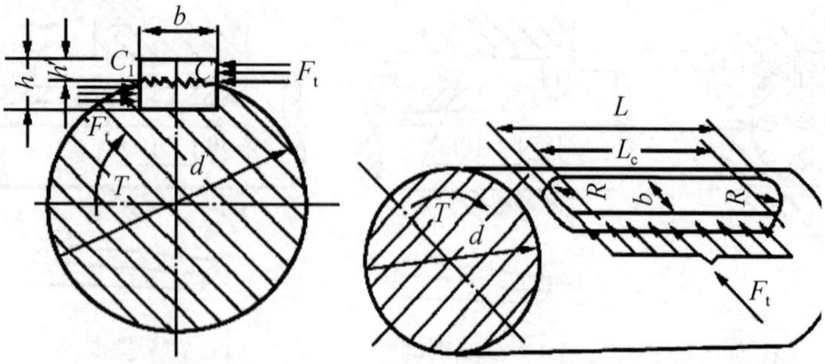

图 7－35　普通平键的载荷分析

$$\sigma_p=\frac{2T/d}{L_c h/2}=\frac{4T}{dhL}\leqslant[\sigma_p]$$

对于导向平键联接，应限制压力 p 以避免过度磨损，即

$$p=\frac{2Td}{L_c h/2}=\frac{4T}{dhL_c}\leqslant[p]$$

以上两式中：T 为传递转矩（N·mm）；d 为轴径（mm）；h 为键的高度（mm）；L_c 为键的计算工作长度，对于A型键，$L_c=L-b$（mm）；$[\sigma_p]$ 和 $[p]$ 分别为键连接的许用挤压应力和许用压强（N/mm^2），见表7-8。

表7-8 键联接的许用挤压应力和许用压强 单位：N/mm^2

许用值	轮毂材料	载荷性质		
		静载荷	轻微冲击	冲击
$[\sigma_p]$	钢	125～150	100～120	60～90
	铸铁	70～80	50～60	30～45
$[p]$	钢	50	40	30

在设计和应用中，若单个键的强度不够，可采用双键按180°对称布置。考虑载荷分布不均匀性，在强度校核中应按1.5个键进行计算。

三、花键联接

花键联接是由周向均布多个键齿的花键轴与带有相应键齿槽的轮毂孔相配而成，分为外花键和内花键，如图7-36（a）所示。齿的侧面为工作面，由于通过多齿传递转矩，因此花键联接比平键联接的承载能力高。花键联接的导向性好，齿根处的应力集中较小，对轴和毂的强度削弱小，适用于载荷大、定心精度要求高或经常需滑移的场合。

按齿形不同，花键可分为矩形花键和渐开线花键，如图7-36（b）、（c）所示。两者均已标准化。

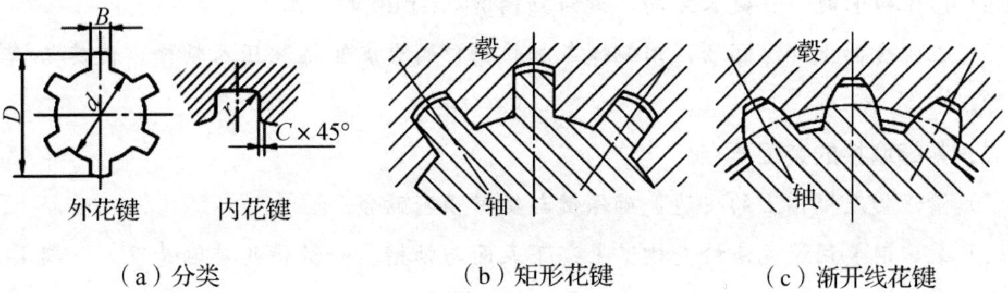

（a）分类　（b）矩形花键　（c）渐开线花键

图7-36 花键联接

花键联接可用于静联接或动联接，其齿数 z 和尺寸 d、D、B 等已标准化，使用时根据轴径按标准选定，其强度计算方法与平键相似。花键需专用加工设备加工。

技能训练

一、训练目的

掌握各种类型的键的装配方法。

二、训练器材

直尺，游标卡尺，各种类型的键、轴以及与其相配合的齿轮、皮带轮等。

三、训练内容

（1）识别各种类型的键。

（2）拆装各种类型的键。

课后讨论

（1）在机械联接中，常用哪些类型的键？

（2）松键联接与紧键联接的区别是什么？它们各自适用于哪些连接场合？

（3）松键联接与紧键联接的装配要点是什么？

师傅指教

一、松键联接的装配要点

（1）清理键及键槽上的飞边，确保键与键槽精密贴合。

（2）对于重要的键联接，装配前要检查键的直线度和键槽对轴线的对称度及平行度等。

（3）对于普通平键、导向平键，用键的头部与轴槽试配，应确保键较紧地与轴槽配合。

（4）修配键长时，在键长方向，键与轴槽留 0.1mm 的间隙。

（5）在配合面上加湿润油，用铜棒或加软钳口的台虎钳将键压入轴槽，使其与槽底良好接触。

二、紧键联接的装配要点

（1）清理键及键槽上的飞边，确保键与键槽精密贴合。

（2）装配时要用涂色法检查楔键上、下表面与轴槽、轮毂槽的接触情况，一般要求接触率大于 65%。

（3）若接触不良，可用锉刀或刮刀修整键槽，接触合格后，用软锤将楔键轻敲入键槽，直至套件的周向、轴向都可靠紧固。

任务4 认识联轴器、离合器和制动器

任务目标

（1）掌握联轴器的功能、类型和特点。

（2）了解联轴器的选用方法。

（3）掌握离合器和制动器的功能、类型和特点。

知识链接

联轴器和离合器都是用来联接两轴，使之一起转动并传递转矩的部件。但联轴器联接的两轴只有在机器停车后，经拆卸才能分离；而离合器连接的两轴能够在机器运转中随意分离或接合。

一、联轴器

联轴器的类型较多，根据内部是否包含弹性元件，可分为刚性联轴器和弹性联轴器。按被联接两轴的相对位置及变动情况，联轴器可分为固定式和可移式。固定式联轴器在安装和运转时要求两轴线严格同轴；可移式联轴器则允许两轴线在安装和运转时有一定限度的轴向、径向、角度或综合偏移，图7－37中放大显示了这些偏移。

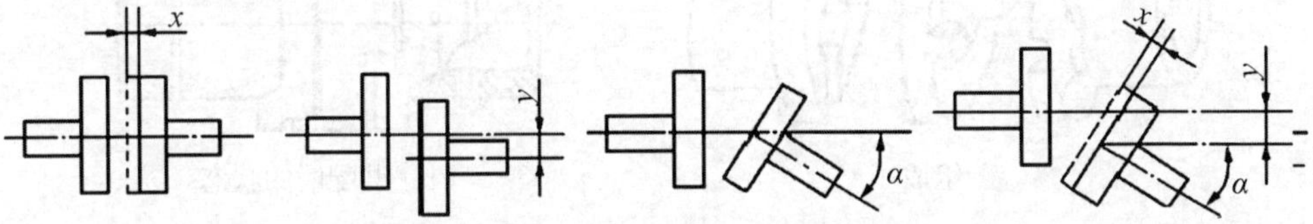

（a）轴向偏移　（b）径向偏移　（c）角度偏移　（d）综合偏移

图7－37　可移式联轴器的偏移

（一）刚性固定式联轴器

刚性固定式联轴器中应用最广的是凸缘联轴器，其外观如图7－38（a）所示。凸缘联轴器由两个凸缘盘组成，两凸缘盘分别用键与两轴联接，盘间由螺栓相连。如图7－38（b）所示为采用普通螺栓联接，两凸缘盘上分别制出凸肩和凹坑，利用配合关系保证两轴线同轴。这种联轴器靠两盘结合面间的摩擦力传递转矩。如图7－38（c）所示为采用铰制孔用螺栓和铰制孔来保证两轴线同轴，这种联轴器靠螺栓受剪和联接面受压来传递转矩，传递转矩的能力较强。

凸缘盘一般采用铸铁制造，用于重载高速场合时可采用铸钢或锻钢制造。凸缘联轴器

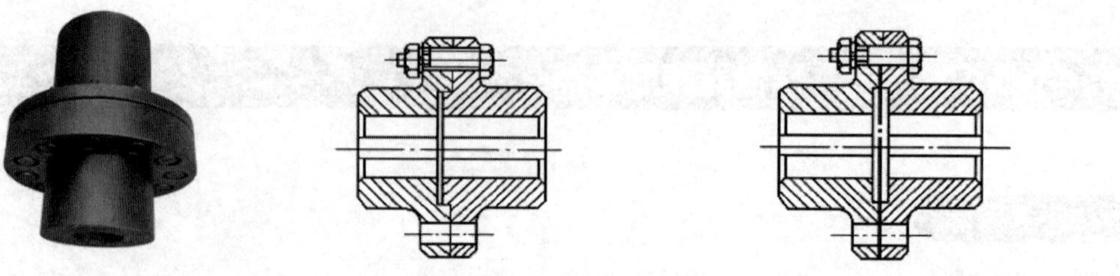

（a）外观　（b）采用普通螺栓联接　（c）采用铰制孔用螺栓和铰制孔联接

图 7－38　刚性凸缘联轴器

结构简单，能传递较大的转矩，理论上没有功率损耗。缺点是安装时必须确保两轴线同轴，且无缓冲和吸振作用。这种联轴器已标准化。

（二）刚性可移式联轴器

刚性可移式联轴器是利用联轴器工作元件间的动联接来补偿两轴间的偏移，可用在两轴间有相对偏移的场合。

1. 滑块联轴器

滑块联轴器由两个端面有凹槽的半联轴器 1 和 3，以及一个两端面具有互相垂直的凸榫的中间圆盘 2 组成，如图 7－39 所示。

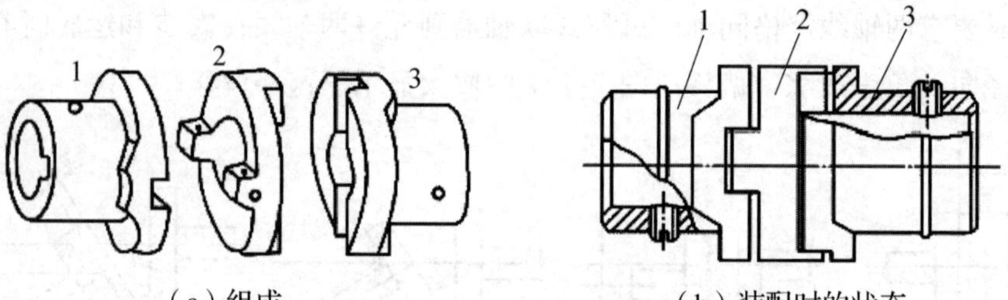

（a）组成　（b）装配时的状态

图 7－39　滑块联轴器

1，3—半联轴器；2—中间圆盘

两个半联轴器分别固定在主动轴和从动轴上，中间圆盘上的凸榫则与半联轴器上的凹槽相嵌合从而构成动联接，两轴线偏移时，圆盘将在凹槽内滑动，以补偿轴线的偏移。半联轴器的材料一般为 ZG270-500 或 45 钢，中间圆盘的材料一般为 45 钢。为防止滑动表面过早磨损，凹槽与凸榫应进行表面淬火，并在使用时进行表面润滑。这种联轴器结构简单，径向尺寸小，但高速时中间圆盘的偏心将产生较大的离心力而加剧磨损，并有一定的功率损耗，因此只适用于转速较低的场合。

2. 齿式联轴器

齿式联轴器的外观如图 7－40（a）所示。齿式联轴器由两个具有外齿的半联轴器 1、1′和两个具有内齿的外壳 2、2′组成，如图 7－40（b）所示。两个半联轴器分别固定在主动轴和从动轴上，两个外壳的凸缘用螺栓连为一体，半联轴器的外齿与外壳的内齿（齿数相同）相啮合，以传递转矩。外壳内贮有润滑油，用于润滑轮齿并减少磨损和相对位移的阻力。齿式联轴器的齿顶加工成球面（球面中心在轴线上），并将轮齿制成鼓形［如图 7－40（b）］，且齿侧间隙较大，因此具有补偿角位移和径向偏移的性能，如图 7－41 所示。齿式联轴器的材料一般为 45 钢或 ZG270-500。轮齿须经热处理，以保证一定的硬度。齿式联轴器的特点是有较多的齿工作，故能传递较大的转矩，在重型机械中应用较广；外廓尺寸紧凑；工作可靠；结构复杂；由于鼓形齿制造工艺较复杂或需用专用设备，因此制造成本较高。齿式联轴器的结构尺寸可查阅相关标准。

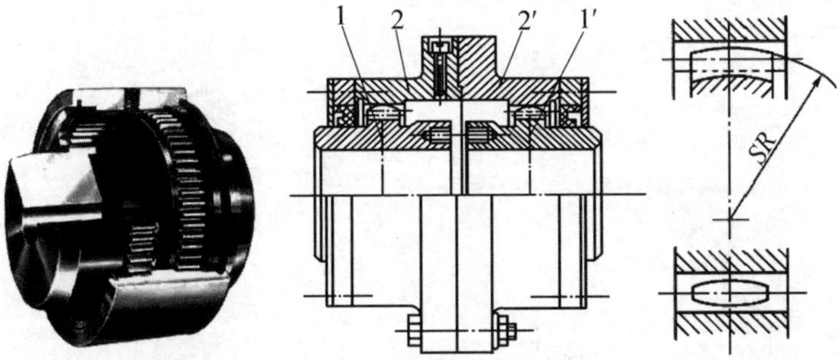

（a）外观　（b）组成　（c）鼓形轮齿

图 7－40　齿式联轴器

1、1′—半联轴器；2、2′—外壳

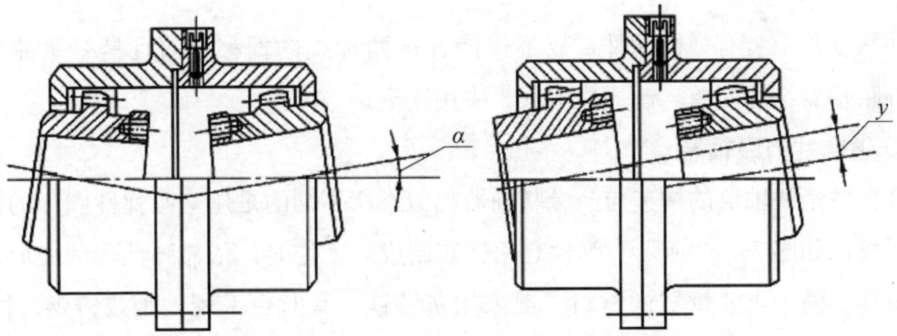

（a）角位移　（b）径向偏移

图 7－41　齿式联轴器的角位移和径向偏移

3. 万向联轴器

万向联轴器的外观如图 7－42（a）所示。万向联轴器由两个叉形零件 1、2 和一个十字形零件 3 以及轴承组成，如图 7－42（b）所示。叉形零件与十字形零件构成动连接。允许联接的两轴间有较大的角偏移 α，最大可达 45°。万向联轴器最大的缺点是当两轴间有一定的角偏移 α 时，主、从动轴的瞬时传动比是变化的，即当主动轴以恒角速度 ω_1 回转时，从动轴的角速度 ω_2 将在 $\omega_1\cos\alpha \leqslant \omega_2 \leqslant \omega_1/\cos\alpha$ 范围循环变化。为了使两轴角速度相同，通常将两个万向联轴器一起使用，如图 7－42（c）所示，且要保证中间轴 M 上的两个叉形零件位于同一平面内，主、从动轴与中间轴的夹角 α_1 和 α_2 必须相等。

（a）外观

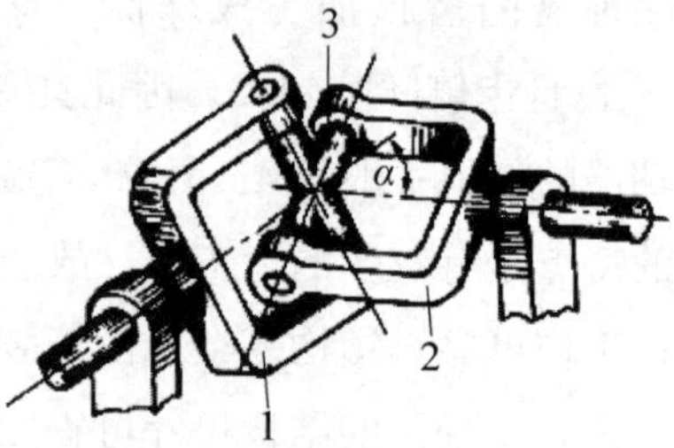

（b）组成

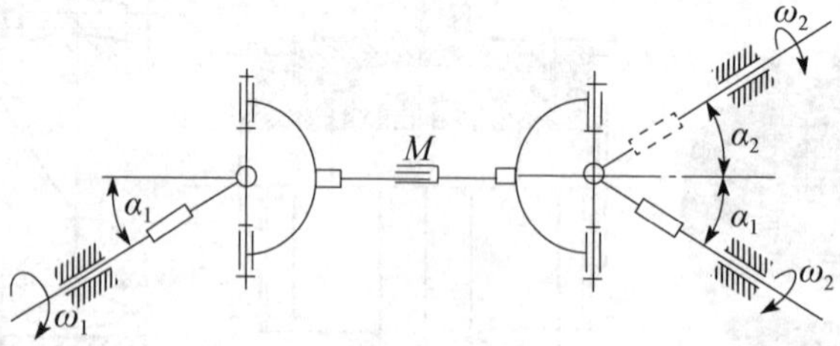

（c）两个万向联轴器一起使用

图 7－42　万向联轴器

1、2—叉形零件；3—十字形零件

（三）弹性联轴器

弹性联轴器中装有弹性元件，故不仅能补偿两轴线的偏移，而且具有缓冲和吸振能力。这种联轴器结构简单，制造成本低，应用广泛。

1. 弹性套柱销联轴器

弹性套柱销联轴器的构造与凸缘联轴器相似，所不同的是用套有弹性圈 1 的柱销 2 代替螺栓联接，如图 7－43 所示。弹性套用橡胶制成。工作时，依靠弹性套的变形来补偿两轴线的偏移。两个半联轴器的材料一般采用灰铸铁，有时也采用锻钢或铸钢。柱销用 45 钢正火。这种联轴器适用于启动、换向频繁的高速轴的联接。尺寸可查阅相关标准。

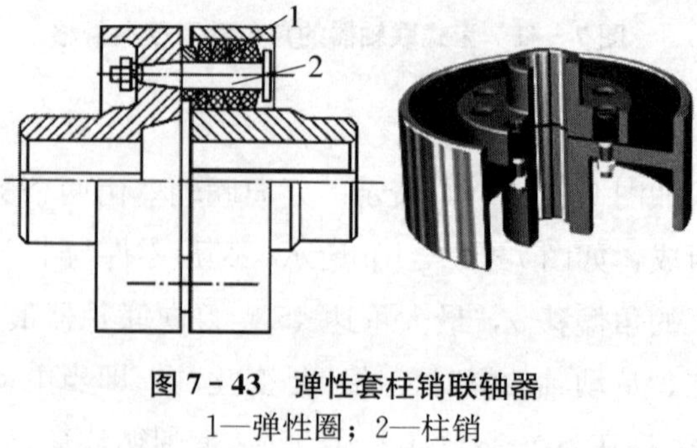

图 7－43　弹性套柱销联轴器

1—弹性圈；2—柱销

2. 弹性柱销联轴器

如图7-44所示为弹性柱销联轴器。两个半联轴器分别与两轴固定，两个半联轴器之间用弹性柱销联接（通常用尼龙柱销），为防止柱销滑出，在柱销孔端装有挡板。尼龙柱销具有较好的弹性，因此这种联轴器具有补偿偏移、缓冲和吸振作用，而且具有结构简单，制造容易，维修方便，能传递较大的转矩的优点。其缺点是耐冲击能力较低，且弹性尼龙对温度较敏感，不宜在高温下工作，其工作温度范围为－20℃～70℃。弹性柱销联轴器主要用于启动、换向频繁的高速轴连接。尺寸可查阅相关标准。

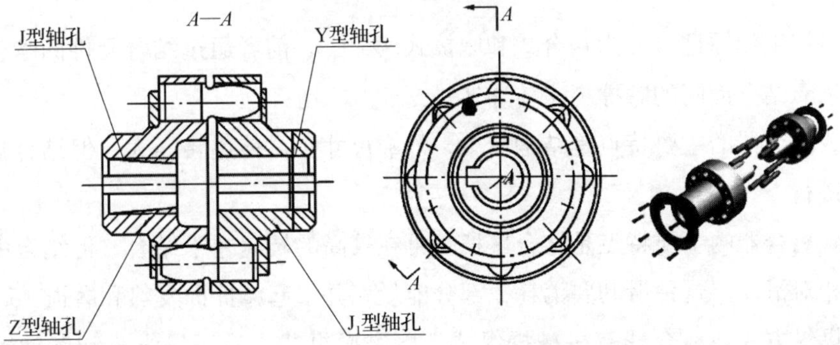

图7-44　弹性柱销联轴器

(四) 联轴器的选择

常用的联轴器多已标准化，设计时可以参考相关手册来选择。联轴器的选择包括类型选择和尺寸选择。

1. 类型选择

当两轴能够保证同轴时，可选择固定式联轴器；若不能保证同轴或在工作中两轴可能发生各种偏移时，则应选择具有补偿能力的可移式联轴器。如果设备启动频繁，被连接轴之一承受冲击载荷时，为了尽量避免冲击传到另一轴上，应选择弹性联轴器。当工作环境温度较高时，由于橡胶和尼龙等不耐高温，因此不宜选用具有橡胶或尼龙等弹性元件的联轴器。此外，还要考虑拆装、维护和更换联轴器元件时是否方便。

2. 尺寸选择

选定联轴器类型后，可按轴的直径、转矩和转速选择联轴器的尺寸，确保轴的直径、转矩和转速在该尺寸结构联轴器的允许范围内。

考虑到设备启动时的惯性力矩和工作过程中的过载等因素，联轴器的尺寸应按计算转矩 T_c 选择。

$$T_c = KT$$

式中，T 为名义转矩，即按原动机功率计算所得的转矩；K 为工作情况系数，可按表7-9选取。

表 7-9 联轴器的工作情况系数

工作机械载荷情况	工作情况系数 K
启动质量轻，载荷平稳	1～1.5
启动质量中等，受变载荷	1.5～2
启动质量较大，受冲击载荷	2～3

二、离合器

离合器按工作原理可分为啮合式和摩擦式两大类，前者通过结合元件的啮合来传递转矩，后者依靠结合面间的摩擦力来传递转矩。

啮合式离合器的主要特点是结构简单，外廓尺寸小，传递转矩大，但结合只能在停车或低速下进行。

摩擦式离合器的主要特点是结合平稳，可在较高的转速差下结合，但结合中摩擦面间必将发生相对滑动。这种滑动要消耗一部分能量，并引起摩擦面发热和磨损。

按照操纵方式，离合器有机械操纵式、电磁操纵式、液压操纵式和气动操纵式等形式，统称为操纵式离合器。能够自动进行结合和分离的离合器称为自动离合器，例如，当离心离合器转速达到一定值时，两轴能自动结合或分离；当安全离合器的转矩超过限定值时，两轴即自动分离；定向离合器只允许单向传递运动，反转时则自动分离。下面介绍两种常用的操纵式离合器。

（一）牙嵌离合器

牙嵌离合器是一种啮合式离合器，如图 7-45 所示。牙嵌离合器由两个半离合器组成，半离合器 1 通过平键与主动轴联接，另一半离合器 2 通过导向平键或花键与从动轴联接，并可由拨叉 4 操纵其轴向移动，以实现离合器的分离和结合。半离合器 1 上通过螺钉固定一个对中环 3，以实现导向和定心。必须指出，可移动的半离合器不应装在主动轴上，否则会出现离合器分离后，半离合器与拨叉仍处于摩擦状态的情况。

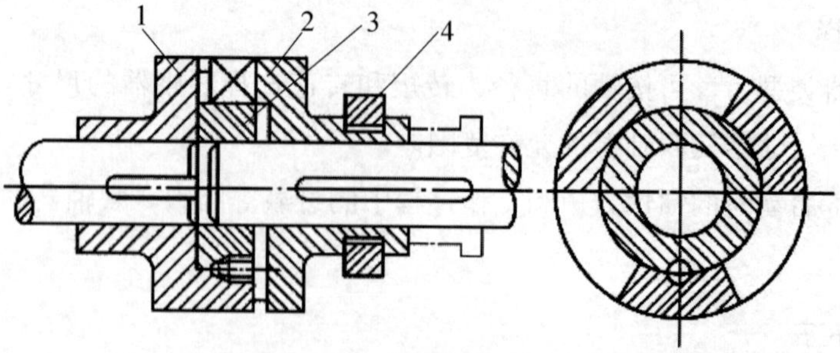

图 7-45 牙嵌离合器的组成

1、2—半离合器；3—对中环；4—拨叉

牙嵌离合器是靠端面上的凸齿来传递转矩的，凸齿的齿形有多种形式，其中矩形齿结合啮入最难［如图 7－46（a)］，只能在静止状态下手动结合。梯形齿［如图 7－46（b)］强度较高，能传递较大的转矩，结合也比较方便，并能补偿齿磨损后产生的间隙。锯齿形齿［如图 7－46（c)］强度最高，但仅能传递单方向的转矩。

牙嵌离合器的特点是结构简单，尺寸紧凑，并能传递较大的转矩；又由于它是刚性啮合，齿面间无相对滑动，可以实现准确的运动传递，但在运转中结合时有冲击，故只能在低速和静止状态下结合，否则容易打坏凸齿。

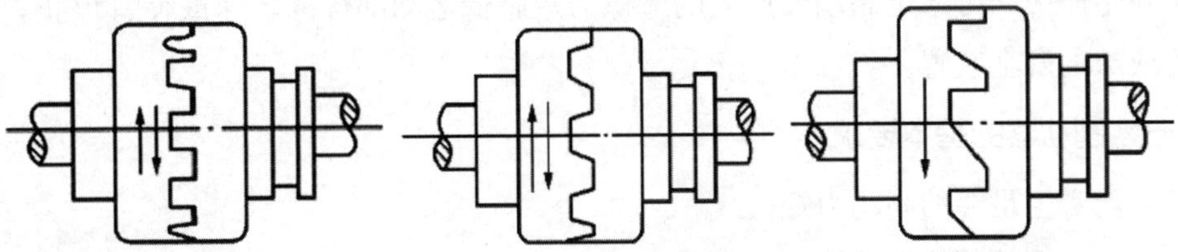

（a）矩形齿　（b）梯形齿　（c）锯齿形齿

图 7－46　牙嵌离合器凸齿的齿形

（二）摩擦式离合器

摩擦式离合器有单片式（如图 7－47）、圆盘式、多片式（如图 7－48）和圆锥式等多种形式，其中以多片式摩擦式离合器应用最为广泛。

图 7－47　单片式摩擦式离合器

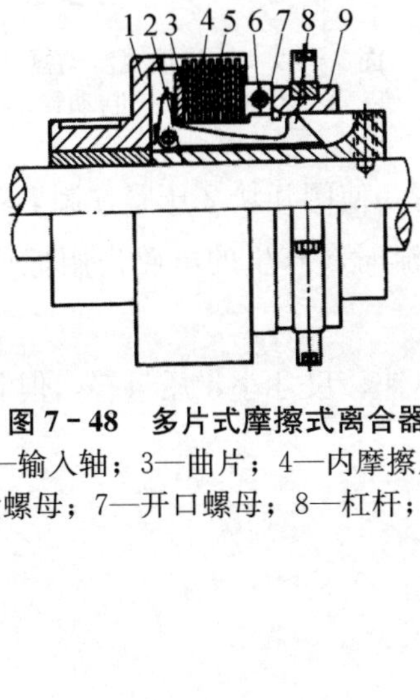

图 7－48　多片式摩擦式离合器

1—从动壳体；2—输入轴；3—曲片；4—内摩擦片；5—外摩擦片；
6—锁紧螺母；7—开口螺母；8—杠杆；9—滑环

工作原理：外壳通过花键与一组外摩擦片联接在一起；套筒通过花键与另一组内摩擦片联接在一起。工作中，向左移动滑环时，通过杠杆使两组摩擦片压紧，离合器结合；向右移动滑环时，摩擦片被松开，离合器分离。

多片式摩擦式离合器的摩擦结合面较多，故能传递较大的转矩，结合和分离过程比较平稳，但结构复杂，成本较高。适用于中、重型汽车等机械。

三、制动器

实际生产中，可通过制动器产生的摩擦力矩降低运动部件的转速或使其停止，是机器中不可或缺的安全装置。

（一）制动器的基本要求

（1）能产生足够的制动力矩。

（2）结构简单，外形紧凑。

（3）具有足够的强度、刚度、耐磨性和耐热性。

（4）制动迅速、平稳、可靠。

（二）制动器的分类

通常，制动器可分为外抱块式、内涨式、闸带式等。

（1）外抱块式制动器如图 7-49 所示。

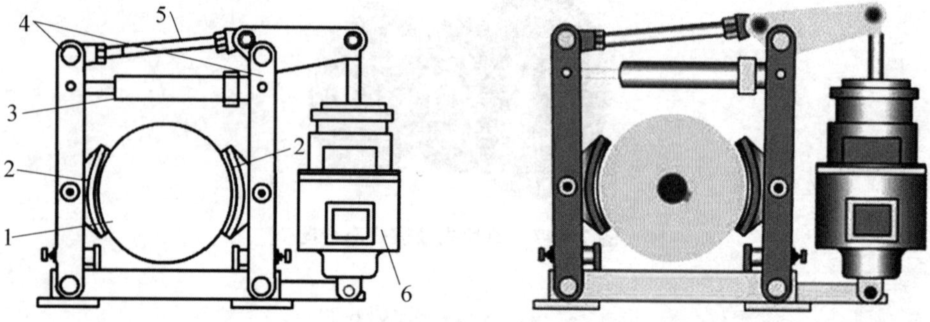

图 7-49　外抱块式制动器

1—制动轮；2—闸瓦块；3—主弹簧；4—制动臂；5—推杆；6—松闸器

结构：主弹簧 3 通过制动臂 4 使闸瓦块 2 压紧在制动轮 1 上，使制动器经常处于闭合（制动）状态。松闸器 6 通入电流时，产生的电磁作用把顶柱顶起，通过推杆 5 推动制动臂 4，使闸瓦块 2 与制动器松脱。

特点及应用：制动和开启迅速，尺寸小，质量轻，但制动时冲击大。不适用于制动力矩大且需要频繁启动的场合。

(2) 内涨式制动器如图 7－50 所示。

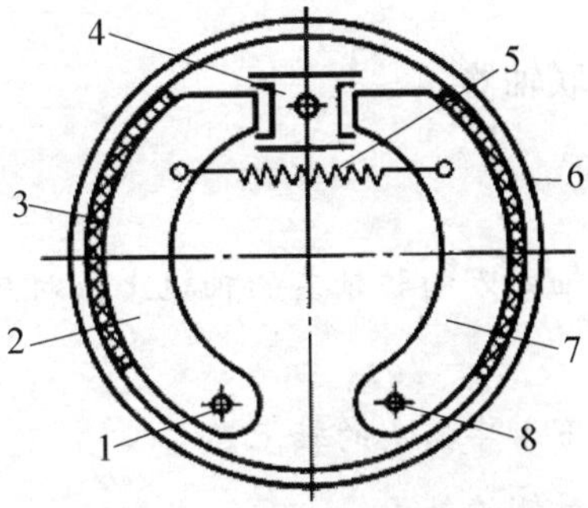

图 7－50　内涨式制动器

1、8—销轴；2、7—制动蹄；3—摩擦片；4—泵；5—弹簧；6—制动轮

结构：两个制动蹄分别通过两个销轴与机架铰接，制动蹄表面装有摩擦片，制动轮与需制动的轴固连。制动时，由泵产生推力克服弹簧力使制动蹄压紧制动轮，从而使制动轮（或轴）制动。

特点及应用：结构紧凑，广泛应用于各种车辆以及结构尺寸受限制的设备中。

(3) 闸带式制动器（如图 7－51）。在力 F_Q 的作用下，杠杆机构动作，收紧闸带而抱住制动轮，通过闸带与制动轮之间的摩擦力达到制动目的。闸带式制动器结构简单，径向尺寸小，制动力不大。

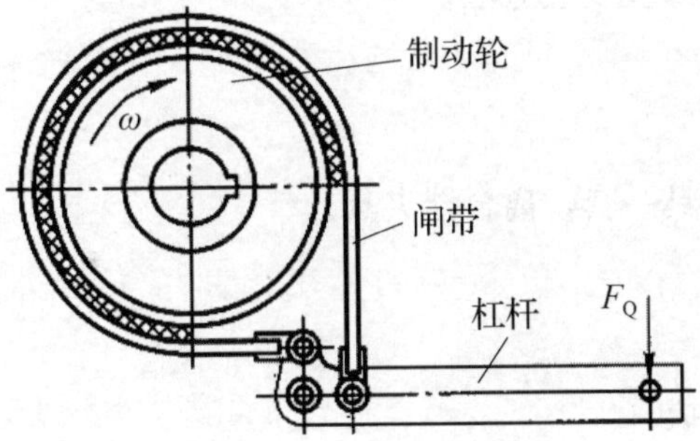

图 7－51　闸带式制动器

技能训练一

一、训练目的

掌握拆卸、检查及安装十字轴式万向联轴器的方法。

二、训练器材

汽车十字轴式万向联轴器，拆装工具一套。

三、训练内容

拆卸并安装十字轴式万向联轴器。

师傅指教

（1）在传动轴轴头与十字轴式万向联轴器的轴轭上做对应的记号。

（2）取下卡簧。

（3）用锤子轻敲轭部，取下十字接头的轴承。

（4）用相同的方法拆下相对侧的轴承。

（5）检查十字轴式万向联轴器分解后的轴承座及轴承是否磨损，卡簧是否变形，轴轭是否受损或变形，若存在问题应更换为符合标准的零件。

（6）按照与拆卸相反的顺序装回各零件。在轴承内部涂上黄油，并装上滚针轴承，注意不要将滚针轴承掉落。使用台虎钳将轴承座压入并定位。选用适当厚度的卡簧，确保十字轴的纵向游隙在0.02mm以内。

技能训练二

一、训练目的

掌握离合器总成的拆卸及安装方法。

二、训练器材

变速器总成，拆装工具一套，离合器夹具。

三、训练内容

拆卸并安装离合器总成。

师傅指教

（1）在变速器离合器轴槽齿上涂抹一薄层润滑脂，然后使离合器片在离合器轴上滑动数次，取下离合器片，将多余的黄油擦除。

（2）在离合器的活动部位加上适量的润滑脂。

（3）安装离合器片，使平面朝向飞轮，中央凸起面朝向变速器，然后插入中心轴，使离合器片保持定位。

（4）安装离合器盖，注意盖上的定位孔必须与飞轮上的定位销对正。固定螺栓以对角方式分次锁紧。离合器盖固定螺栓锁紧扭力为16～21N·m。

技能训练三

一、训练目的

掌握盘式制动器的拆卸及安装方法。

二、训练器材

汽车盘式制动器（如图 7-52），拆装工具一套。

图 7-52 汽车盘式制动器

三、训练内容

拆卸、分解、安装汽车盘式制动器。

课后讨论

（1）在传动系统中，万向联轴器为什么经常成对使用？

（2）哪种离合器可以在任何转速下使联接的两轴平稳地结合或分离？

（3）制动器应安装在机构的高速轴还是低速轴上？为什么？

素质提升

螺纹标准的由来与发展

项目 8

液压与气压传动

液体传动包括液力传动和液压传动：液力传动主要是利用非封闭液体的动能或势能传递和控制能量，液压传动则是利用封闭容器内液体体积的变化来传递和控制能量。液压传动是现代机械普遍采用的一种助力技术，如液压千斤顶、组合机床工作台液压系统、汽车的液压制动系统和液压助力转向系统，以及自卸车的起重机构都是采用液压传动。

任务 1 了解液压传动

任务目标

（1）掌握液压传动的工作原理。

（2）熟悉液压传动系统的组成及液压元件的作用。

（3）了解液压传动的特点。

知识链接

一、液压千斤顶的工作原理

液压千斤顶是机械行业常用的工具，可顶起较重的物体。下面以液压千斤顶为例讲解液压传动的工作原理。如图 8-1 所示为液压千斤顶的外观与工作原理。两个液压缸 1 和 6 的内部分别装有活塞，活塞和缸体之间保持良好的配合关系，即活塞可在缸内顺畅滑动，配合面之间密封良好。向上抬起杠杆时，液压缸 1 的活塞向上运动，液压缸 1 的下腔容积增大形成局部真空，单向阀 2 关闭，油箱 4 的油液在大气压作用下经吸油管顶开单向阀 3 进入液压缸 1 的下腔，完成一次吸油动作。向下压杠杆时，液压缸 1 的活塞向下运动，液压缸 1 的下腔容积减小，油液受挤压，压力升高，关闭单向阀 3，液压缸 1 的下腔的压力油顶开单向阀 2，油液经排油管进入液压缸 6 的下腔，推动大活塞上移顶起重物。如此不断地上、下扳动杠杆就可以使重物不断升起，达到起重的目的。

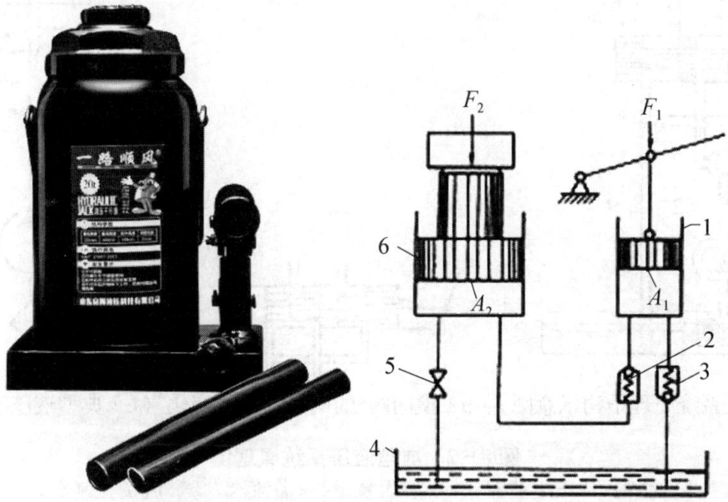

图 8-1　液压千斤顶的外观与工作原理

1、6—液压缸；2、3—单向阀；4—油箱；5—截止阀

设液压缸 1 和 6 的活塞表面积分别为 A_1 和 A_2，则液压缸 1 单位面积上受到的压力 $P_1=F/A_1$，液压缸 6 单位面积上受到的压力 $P_2=W/A_2$。根据流体力学的帕斯卡定律“平衡液体内某一点的压力值能等值地传递到密闭液体内各点”，则有 $P_1=P_2=F/A_1=W/A_2$。

由液压千斤顶的工作原理可知，液压缸 1 与单向阀 2、3 一起完成吸油与排油，将杠杆的机械能转换为油液的压力能输出，液压缸 6 将油液的压力能转换为机械能输出，顶起重物。这里，液压缸 6 和液压缸 1 组成了最简单的液压传动系统，实现了力和运动的传递。

二、组合机床工作台液压传动系统

液压泵 3 由电动机驱动，从油箱 1 中吸油，经过滤器 2 后被液压泵吸入并输出至系统。当换向阀 6 的阀芯处于图 8-2（a）所示位置时，压力油经流量控制阀 5、换向阀 6 和管道进入液压缸 7 的左腔，推动活塞向右运动。液压缸右腔的油液经管道、换向阀 6、管道 9 流回油箱。改变换向阀 6 的阀芯工作位置，使之处于左端位置时［如图 8-2（b）］，液压缸活塞反向运动。

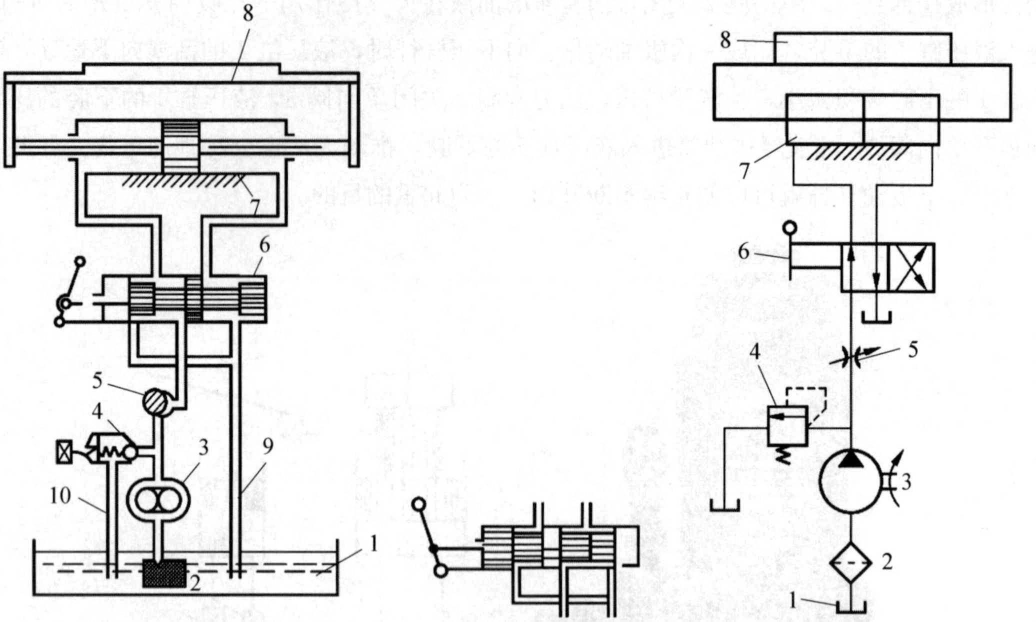

（a）典型液压系统原理结构示意图 （b）换向阀6的阀芯位置的变化（c）典型液压系统原理符号图

图 8-2 典型液压系统原理图

1—油箱；2—过滤器；3—液压泵；4—溢流阀；5—流量控制阀；
6—换向阀；7—液压缸；8—工作台；9、10—管道

工作台的移动速度是通过流量控制阀来调节的。阀口开大时，进入缸的流量较大，工作台的速度较快；反之，工作台的速度较慢。为克服不同阻力，液压泵输出油液的压力应当能够调整。工作台低速移动时，流量控制阀开口小，液压泵输出多余的油液经溢流阀 4 和管道 10 流回油箱，调节溢流阀弹簧的预压力，就能调节液压泵输出口的油液压力。

三、液压传动的工作原理

从上述两个例子可以归纳出液压传动的工作原理，具体如下：

（1）液压传动是以液体（液压油）作为传递运动和动力的工作介质。

（2）液压传动经过两次能量转换，先把机械能转换为便于输送的液体压力能，然后把液体压力能转换为机械能对外做功。

（3）液压传动是依靠密封容积（或密封系统）内容积的变化来传递能量的。

四、液压传动系统的组成

（1）动力元件。将机械能转换为液体压力能的装置。常见的是液压泵，为系统提供压力油液，如图 8-1 所示的液压缸 1 及图 8-2 所示的液压泵 3。

（2）执行元件。将液体压力能转换为机械能输出的装置，可以是做直线运动的液压

缸，也可以是做回转运动的液压马达、摆动马达，如图 8－1 所示的液压缸 6 和图 8－2 所示的液压缸 7。

（3）控制元件。对系统中液体的压力、流量及流动方向进行控制和调节的装置，以及进行信号转换、逻辑运算和放大等的信号控制元件，如图 8－2 所示的溢流阀 4、流量控制阀 5 和换向阀 6。

（4）辅助元件。保证系统正常工作的上述 3 种以外的装置，如图 8－2 所示的过滤器 2、油箱 1 和管件。

（5）工作介质。用来进行能量和信号传递的介质。液压系统以液压油液作为工作介质。

五、液压系统的常用表示方法

如图 8－2（a）、（b）所示的各元件为半结构式图形，直观、易理解，但较难绘制。因此，在工程实际中，除某些特殊情况外，一般用简单的图形符号表示，如图 8－2（c）所示。图形符号只表示元件的功能，不表示具体结构和参数。

六、液压传动的特点

（一）优点

与机械传动和电力拖动系统相比，液压传动具有以下优点：

（1）液压元件的布置不受空间位置的严格限制，系统中各部分用管道连接，布局灵活性大，能实现用其他方法难以组成的复杂系统。

（2）可实现大范围的无级调速，可达 2000∶1。

（3）液压传动和液气联动传递的运动均匀平稳，易于实现快速启动、制动和频繁的换向。

（4）操控方便、省力，易于实现自动控制、中远程控制以及过载保护。与电气控制、电子控制相结合，易于实现自动工作循环和自动过载保护。

（5）液压元件属于机械工业基础件，标准化、系列化和通用化程度较高，有利于缩短机器的设计、制造周期并降低制造成本。

（二）缺点

（1）在传动过程中，能量需经两次转换，传动效率偏低。

（2）受传动介质的可压缩性和泄漏等因素的影响，不能严格保证定比传动。

（3）液压传动性能对温度比较敏感，不能在高温环境工作；采用石油基液压油作传动介质时需注意防火。

（4）液压元件制造精度高，系统工作过程中发生故障不易诊断。

随着科学技术的发展，不足之处将会逐步解决。例如，将液压传动与气压传动、电力传动、机械传动联合应用，可实现气液、电液（气）、机液（气）等联合传动，进一步发挥各自的优点，弥补不足之处。

技能训练

一、训练目的

掌握液压传动的工作原理。

二、训练器材

手动液压千斤顶，组合机床工作台，液压传动系统实验台。

三、训练内容

（1）用千斤顶顶起重物。

（2）认识组合机床工作台、液压传动系统实验台中的元件，观察设备工作过程。

课后讨论

（1）液压传动与其他运动机构传动的区别有哪些？

（2）液压传动的动力源与机械传动的动力源是否相同？

（3）千斤顶是如何卸荷的？

任务 2 了解液压油及液压传动参数

任务目标

（1）了解液压油的基本知识。

（2）了解液压传动的基本参数。

知识链接

一、液压油的种类与选用

（一）液压油应满足的要求

液压油是液压系统中用于传递能量的工作介质。液压油的主要作用是传递能量，兼有润滑、密封、冷却、防锈等功能。因此要求液压油必须稳定，这是因为油液的性能会直接影响液压传动的性能，如工作的可靠性、灵敏性、工况的稳定性、系统的效率及零件的寿命等。常用的液压油应满足下列要求：

（1）黏温特性好。在使用温度范围内，油液黏度随温度的变化越小越好。

（2）具有良好的润滑性。润滑时产生的油膜强度高，可避免干摩擦。

（3）成分纯净。不含腐蚀性物质，避免侵蚀机件和密封元件。

（4）具有良好的化学稳定性。油液不易氧化，不易变质，可避免产生的黏质沉淀物影响系统工作，避免油液氧化后产生酸性而腐蚀金属表面。

（5）抗泡沫性好，抗乳化性好，对金属和密封件有良好的相容性。

（6）体积膨胀系数低，比热容和传热系数高；流动点和凝固点低，闪点和燃点高。

（7）无毒性，价格便宜。

（二）液压油的种类

液压油的品质取决于基油及添加剂。液压油大致分为石油基液压油和难燃液压油，具体见表8-1。能够同时满足各项要求的理想液压油是不存在的。权衡利弊，应用较广的是性价比高的石油基液压油。随着液压技术的发展，液压装置广泛用于各个领域，液压油的种类也越来越多。为了满足液压装置的特别要求，人们在石油基液压油的基油中加入添加剂来改善特性。常用的添加剂有抗氧化剂、防锈剂、抗磨剂、增黏剂等。

表8-1 ISO液压油分类

类别		组成和特性	代号
石油基液压油		无添加剂的石油基液压油	L-HH
		HH+抗氧化剂、防锈剂	L-HL
		HL+抗磨剂	L-HM
		HL+增黏剂	L-HR
		HM+增黏剂	L-HV
		HM+防锈剂	L-HG
难燃液压油	含水液压油	高含水液压油	L-HFA
		油包水乳化液	L-HFB
		水乙二醇	L-HFC
	合成液压油	磷酸酯	L-HFDR
		氯化烃	L-HFDS
		HFDR+HFDS	L-HFDT
		其他合成液压油	L-HFDU

（三）液压油的选用

选用液压油时，首先要考虑的是黏度问题。在一定条件下，油液的黏度太高或太低都会影响系统的正常工作。黏度高的油液流动时产生的阻力较大，克服阻力所消耗的功率较大，而此功率损耗又将转换成热量使油温上升。黏度太低，泄漏量会加大，使系统的容积效率下降。因此，要根据具体情况或系统的要求选用黏度合适的油液。通常需要考虑以下几个方面：

（1）液压系统的工作压力。工作压力较高的液压系统宜选用黏度较高的液压油，以减少系统泄漏；反之，可选用黏度较低的液压油。

（2）环境温度。环境温度较高时宜选用黏度较高的液压油。

（3）运动速度。液压系统执行元件的运动速度较快时，为减小液流的功率损失，宜选用黏度较低的液压油。

（4）液压泵的类型。在液压系统的所有元件中，液压泵对液压油的性能最为敏感，这是因为泵内零件的运动速度很快，承受的压力较大，温升高，润滑要求苛刻。

二、液压传动的基本参数

（一）压力

油液的压力是油液的自重和油液所受外力导致的。不过，油液的自重产生的压力一般很小，可忽略不计。

液压传动中，液体传递的静压力是指单位面积液体表面所受的作用力，即

$$p=\frac{F}{A}$$

式中，p——液体的压力，Pa；

F——作用在液体表面的外力，N；

A——液体表面的承压面积，m^2。

如图 8－3 所示的两个液压缸由连通管相连，构成密闭容器。其中，大缸活塞面积为 A_1，作用在活塞上的负载为 F_1，液体所受的压力 $p=F_1/A_1$。由帕斯卡原理可知连通器中的液体压力处处相等，所以小缸活塞处的压力也为 p，若小活塞面积为 A_1，则为防止大活塞下降，在小活塞上应施加的力为：

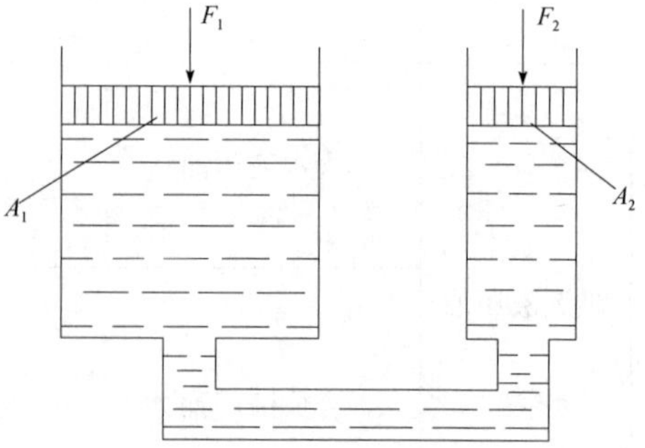

图 8－3　压力的形成

大活塞上没有负载，即 $F_1=0$，忽略活塞的重量及其他阻力，不论在小活塞加多大的力也不能在液体中形成压力，也就是说液压系统中的压力是由外界负载决定的。

（二）流量与平均流速

流量是指单位时间内流过某一通流截面的液体体积，即

$$q=\frac{V}{t}$$

式中，q——流量，m^3/s；

V——时间 t 内流过的液体体积，m^3；

t——时间，s。

平均流速是指液体在单位时间内平均移动的距离，即

$$v=\frac{q}{A}$$

式中，v——平均流速，m/s；

q——流量，m^3/s；

A——截面积，m^2。

技能训练

一、训练目的

（1）认识液压油。

（2）掌握压力、流量、平均流速的含义。

二、训练器材

液压油，水管，水桶。

三、训练内容

（1）观察液压油的外观。

（2）用水管将自来水接入水桶，通过调节水阀，理解压力、流量、平均流速。

课后讨论

（1）液压传动中，液压油与润滑油是否相同？

（2）液压系统中的压力是如何形成的？

（3）打开水龙头，水管中是否还有压力？

任务3 认识液压系统中的常用液压元件

任务目标

（1）了解液压泵的工作原理、分类和选用方法。

（2）了解液压缸的类型及特点。

（3）掌握液压控制阀的结构和符号。

（4）了解液压控制阀、液压辅助元件的工作原理及使用方法。

知识链接

一、液压泵与液压马达

液压泵是液压传动系统的动力装置，它可以将原动机输入的机械能转换为液压能。

（一）液压泵的工作原理

如图 8-4 所示为液压泵的工作原理。柱塞 2 装在缸体 3 内，可做左右移动；在弹簧 4 的作用下，柱塞紧压在偏心轮 1 的外表面上。当电动机带动偏心轮旋转时，偏心轮推动柱塞左右移动，使缸体密封容积 a 的大小发生周期性变化。当密封容积由小变大时会形成部分真空，使油箱中的油液在大气压的作用下，经吸油管道顶开单向阀 6 进入油腔实现吸油；反之，密封容积由大变小时，油腔中吸满的油液将顶开单向阀 5 流入系统而实现压油。电动机带动偏心轮不断旋转，液压泵就不断地吸油和压油。

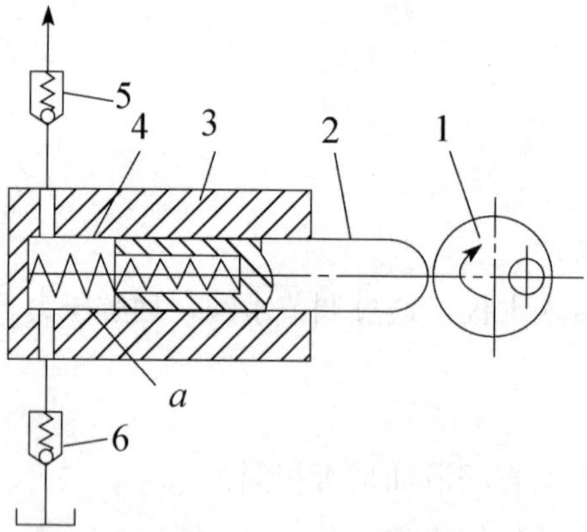

图 8-4　液压泵的工作原理

1—偏心轮；2—柱塞；3—缸体；4—弹簧；5、6—单向阀

综上所述，液压泵是依靠密封容积的变化来实现吸油和压油的，其工作过程包括吸油过程和压油过程。要实现这样的工作过程，必须具备下列条件：

（1）形成密封容积。

（2）密封容积的大小能交替变化。

（3）吸油过程中，油箱必须与大气相通。

（4）有配流装置。

配流装置的作用：吸油时，密封容积与油箱相通，同时关闭供油管路；压油时，密封容积与供油管路相通，同时关闭与油箱的连接。如图 8－4 所示的单向阀 5、6 就是配流装置。

（二）液压泵的类型

按结构形式不同，分为齿轮泵、叶片泵、柱塞泵等；按输出流量能否调节，分为定量泵、变量泵；按供油方向能否改变，分为单向泵、双向泵；按额定压力的高低，分为低压泵、中压泵、中高压泵、高压泵、超高压泵。

（三）液压泵的符号

液压泵的符号见表 8－2。

表 8－2　液压泵的符号

类型	单向定量泵	双向定量泵	单向变量泵	双向变量泵
职能符号	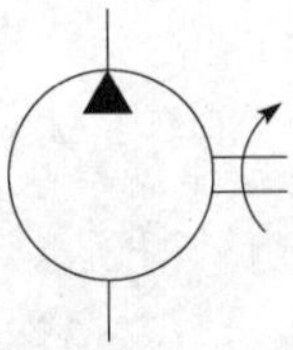	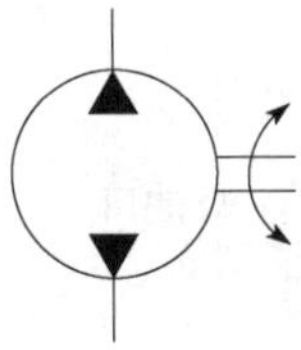	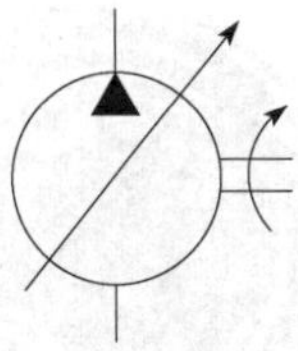	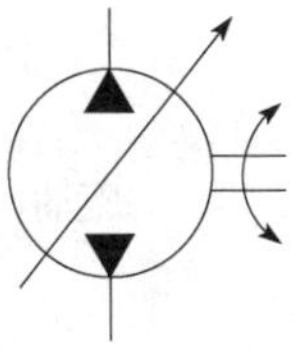

（四）常用液压泵

1. 齿轮泵

齿轮泵的工作原理如图 8－5 所示，齿轮旋转，油液进入吸油腔，吸入齿轮间的油液随齿轮旋转进入压油腔，油液挤出。

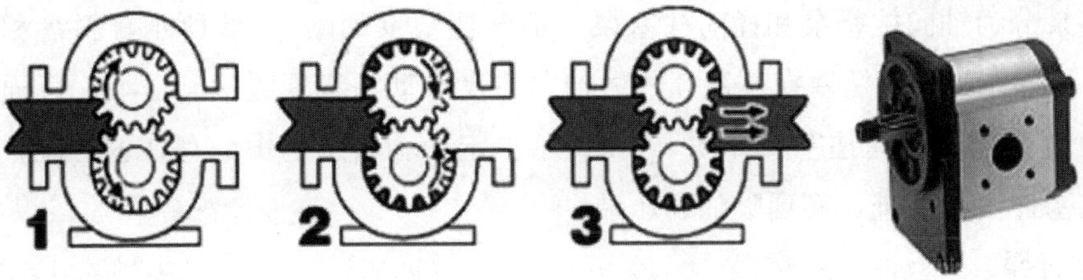

图 8－5　齿轮泵的工作原理

2. 叶片泵

叶片泵分为单作用叶片泵和双作用叶片泵。单作用叶片泵（如图 8-6）的定子、转子、叶片和配油盘间有若干密封容积，定子与转子间存在偏心距 e，转子的回转使密封容积交替变化，转子每旋转一周，实现一次吸油和压油。单作用叶片泵是双向变量泵。

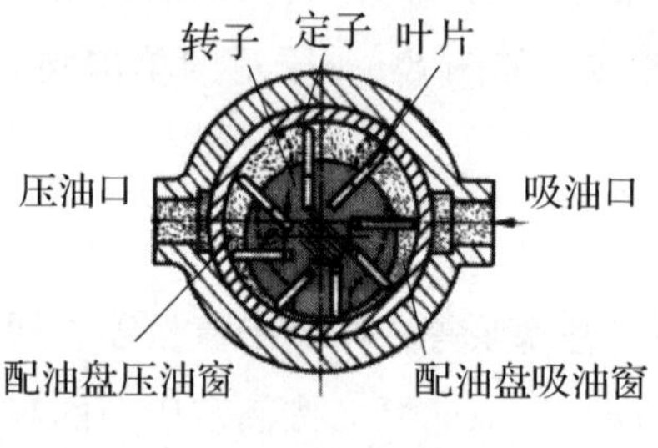

（a）结构

（b）实物

图 8-6　单作用叶片泵

双作用叶片泵（如图 8-7）的定子内腔为椭圆形，转子旋转一周，每个叶片往复滑动两次，相邻叶片间的密封容积发生两次变化，吸、压油过程执行两次。双作用叶片泵是单向定量泵。

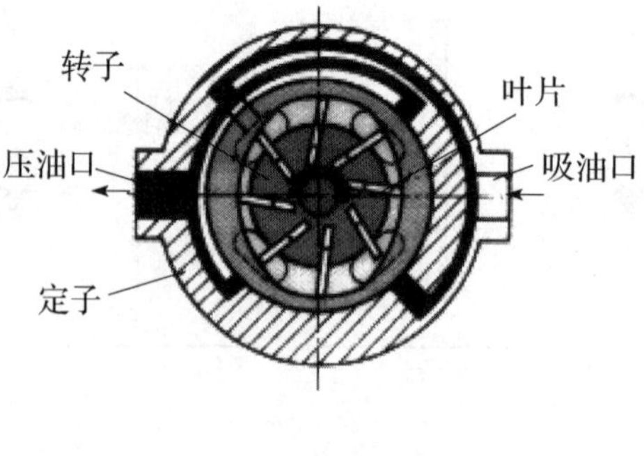

（a）结构

（b）实物

图 8-7　双作用叶片泵

3. 柱塞泵

柱塞泵分为轴向柱塞泵和径向柱塞泵。轴向柱塞泵如图 8-8 所示，斜盘相对缸体的夹角为 γ，缸体旋转，柱塞在柱塞孔内做轴向往复滑动，实现吸油和压油。可通过改变夹角 γ 来改变流量。径向柱塞泵如图 8-9 所示，定子和转子的中心存在偏心距，当转子旋转时，柱塞伸出和缩进，实现吸油和压油。

4. 螺杆泵

如图 8-10 所示，螺杆泵主要分为转子式容积泵和回转式容积泵两种。按螺杆数不同，又有单螺杆泵、双螺杆泵和三螺杆泵之分。

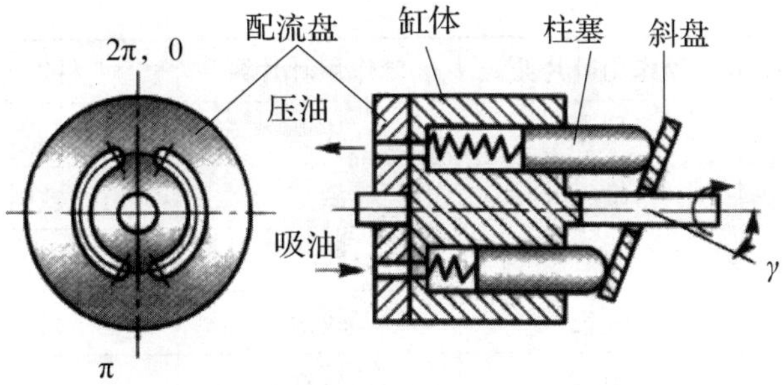

（a）结构

（b）实物

图 8-8　轴向柱塞泵

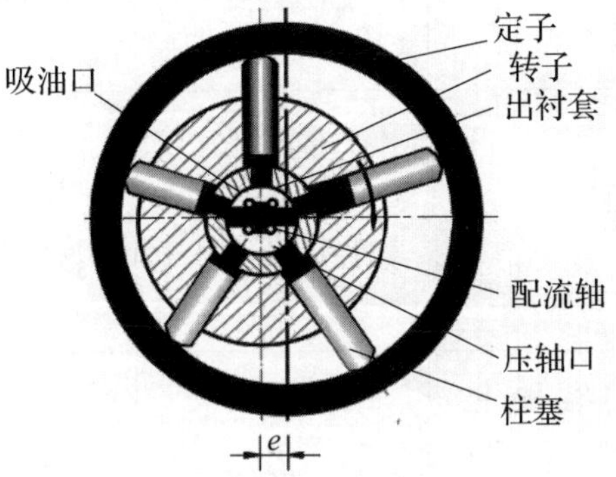

（a）结构

（b）实物

图 8-9　径向柱塞泵

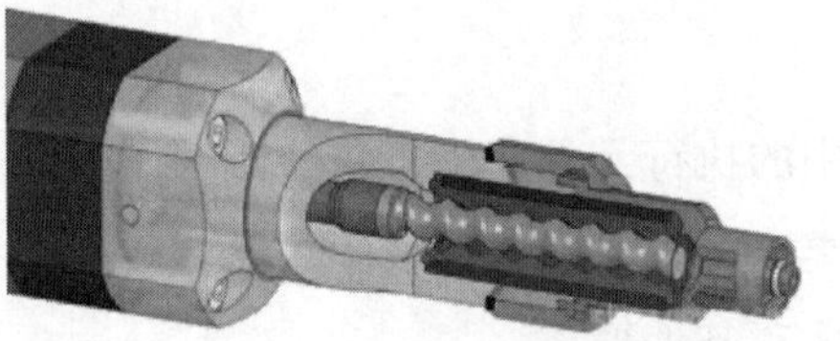

图 8-10　螺杆泵

（五）液压泵的选用

液压泵的选用过程包括确定液压泵的类型、规格和型号。首先根据液压传动系统主机的工作情况、功率以及系统对工作性能的要求等确定液压泵的类型；然后按系统要求的压力、流量确定液压泵的规格和型号。常用液压泵的性能比较及应用见表 8-3。

表 8-3　常用液压泵的性能比较及应用

性能	齿轮泵	双作用叶片泵	单作用叶片泵	柱塞泵
工作压力/MPa	＜20	6.3～21	≤7	10～20
流量脉动性	大	小	中等	中等

续表

性能	齿轮泵	双作用叶片泵	单作用叶片泵	柱塞泵
自吸特性	好	较差	较差	差
对油污的敏感性	不敏感	敏感	敏感	敏感
噪声	大	小	较大	大
寿命	较短	较长	较短	长
单位功率造价	最低	中等	较高	高
优点	结构简单，制造方便，体积适中，工作可靠，转速较高		运转平稳，噪声较小，流量稳定，体积小，质量轻，油压较高	密封性好，耐磨，流量调节方便
缺点	流量脉动较大，有困油现象		对油液污染比较敏感，加工精度要求较高，成本较高	结构复杂，加工精度要求高
应用范围	机床、工程机械、农机、航空机械、船舶机械、一般机械	机床、注塑机、液压机、起重运输机械、工程机械、航空机械	机床、注塑机	机床、液压机、船舶机械

（六）液压马达

液压马达是液压系统中的执行元件，用于将液体的压力能转换为机械能以驱动工作部件。液压马达的结构、分类以及工作原理与液压泵大致相同。按结构形式可将液压马达分为齿轮式、叶片式、柱塞式和其他形式。

二、液压缸

液压缸是液压传动系统中常用的执行元件，可以将油液的压力能转换为机械能，从而实现执行机构的往复直线运动或摆动，输出力或转矩。

液压缸按结构形式可分为活塞式、柱塞式和伸缩套筒式；按油压作用方式可分为单作用式和双作用式。

（一）单活塞杆单作用式液压缸

如图 8－11 所示为单活塞杆单作用式液压缸的实物和图形符号。工作进给时靠油压作用而移动，退回时靠弹簧力或其他外力作用而移动。缸体上只有一个油孔（进、出油兼用）。这种液压缸适用于自卸汽车的液压翻斗机构和汽车起重机吊臂变幅机构。

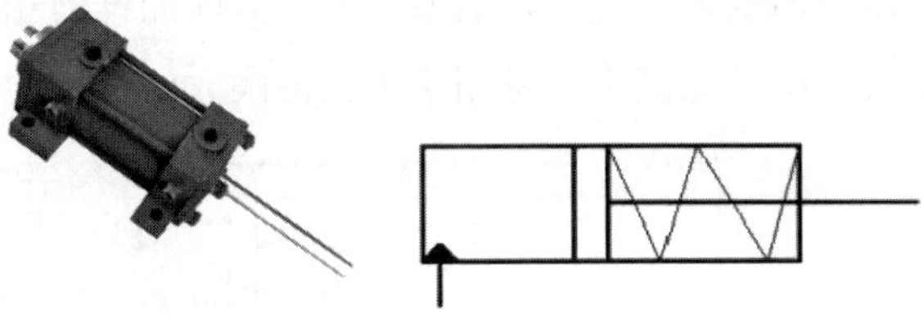

（a）实物　　（b）图形符号

图 8－11　单活塞杆单作用式液压缸

（二）单活塞杆双作用式液压缸

如图 8－12 所示为单活塞杆双作用式液压缸的实物和工作原理。整体式活塞将液压缸体分为无杆腔和有杆腔，缸体两端各有一个油孔，工作进给和退回均靠油压作用而移动。

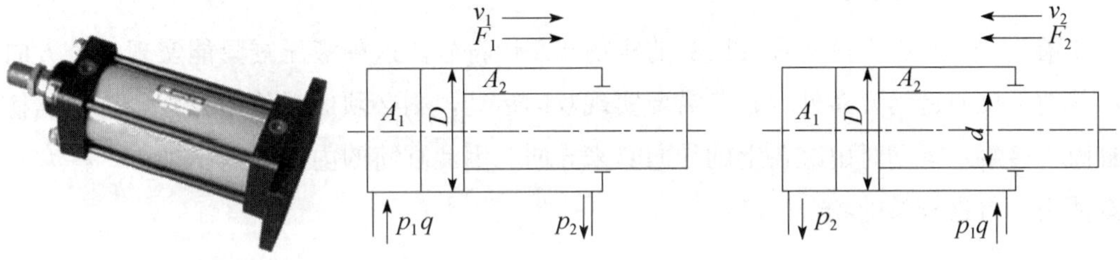

（a）实物　　（b）工作原理

图 8－12　单活塞杆双作用式液压缸

（三）单活塞杆双作用式液压缸的差动连接

如图 8－13 所示，将单杆活塞缸的左、右两腔用油管连通并同时通入高压油，即实现差动连接。差动连接时，活塞两侧油腔的油压相等，但两侧的有效作用面积不同，工作时产生推力差，克服负载使活塞向右移动，同时有杆腔的油液被排出进入无杆腔，加快活塞运动速度。差动连接时，液压缸的推力比非差动连接时小，速度比非差动连接时大，可利用这一点在不加大油源流量的情况下得到较快的运动速度。差动连接方式被广泛应用于组合机床的液压动力系统。

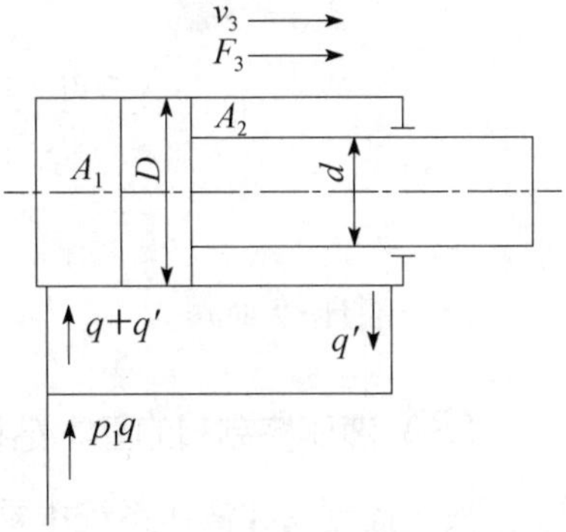

图 8－13　差动连接工作原理

（四）双活塞杆双作用式液压缸

如图 8－14 所示为双活塞杆双作用式液压缸的结构示意图。与单活塞杆双作用式液压缸相比，该液压缸两端均有活塞杆伸出，使两腔的有效作用面积相等，因此具有以下特点：

（1）在输入流量不变的情况下，活塞往复运动的速度相等。

（2）在输入的工作压力不变的情况下，活塞向两个方向的推力相等。

（3）活塞带动工作台的移动范围大，常用于工作范围大的机构中。

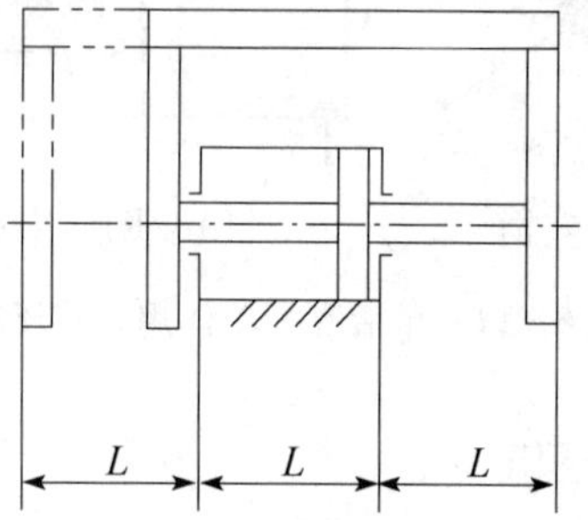

图 8－14　双活塞杆双作用式液压缸的结构示意图

（五）柱塞式液压缸

如图 8－15 所示为柱塞式液压缸的实物和图形符号。这种液压缸只能实现一个方向的液压传动，反向运动要靠外力；若需要实现双向运动，则必须成对使用。液压缸中的柱塞和缸筒不接触，运动时由缸盖上的导向套来导向，因此缸筒的内壁不需精加工。柱塞式液压缸适用于行程较长的场合。

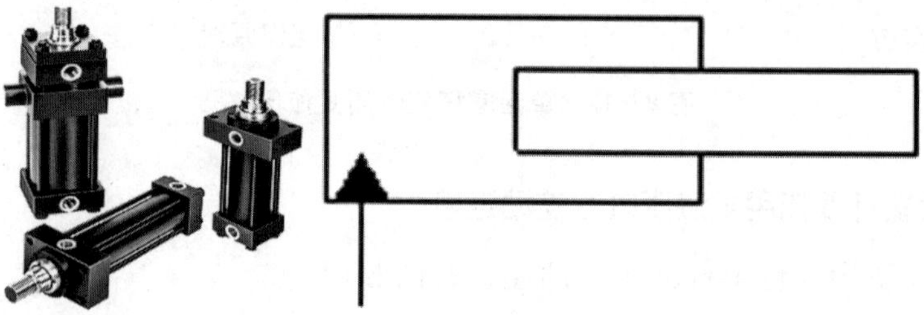

（a）实物　　　　（b）图形符号

图 8－15　柱塞式液压缸

三、液压控制阀

（一）液压控制阀的基本结构与工作原理

液压控制阀在液压系统中被用来控制液流的压力、流量和方向，从而对执行元件的启动、停止、运动方向、速度、动作顺序和克服负载的能力进行控制与调节。

液压控制阀的基本机构包括阀芯、阀体和驱动阀芯在阀体内做相对运动的装置。阀芯主要有滑阀、锥阀和球阀之分；阀体上除有与阀芯配合的阀体孔外，还有外界油管的进出油口；驱动装置可以是手调机构，也可以是弹簧或电磁铁，有时还作用有液压力。液压控制阀利用阀芯在阀体内的相对运动来控制阀口的通断及开口大小，进而实现对压力、流量和方向的控制。阀的进、出油口一般用符号 P、T、O、A、B 表示。P 是与动力元件相通的油口，T 和 O 是与油箱相通的回油口，A、B 表示与执行元件相通的进、出油口。

（二）液压控制阀的分类

根据用途不同，可做如下分类：

（1）方向控制阀。用来控制和改变液压系统中液流方向的阀类，如单向阀、液控单向阀、换向阀等。

（2）压力控制阀。用来控制或调节液压系统液流压力并利用压力实现控制的阀类，如溢流阀、顺序阀、减压阀等。

（3）流量控制阀。用来控制或调节液压系统液流流量的阀类，如节流阀、调速阀、二通比例流量阀、溢流节流阀、三通比例流量阀等。

（三）方向控制阀

1. 单向阀

单向阀有普通单向阀和液控单向阀两种。普通单向阀简称单向阀，是一种只允许油液正向流动，不允许逆向倒流的阀。按进、出油液流向的不同，分为直通式［如图 8－16 (a)］和直角式［如图 8－16 (b)］两种结构，单向阀由阀体、阀芯和弹簧等组成。当液流从进油口 P_1 流入时，油液压力克服弹簧阻力和阀体 1 与阀芯 2 之间的摩擦力，顶开带有锥端的阀芯（在流量较小时，为简化制造，也可用钢球作阀芯），从出油口 P_2 流出。当液流反向从 P_2 流入时，油液压力使阀芯紧密地压在阀座上，故不能逆流。如图 8－16 (c) 所示为单向阀的符号。

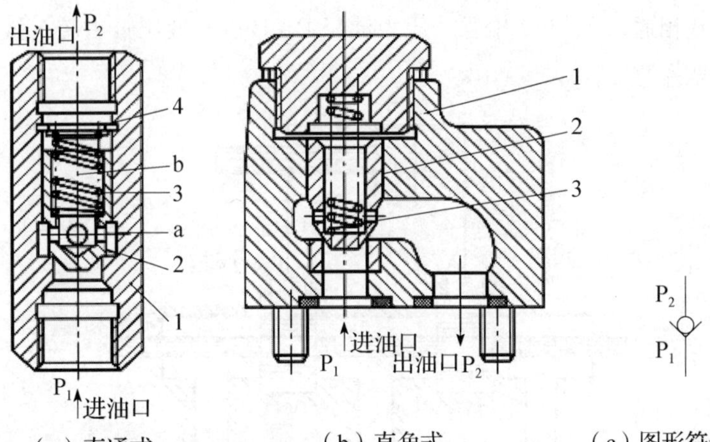

（a）直通式　（b）直角式　（c）图形符号

图 8－16　普通单向阀

1—阀体；2—阀芯；3—弹簧；4—孔用弹性挡圈

如图 8－17 所示为液控单向阀。液控单向阀在结构上比普通单向阀多一个控制油口 K、控制活塞 1 和顶杆 2。当控制油口 K 处无压力油作用时，液控单向阀与普通单向阀工作原理相同，即压力油从 P_1 口进入后，可以从 P_2 口流出。反之，压力油从 P_2 口进入后，不能从 P_1 口流出。当控制油口 K 处通入压力油时，控制活塞 1 的左侧受压力，右侧 a 腔和泄油口（图中未画出）相通，活塞右移，通过顶杆 2 将阀芯 3 顶开，使油口 P_2 与 P_1 相通，油液流动方向可以自由改变。由此可见，液控单向阀比普通单向阀多了一种功能，即反向可控开启。液控单向阀的图形符号如图 8－17（b）所示。

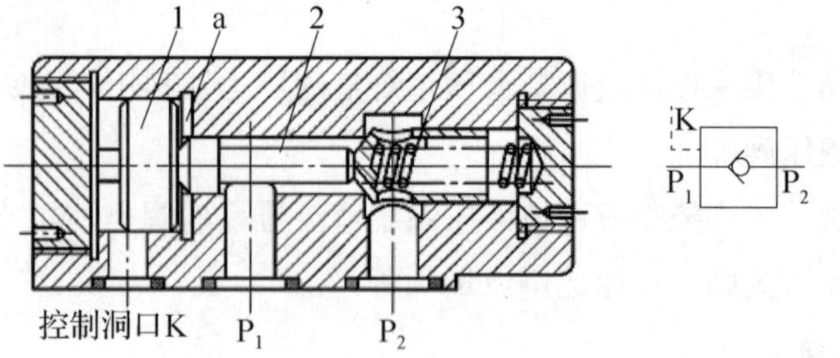

（a）结构　　（b）图形符号

图 8－17　液控单向阀

1—控制活塞；2—顶杆；3—阀芯

2. 换向阀

换向阀是利用阀芯和阀体相对位置的改变，来控制油液的流动方向，接通或关闭油路，从而控制执行元件的启动、停止及换向。

如图 8－18 所示为换向阀的工作原理，在图示状态下，液压缸两腔均不通压力油，活塞处于停止状态。若使换向阀的阀芯左移，则阀体上的油口 P 与 A 相通，B 与 O 相通，压力油经 P、A 进入液压缸左腔，活塞右移，液压缸右腔油液经 B 回油箱。反之，若使阀芯右移，则 P 与 B 相通，A 与 O 相通，压力油经 P、B 进入液压缸右腔，液压缸左腔油液经 A 回油箱，活塞左移。

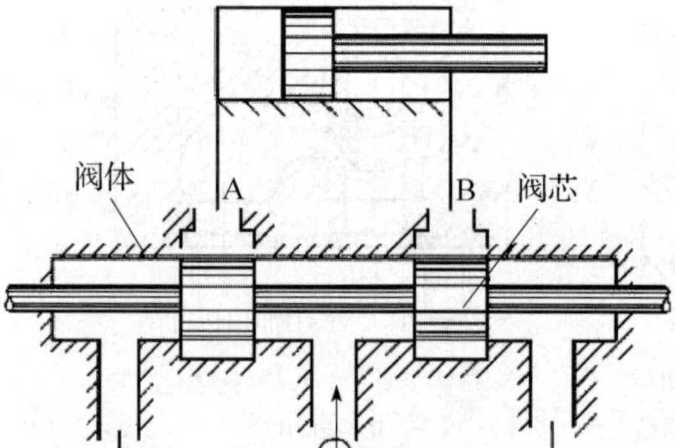

图 8－18　换向阀的工作原理

换向阀的位数是指阀芯在阀体中可停留的位置数目。图 8－18 中，阀芯在阀体中有左、中、右3个停留位置，即是“三位”阀。图形符号中以一个方框表示一个工作位置。通数是指换向阀上的油口的数目，在每个方框中，用箭头“↑”、封闭符号“—”“┬”等表示油口的通、断和连接关系。箭头“↑”或封闭符号“—”“┬”与方框的交点数即为通路数。图8-18所示的换向阀即为三位四通换向阀。P为供油口，O为回油口，A、B是通向执行元件的输出口。

按操纵方式不同，换向阀可分为手动、机动、电磁动、液动和电液动等类型。换向阀常用控制方式的职能符号见表8-4。

表8-4　换向阀常用控制方式的职能符号

手柄式 人工控制	可变行程式 机械控制	滚轮式 机械控制	弹簧控制式 机械控制	单作用电磁铁 控制	加压或卸压 控制
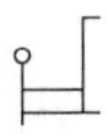	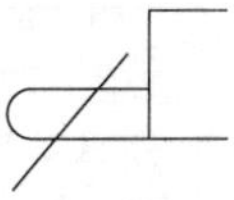	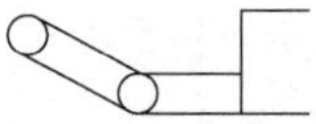		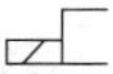	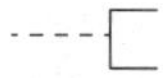

根据阀芯在阀体内的工作位置数和换向阀所控制的油口通路，换向阀分为二位二通、二位三通、二位四通、二位五通、三位四通、三位五通等类型，具体见表8-5。

表8-5　换向阀的结构原理图及职能符号

名称	结构原理图	职能符号
二位二通	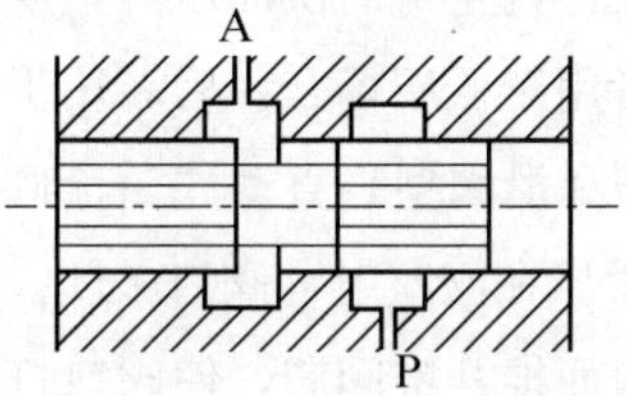	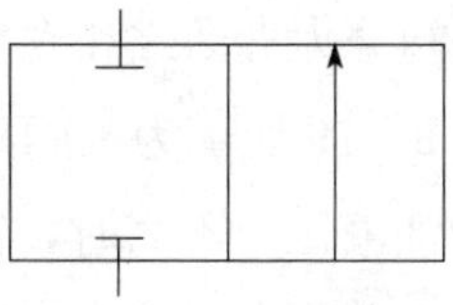
二位三通	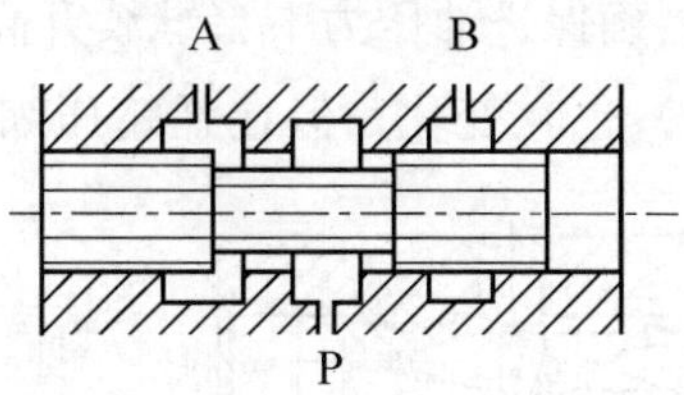	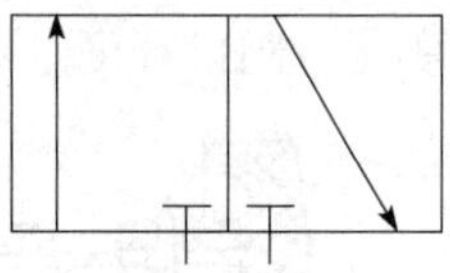
二位四通	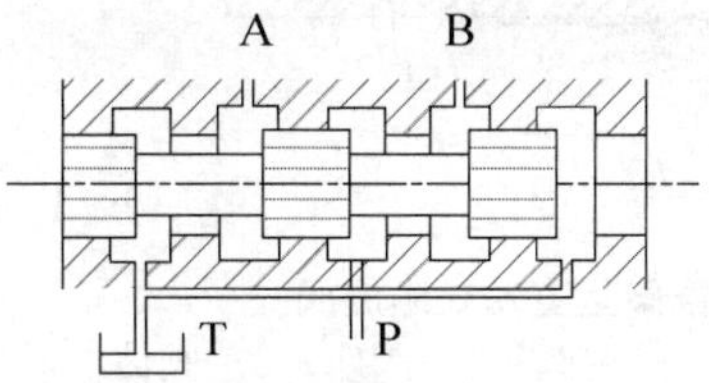	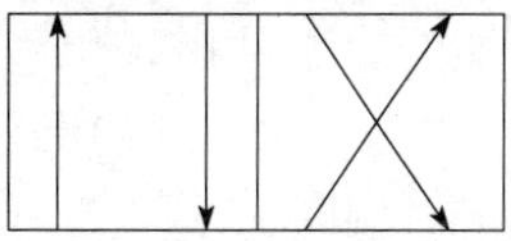

续表

名称	结构原理图	职能符号
二位五通	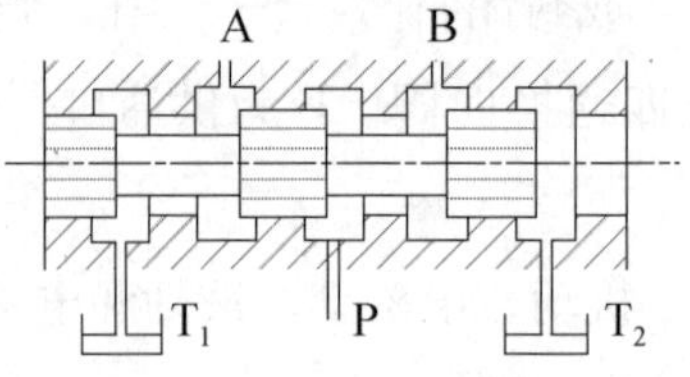	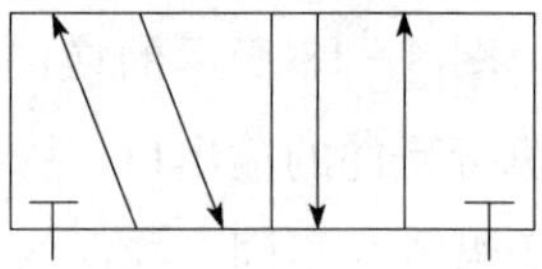
三位四通	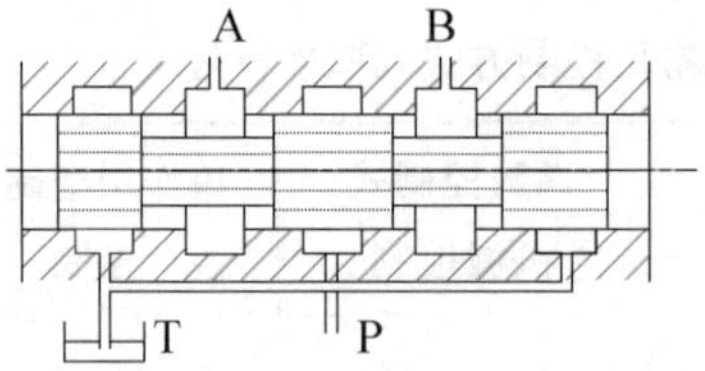	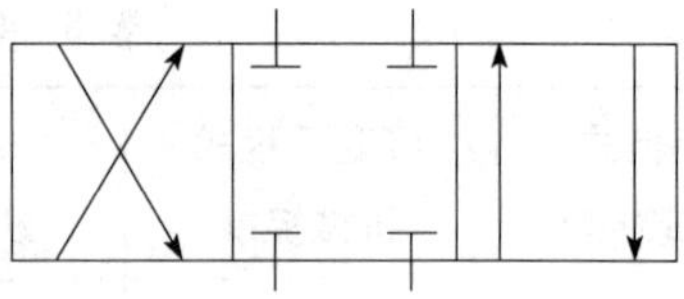
三位五通	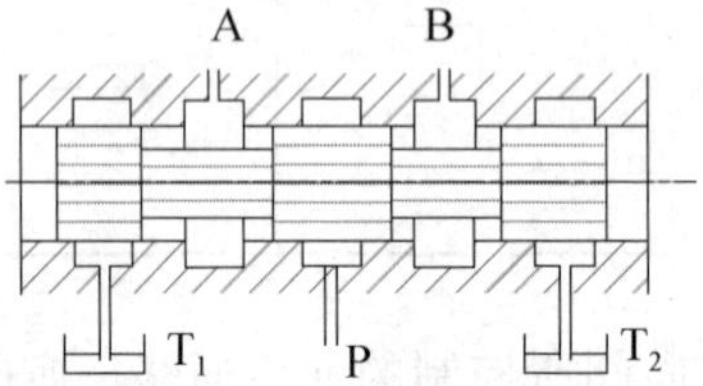	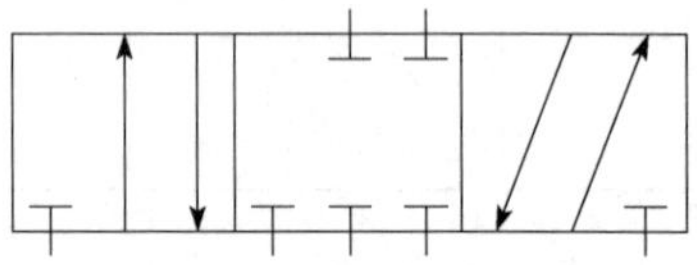

(四) 压力控制阀

1. 溢流阀

溢流阀主要用来溢去系统中多余的油液，调整泵的供油压力，并确保供油压力维持恒定。溢流阀分为直动式和先导式两种，前者用于低压场合，后者用于中、高压场合。

如图 8-19 所示为锥阀型（另有球阀型和滑阀型）直动式溢流阀的结构和符号。当进油口 P 的油液压力不高时，锥阀芯被弹簧紧压在阀座上，阀口关闭。当进油口压力升高并超过系统要求的油压时，便能克服弹簧阻力而推开锥阀芯，使阀口打开，油液便从 P 口进入，再经回油口 O 流回油箱（称为溢流），确保进油压力不会继续升高。虽然随着溢流阀溢流量的变化，阀口开度（即弹簧压缩量）也在变化，但在弹簧压缩量变化很小的情况

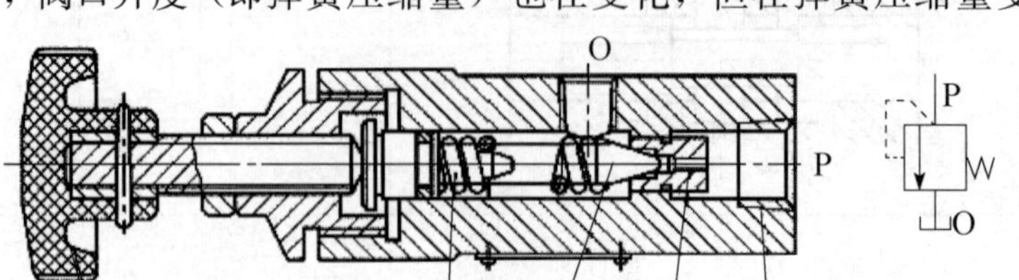

（a）锥阀型结构　　（b）图形符号

图 8-19　锥阀型直动式溢流阀

1—旋钮；2—弹簧；3—锥阀；4—阀座；5—阀体

下，可以认为阀芯在液压力和弹簧力的作用下保持平衡，溢流阀进口处的压力基本保持恒定值。调节手轮，改变弹簧的预压缩量，便可调整阀的溢流压力。

溢流阀在液压系统中的作用：溢流稳压，过载保护，造成背压，远程调压，使液压泵卸荷。

2. 顺序阀

顺序阀在液压系统中犹如自动开关。它以进口压力油（内控式）或外来压力油（外控式）的压力为信号，当信号压力达到调定值时，阀口开启，使所在油路自动接通，故结构和溢流阀类似，有直动式和先导式之分。顺序阀和溢流阀的主要区别：溢流阀出口通油箱，压力为零；顺序阀出口通向有压力的油路（作卸荷阀除外），压力数值由出口负载决定。

如图 8-20 所示为直动式顺序阀。外控口 K 用螺塞堵住，外泄油口 L 通油箱。压力油从进油口 P_1（两个）通入，经阀体上的孔道 a 和端盖上的阻尼孔 b 流到控制活塞底部，当其推力能克服阀芯上的调压弹簧的阻力时，阀芯上升，使进、出油口 P_1 和 P_2 连通。经阀芯与阀体间的缝隙进入弹簧腔的泄油从外泄口 L 泄入油箱。采用这种油口连通模式的顺序阀称为内控外泄顺序阀，其图形符号如图 8-20（b）所示。如果将图 8-20（a）中的阀盖旋转 90°或 180°，切断进油流向控制活塞下腔的通路，并去除外控口的螺塞，引入控制压力油，便构成外控外泄式顺序阀，图形符号如图 8-20（c）所示。若将阀盖旋转 90°，可使弹簧腔与出油口 P_2 相连（图中未剖出），并将外泄口 L 堵塞，便构成外控内泄式顺序阀，图形符号如图 8-20（d）所示，该类阀常用于泵的卸荷，故又称卸荷阀。

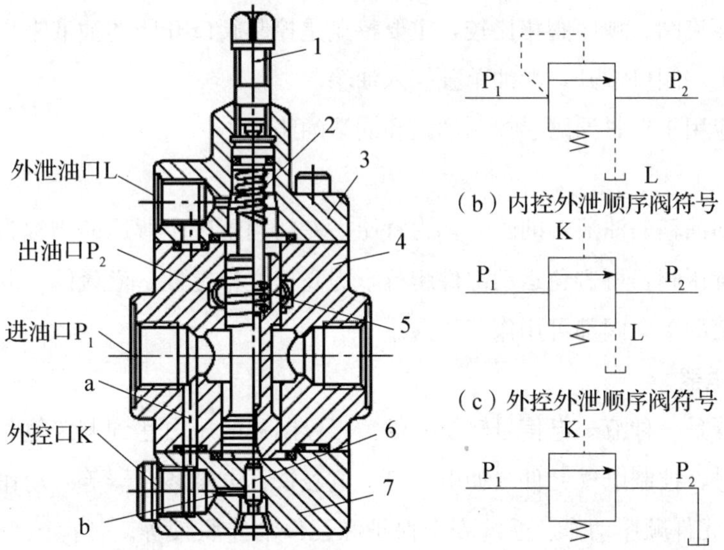

（a）顺序阀结构　（b）内控外泄顺序阀符号　（c）外控外泄顺序阀符号　（d）外控内泄顺序阀符号

图 8-20　直动式顺序阀

1—调节螺钉；2—弹簧；3—阀盖；4—阀体；5—阀芯；6—控制活塞；7—端盖

3. 减压阀

减压阀主要用于降低系统某一支路的油液压力，使同一系统有两个或多个不同压力的分支。减压阀有直动式和先导式之分，直动式较少单独使用，一般仅作为调速阀的组成部分。先导式应用较广，其结构及图形符号如图 8－21 所示。

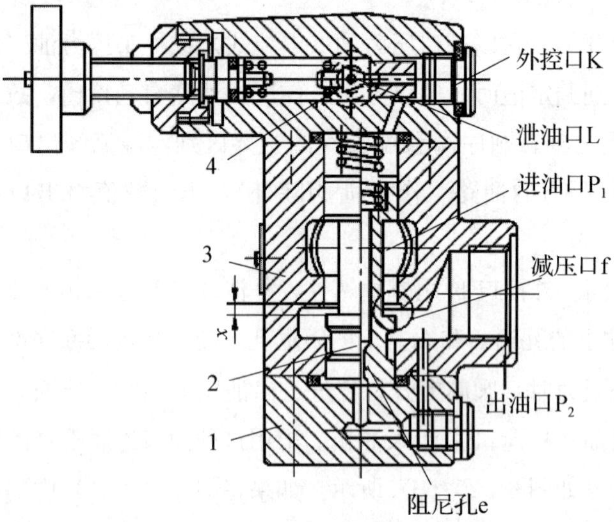

（a）结构

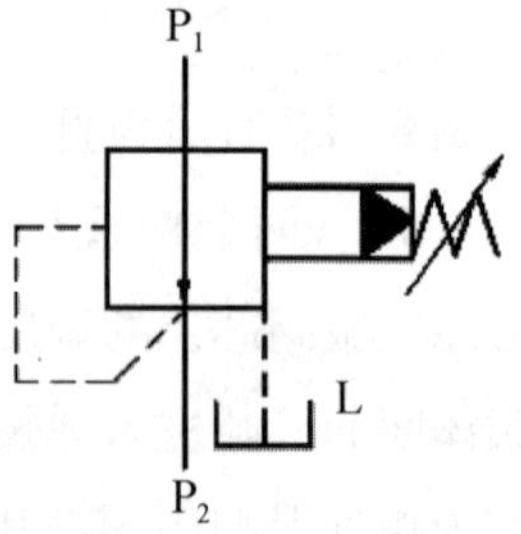

（b）图形符号

图 8－21　先导式减压阀

1—溢流阀座；2—膜片；3—膜片气室；4—阀杆

减压阀与溢流阀、顺序阀相比较，主要特点是控制阀口开闭的油液来自出油口，并使出油口压力恒定，阀口常开，泄油单独接入油箱。

减压阀多应用于夹紧油路、控制油路和润滑油路中。

4. 背压阀

回油（返回油箱的油液）的阻力称为背压，专门用于产生背压的阀称为背压阀。在某些系统中设置背压阀，可避免运动部件爬行，提高速度稳定性。溢流阀、顺序阀，以及有刚性较大的弹簧的单向阀都可用作背压阀。

5. 压力继电器

压力继电器是一种液—电信号转换元件。当控制油的压力达到调定值时，便触动电气开关发出电信号，控制电气元件（如电动机、电磁铁、电磁离合器等）动作，实现泵的加载/卸载、执行元件顺序动作、系统安全保护和元件动作联锁等。任何压力继电器都由压力—位移转换装置和微动开关两部分组成。按前者的结构分为柱塞式、弹簧管式、膜片式和波纹管式四类，其中柱塞式应用广泛。

如图 8－22 所示为单柱塞式压力继电器。压力油从 P 口进入后作用在柱塞底部，若其压力达到弹簧的调定值，便会克服弹簧阻力和柱塞摩擦力推动柱塞上升，通过顶杆触动微动开关发出电信号。限位挡块可在压力超载时保护微动开关。

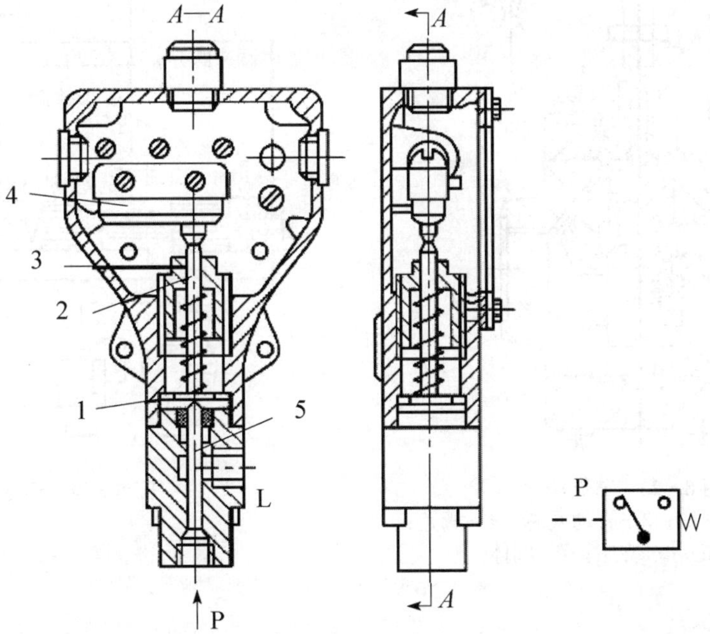

图 8-22　单柱塞式压力继电器

1—限位挡块；2—顶杆；3—顶杆支座；4—微动开关；5—柱塞

(五) 流量控制阀

1. 节流阀

如图 8-23 所示为节流阀，压力油从进油口 P_1 进入，经节流口从出油口 P_2 流出。节流口所在的阀芯锥部通常开有 2 个或 4 个三角槽（节流口还有其他形式）。调节手轮 5，进、出油口的通流截面发生变化，即可实现流量调节。

2. 调速阀

调速阀是由定差减压阀 1 与节流阀 2 串联而成的组合阀，如图 8-24 所示。节流阀用来调节流量，定差减压阀则自动补偿负载变化的影响，使节流阀前后的压差保持定值，消除了节流阀负载变化对流量的影响。定差减压阀与节流阀串联，定差减压阀的左右两腔分别与节流阀前后端接通。设减压阀的进油口压力为 p_1，出油口压力为 p_2，通过节流阀后降为 p_3，p_3 的大小由液压缸负载 F 决定。当负载 F 变化时，p_3 和调速阀两端压差 $p_1 \cdot p_3$ 随之变化，但节流阀两端压差 $p_2 \cdot p_3$ 不变。例如，F 增大使 p_3 增大，减压阀芯弹簧腔液压力增大，阀芯左移，开度加大，减压作用减弱，使 p_2 增加，结果为压差 $p_2 \cdot p_3$ 保持不变；反之亦然，使通过调速阀的流量保持恒定。

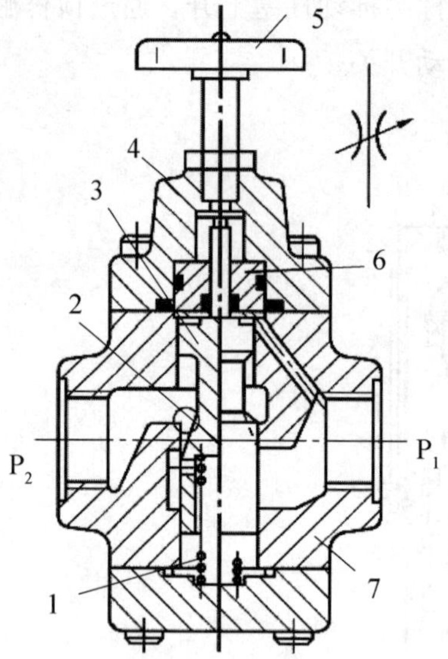

图 8-23　节流阀

1—弹簧；2—油口；3—直动阀芯；4—阀盖；
5—旋钮；6—支座；7—阀体

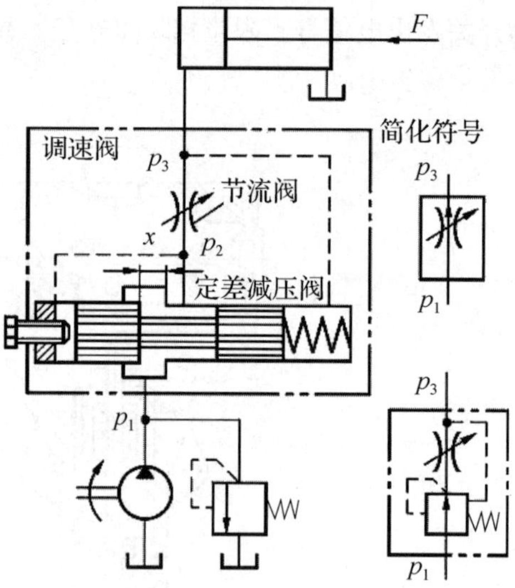

图 8-24　调速阀

四、辅助元件

液压系统中的辅助元件包括蓄能器、过滤器、油箱、热交换器、管件等。这些元件对液压系统的性能、效率、温升、噪声和使用寿命有很大的影响。

（一）蓄能器

在液压系统中，蓄能器（如图 8-25）是一种能量储蓄装置，主要有活塞式和气囊式两种。其作用是在适当的时机将系统中的能量转变为压缩能或位能储存起来，当系统需要时，将压缩能或位能以液压或气压等形式释放出来，重新供给系统。

（a）实物　（b）图形符号

图 8-25　蓄能器

蓄能器在液压系统中的主要作用如下：

（1）在短时间内提供大量压力油，实现执行机构的快速运动。

（2）补偿泄漏以保持系统压力。

（3）吸收脉动压力。

（4）缓和液压冲击。

（二）过滤器

液压系统中使用的液压油在工作过程中不可避免地会掺杂一些杂质，这些杂质随着液压油循环，会导致液压元件中相对运动部件的间隙、节流孔缝隙堵塞或运动部件卡死，进而影响系统正常工作。过滤器的作用就是过滤这些杂质。

1. 过滤器的分类

按滤芯材料和结构形式不同，过滤器可分为网式过滤器、线隙式过滤器、纸芯式过滤器、烧结式过滤器、磁性过滤器。

2. 过滤器的安装位置

在液压系统中，过滤器的安装位置有液压泵的吸油管路、压油管路、回油路和辅助泵的输油路。为了便于滤芯清洗并保证过滤精度稳定，过滤器的进口与出口不可互换。

（三）油箱

油箱的主要作用是储存油液，散发油液中的热量（在环境温度较低的情况下则为保持油液中的热量），释放混在油液中的气体，以及沉淀油液中的污物等。液压系统中的油箱有整体式和分离式两种。

（四）油管

油管的种类、特点和适用范围见表 8-6。

表 8-6　油管的种类、特点和适用范围

种类	特点和适用范围
钢管	价低、耐油、耐腐蚀、刚性好，但装配时不易弯曲。常用作拆装方便之处的压力管道。常用钢管为无缝钢管，低压管道可用焊接钢管
紫铜管	价高、抗振性能差、易使油液氧化，但装配时易弯曲。由于所能承受的压力较低，因此多用于低压系统，或连接仪表和钢管的不便装配之处
尼龙管	透明，便于观察液体的流动情况。加热后可任意弯曲及扩口，冷却后即定型。其承压能力因材料而异
塑料管	价低、耐油、装配方便，长期使用会老化。多用作液压系统的回油管与泄油管
胶管	用于相对运动组件间的管道连接，分高压和低压两种类型。高压胶管是以钢丝编织体或钢丝缠绕体为骨架的胶管，价格较高，用于压力油路；低压胶管是以麻线或棉线编织体为骨架的胶管，用于回油管路

（五）管接头

管接头是管道和管道、管道和其他元件（如泵、阀、集成块等）之间的可拆卸连接件。按管接头和管道的连接方式不同，可将管接头分为扩口式管接头、卡套式管接头和焊接式管接头。

技能训练

一、训练目的

熟悉液压传动系统的液压元件。

二、训练器材

液压传动示教板，或者常用的液压元件若干。

三、训练内容

（1）根据外观辨别液压元件的名称和种类。

（2）简述常用液压元件的工作原理、作用以及在液压系统中的安装部位。

课后讨论

（1）结构不同的齿轮泵、叶片泵、柱塞泵、螺旋泵，共同遵循的工作原理是什么？

（2）列举生活中的液压缸应用实例。

（3）搭建液压系统回路时，是否各种控制阀都要用到，哪些是必不可少的？

任务 4 认识液压基本回路

任务目标

（1）了解典型液压回路的组成。

（2）掌握典型液压回路的工作原理。

知识链接

任何液压传动系统都是由一些基本回路组成的。基本回路是指用来完成某种特定功能的典型回路。按基本回路的功能可分为压力控制回路、方向控制回路、速度控制回路和顺序动作回路等。

一、压力控制回路

压力控制回路是指通过控制液压系统（或系统某一部分）的压力来满足执行元件对力

或转矩的要求的回路。

（一）调压回路

调压回路的功能是使液压系统（或系统某一部分）的压力与负载相适应并保持稳定，或为了安全而限定系统的最高压力不得超过某一数值。

1. 单级调压回路

如图 8-26 所示，在定量泵出口处设置并联溢流阀即可组成单级调压回路，通过调节溢流阀来控制系统的工作压力。

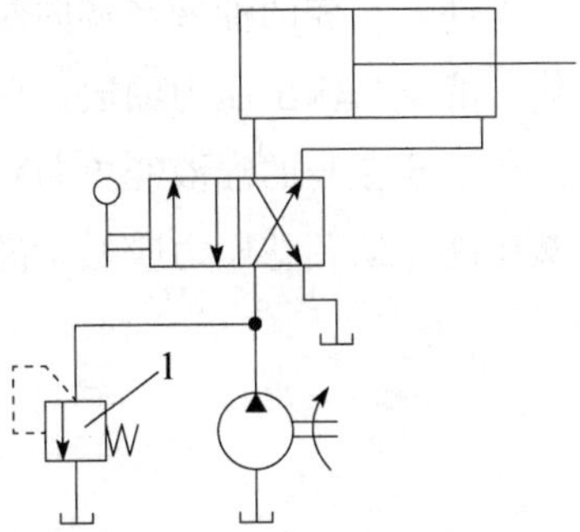

图 8-26　单级调压回路

2. 双向调压回路

当执行元件正、反行程需要不同的供油压力时，可采用双向调压回路，如图 8-27 所示。当换向阀在左位工作时，活塞为工作行程，液压泵出油口由溢流阀 1 调定为较高压力，缸右腔的油液通过换向阀回油箱，溢流阀 2 不起作用。当换向阀在右位（图示位置）工作时，活塞做空行程返回，液压泵出油口由溢流阀 2 调定为较低压力，溢流阀 1 不起作用。活塞退回终点后，液压泵在低压下回油，功率损耗小。

3. 多级调压回路

如图 8-28 所示为三级调压回路。在图示状态时，液压泵出油口压力由先导式溢流阀 1 调定为最高压力（若换向阀 4 采用 H 型中位机能电磁阀，则此时液压泵卸荷，即为最低压力）；当换向阀 4 的左、右电磁铁分别通电时，液压泵由远程调压阀 2 和 3 调定。阀 2 和阀 3 的调定压力必须小于阀 1 的调定压力值。如果在先导式溢流阀 1 的远程控制口处多并联几个远程调压阀，且各远程调压阀的出油口均由二位二通换向阀控制，就能实现多级调压。

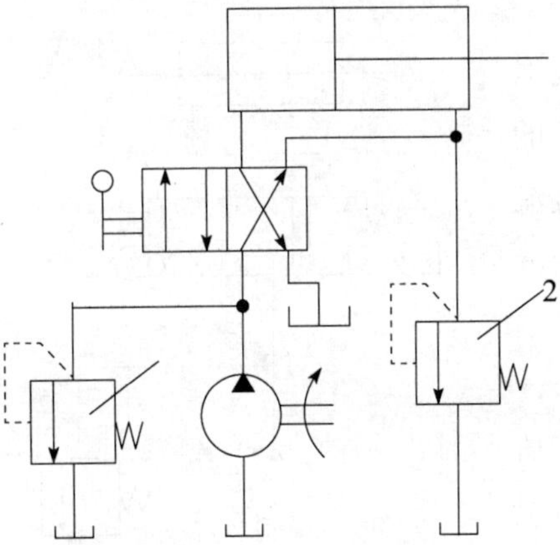

图 8-27　双向调压回路

1、2—溢流阀

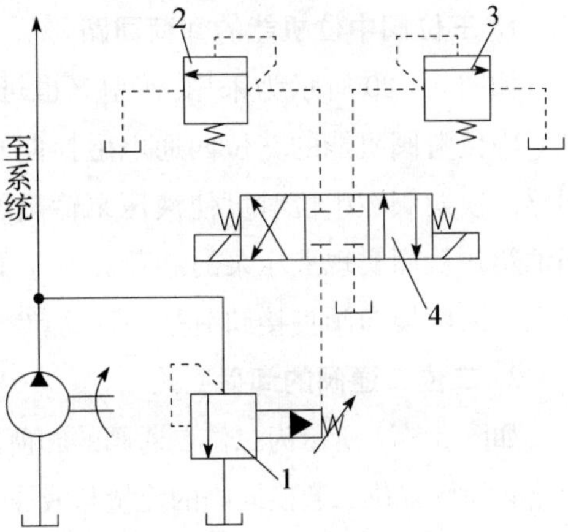

图 8-28　三级调压回路

1—先导式溢流阀；2、3—调压阀；4—换向阀

（二）减压回路

如图 8 - 29 所示为用于夹紧液压系统的单向减压回路。单向减压阀 5 安装在液压缸 6 与换向阀 4 之间，当 1YA 通电，三位四通电磁换向阀左位工作，液压泵输出压力油通过单向阀 3、换向阀 4，经单向减压阀 5 减压后输入液压缸的左腔，推动活塞向右运动，夹紧工件，右腔的油液经换向阀 4 流回油箱；工件加工完成后，2YA 通电，换向阀 4 右位工作，液压泵输出压力油通过单向阀 3、换向阀 4，进入液压缸的右腔，推动活塞向左运动，液压缸 6 左腔的油液经单向减压阀 5、换向阀 4 流回油箱，回程时减压阀不起作用。单向减压阀 5 的调整压力应低于溢流阀 2 的调整压力，才能保证减压阀正常工作。

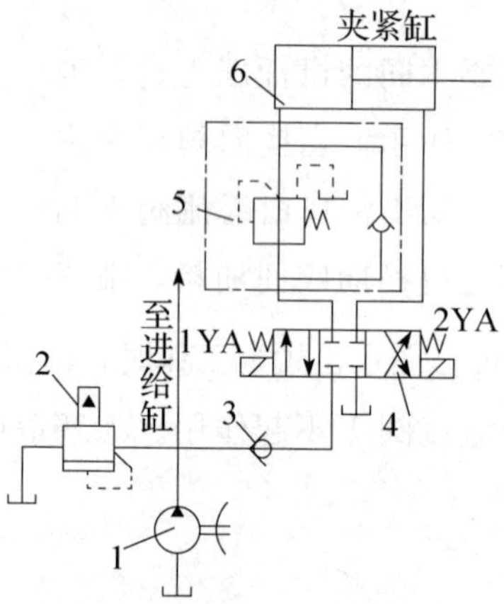

图 8 - 29　单向减压回路

1—液压泵；2—溢流阀；3—单向阀；4—三位四通换向阀；5—单项减压阀；6—夹紧液压缸

（三）卸荷回路

卸荷回路的功能是在液压泵不停止转动的情况下，使液压泵在零压或很低的压力下运转，以减少功率损耗，降低系统发热，延长液压泵和驱动电动机的使用寿命。

1. 三位阀中位机能的卸荷回路

如图 8 - 30 所示为采用 M 型（也可用 H 型或 K 型）中位滑阀机能的三位四通电磁换向阀实现卸荷的回路。换向阀在中位时可使液压泵输出的油液直接流回油箱，从而实现液压泵的卸荷。对于低压小流量液压泵，采用换向阀直接卸荷是一种简单有效的方法。

2. 二位二通阀的卸荷回路

如图 8 - 31 所示为二位二通阀的卸荷回路。该卸荷回路必须使二位二通换向阀的流量与液压泵的额定流量相匹配。这种卸荷方法的卸荷效果较好，易于实现自动控制，适用于液压泵的流量小于 63L/min 的场合。

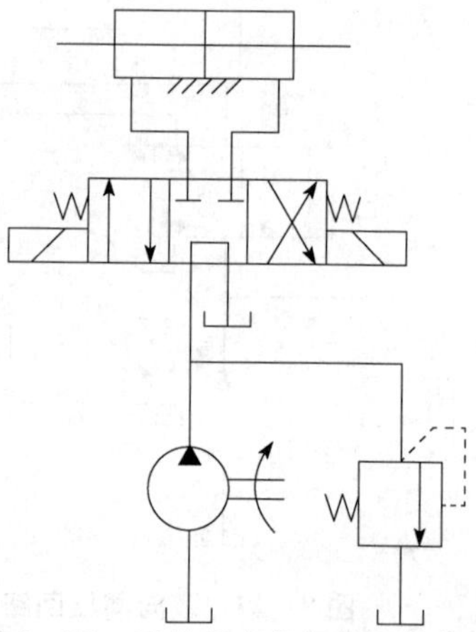

图 8 - 30　三位阀中位机能的卸荷回路

3. 二通插装阀的卸荷回路

二通插装阀的通流能力大，由它组成的卸荷回路适用于大流量系统。如图 8－32 所示的液压回路正常工作时，液压泵的压力由二通插装阀的先导阀 2 调定。当换向阀 3 通电后，二通插装阀 1 的上腔通油箱，二通插装阀阀口完全打开，液压泵卸荷。

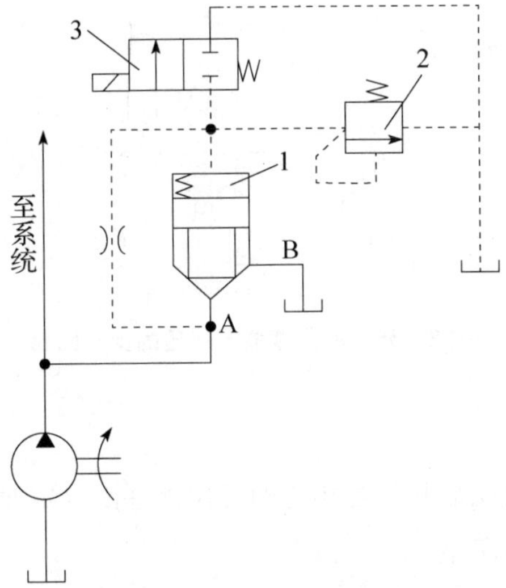

图 8－31　二位二通阀的卸荷回路

1—二通插装阀；2—溢流阀；3—二位二通换向阀

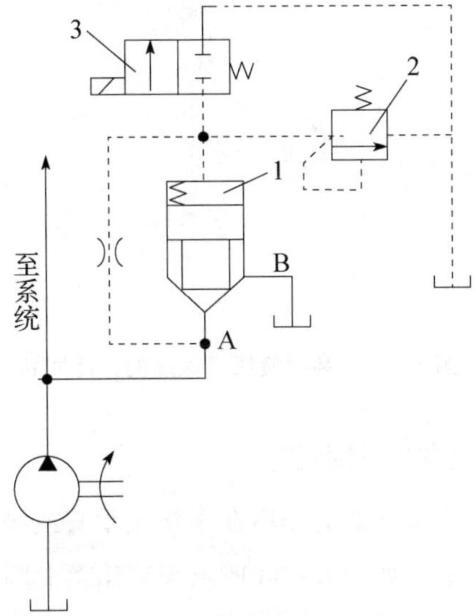

图 8－32　二通插装阀的卸荷回路

1—二通插装阀；2—溢流阀；3—换向阀

（四）增压回路

增压回路如图 8－33 所示，其作用是使系统局部工作压力大于液压泵的供油压力，利用增压缸 4 实现增压。

（五）保压回路

有的机械设备会要求液压执行机构在行程终止时，保持一段时间压力，这时就要用到保压回路。最简单的保压回路是使用密封性能较好的液控单向阀的回路，但是阀类元件相对容易泄漏这一特点使得这种回路的保压时间不能维持太久。常用的保压回路有以下两种：

1. 利用液压泵保压的保压回路

如图 8－34 所示，在保压过程中，液压泵仍以较高的压力（保压所需压力）工作。

2. 利用蓄能器保压的保压回路

如图 8－35 所示，借助蓄能器来保持系统压力，补偿系统泄漏。

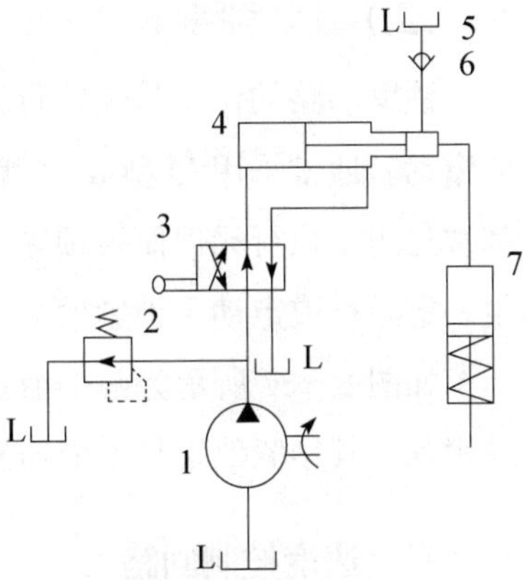

图 8－33　增压回路

1—液压泵；2—溢流阀；3—换向阀；4—增压缸；5—油箱；6—单向阀；7—工作缸

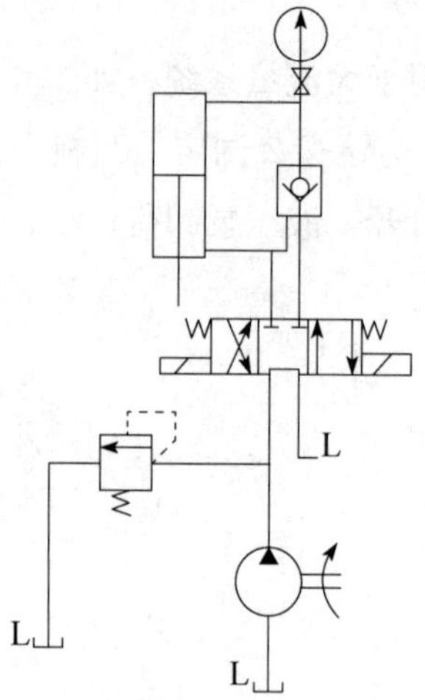

图 8-34　利用液压泵保压的保压回路

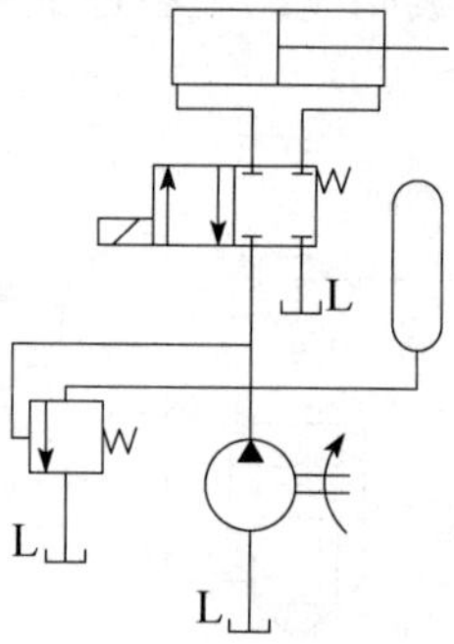

图 8-35　利用蓄能器保压的保压回路

（六）平衡回路

平衡回路的作用在于防止垂直或倾斜放置的液压缸和与之相连的工作部件因自重而自行下落。如图 8-36 所示为采用单向顺序阀的平衡回路。

二、方向控制回路

（一）换向回路

换向回路的作用是改变执行元件的运动方向。通常采用各种换向阀来实现换向，在闭式容积高速回路中也可利用双向变量泵实现换向。

（二）锁紧回路

锁紧回路的作用是使执行元件停止在规定的位置上，且能防止受外界影响而发生漂移或窜动。通常采用 O 型或 M 型中位机能的三位换向阀实现锁紧，执行元件的进、出油口都被封闭，执行元件便被锁紧。这种锁紧回路受到换向阀泄漏的影响，执行元件仍可能产生一定漂移或窜动，锁紧效果较差。

如图 8-37 所示为两个液控单向阀组成的锁紧回路。活塞可以在行程的任何位置停止并锁紧，其锁紧效果只受液压缸泄漏的影响，因此其锁紧效果较好。

三、速度控制回路

（一）调速回路

调速回路的作用是调定执行元件的工作速度，改变输入执行元件的流量、液压缸的有效工作面积或液压马达的排量均可以达到调速的目的。但改变液压缸的有效工作面积往往

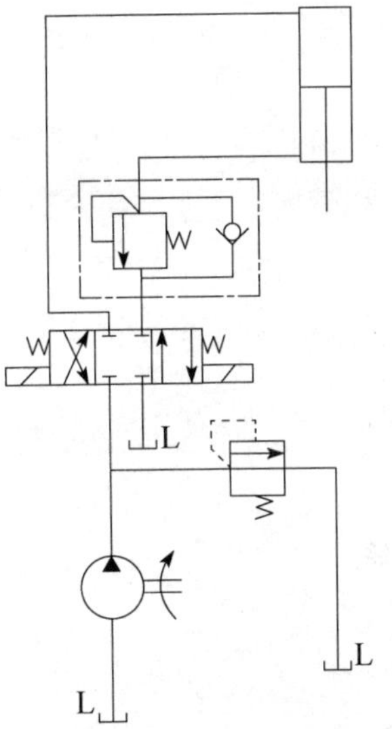

图 8-36　采用单向顺序阀的平衡回路

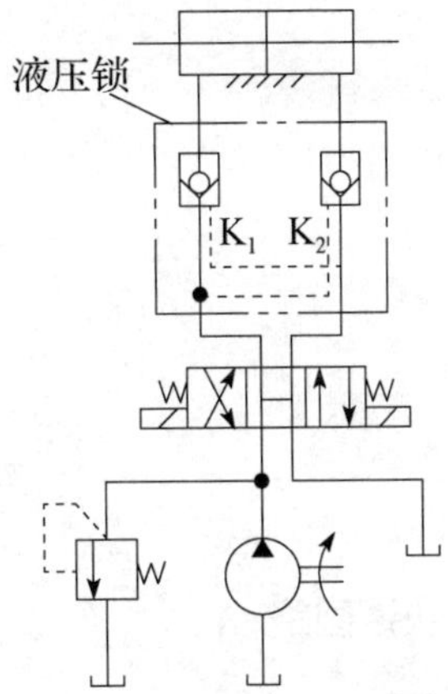

图 8-37　两个液控单向阀组成的锁紧回路

会受到负载等因素的制约，改变排量对于变量液压马达来说容易实现，但对于定量液压马达则不易实现，因此常用的方法是通过改变输入执行元件的流量来调速。目前，液压系统中常用的调速回路有节流调速回路、容积调速回路、容积节流调速回路。下面主要介绍节流调速回路。

（1）进油路节流调速回路。将流量控制阀设置在执行元件的进油路上，如图 8-38 所示。

（2）回油路节流调速回路。将流量控制阀设置在执行元件的回油路上，如图 8-39 所示。

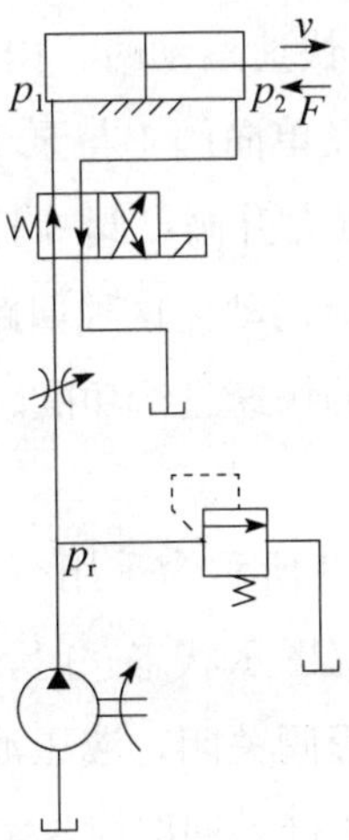

图 8-38　进油路节流调速回路

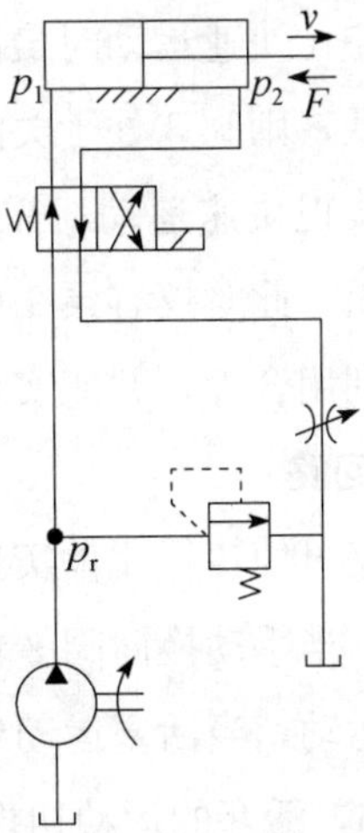

图 8-39　回油路节流调速回路

（3）旁油路节流调速回路。将流量控制阀设置在执行元件并联的支路上，如图 8-40 所示。

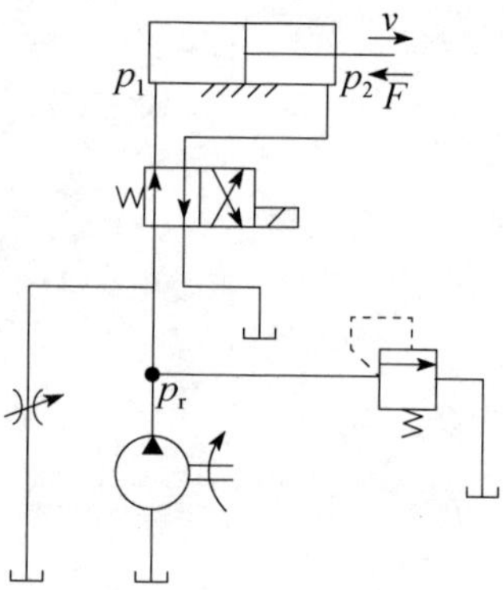

图 8-40　旁油路节流调速回路

(二) 快速回路

1. 差动回路

如图 8-41 所示为单活塞杆液压缸差动连接的快速回路。二位三通电磁换向阀 3 处于图示位置时，单活塞杆液压缸差动连接液压缸的有效工作面积等效为 A_1 和 A_2 的差，活塞将快速向右运动；当 3YA 通电时，单活塞杆液压缸为非差动连接，其有效工作面积为 A_1。这种回路的特点是结构简单、价格低廉、应用普遍，但只能实现一个方向的增速，且增速受液压缸两腔有效工作面积的限制，增速的同时液压缸的推力会减小。

2. 双泵并联的快速回路

如图 8-42 所示为双泵并联的快速回路。高压小流量泵 1 的流量按执行元件最大工作进给速度的需要来确定，工作压力的大小由溢流阀 5 调定，低压大流量泵 2 主要起增速作用，它和泵 1 的流量加在一起应满足执行元件快速运动时所需的流量要求。液控顺序阀 3 的调定压力应比快速运动时最高工作压力高 0.5～0.8MPa。快速运动时，由于负载较小，系统压力较低，则阀 3 处于关闭状态，此时泵 2 输出的油液经单向阀 4 与泵 1 汇合后进入执行元件，实现快速运动；需要工作进给运动时，则系统压力升高，阀 3 打开，泵 2 卸荷，阀 4 关闭，此时仅有泵 1 向执行元件供油，实现工作进给运动。这种回路的特点是效率高、功率利用合理，并能实现比最大工作进给速度大得多的快速进给功能。

3. 换速回路

换速回路可使执行元件实现运动速度的切换。如图 8-43 所示为采用行程阀的快/慢速切换回路。当手动换向阀 2 右位和行程阀 4 下呈接入回路（图示状态）时，液压缸活塞将快速向右运动，当活塞运动到使挡块压下行程阀 4 时，行程阀关闭，液压油的回油必须通过节流阀 6，活塞的运动切换成慢速状态；当换向阀 2 左位接入回路时，液压油经单向阀 5 进入液压缸右腔，活塞快速向左运动。这种回路的特点是快/慢速切换比较平稳，切换点准确，但不能任意设置行程阀的安装位置。

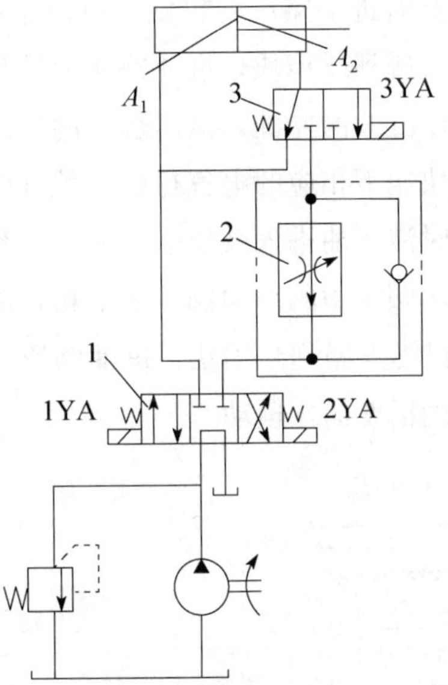

图 8-41　差动连接的快速回路

1—三位四通换向阀；2—调速阀；
3—二位三通换向阀

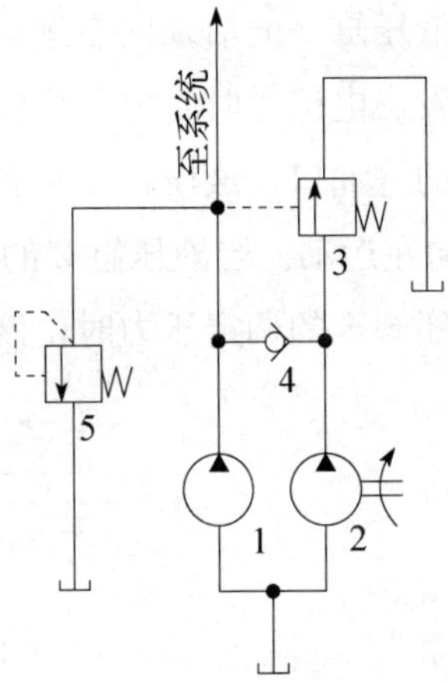

图 8-42　双泵并联的快速回路

1—高压小流量泵；2—低压大流量泵；
3—液控顺序阀；4—单向阀；5—溢流阀

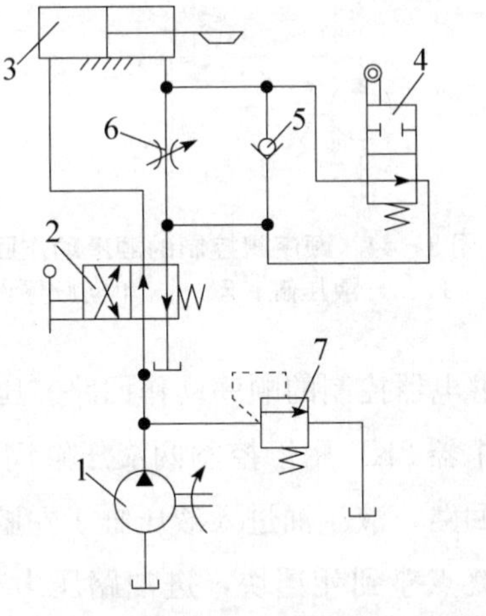

图 8-43　采用行程阀的快/慢速切换回路

1—单向变量泵；2—二位四通换向阀；3—液压缸；
4—行程阀；5—单向阀；6—节流阀；7—溢流阀

四、顺序动作回路

(一) 压力控制顺序动作回路

如图 8-44 所示为顺序阀控制的顺序动作回路。单向顺序阀 4 用于控制两液压缸向右运动的顺序，单向顺序阀 3 用于控制两液压缸向左运动的顺序。电磁换向阀未通电时，液压油进入液压缸 1 的左腔和单向顺序阀 4 的进油口，液压缸 1 右腔中的油液经单向顺序阀

3 中的单向阀流回油箱，液压缸 1 的活塞向右运动，此时进油路压力较低，单向顺序阀 4 处于关闭状态。当液压缸 1 的活塞向右运动到行程终点碰到死挡块，进油路压力升高到单向顺序阀 4 的调定压力时，该阀打开，液压油进入液压缸 2 的左腔，液压缸 2 的活塞向右运动。当液压缸 2 的活塞向右运动到行程终点，其挡块压下相应的电气行程开关（图中未画出）而发出电信号时，电磁换向阀通电而换向，此时液压油进入液压缸 2 的右腔和单向顺序阀 3 的进油口，液压缸 2 左腔中的油液经单向顺序阀 4 中的单向阀流回油箱，液压缸 2 的活塞向左运动。当液压缸 2 的活塞向左运动到行程终点碰到死挡块，进油路压力升高到单向顺序阀 3 的调定压力时，该阀打开，液压缸 1 的活塞向左运动。

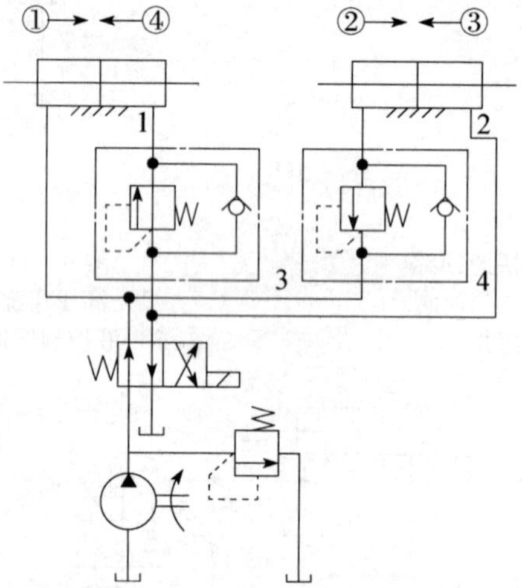

图 8-44　顺序阀控制的顺序动作回路
1、2—液压缸；3、4—单向顺序阀

如图 8-45 所示为压力继电器控制的顺序动作回路。压力继电器 1KP 用于控制两液压缸向右运动的顺序，压力继电器 2KP 用于控制两液压缸向左运动的顺序。当电磁铁 2YA 通电时，换向阀 3 右位接入回路，液压油进入液压缸 1 左腔并推动活塞向右运动。当液压缸 1 的活塞向右运动到行程终点碰到死挡块，进油路压力升高到使压力继电器 1KP 动作发出电信号时，相应电磁铁 4YA 通电，换向阀 4 右位接入回路，液压缸 2 的活塞向右运动。当液压缸 2 的活塞向右运动到行程终点，其挡块压下相应的电气行程开关而发出电信号时，电磁铁 4YA 断电而 3YA 通电，换向阀 4 换向，液压缸 2 的活塞向左运动。当液压缸 2 的活塞向左运动到终点碰到死挡块，进油路压力升高到使压力继电器 2KP 动作发出电信号时，相应电磁铁 2YA 断电而 1YA 通电，换向阀 3 换向，液压缸 1 的活塞向左运动。

为了防止压力继电器误动作，其动作压力应比先动作的液压缸的最高工作压力高 0.3～0.5MPa，但应比溢流阀的调定压力低 0.3～0.5MPa。这种回路适用于液压缸数目不多、负载变化不大和可靠性要求不太高的场合。注意，当运动部件卡住或压力脉动变化较大时，误动作不可避免。

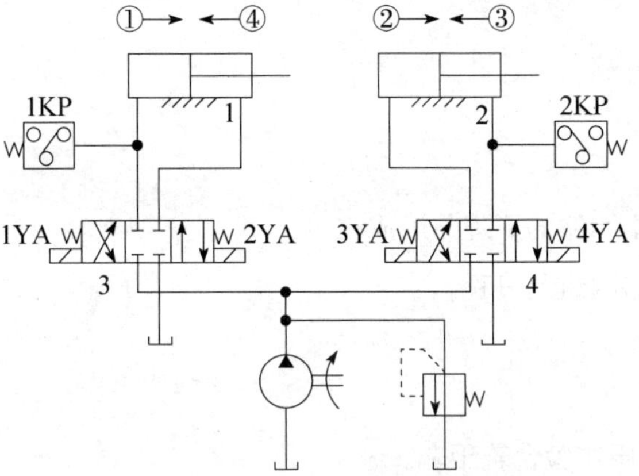

图 8-45　压力继电器控制的顺序动作回路

1、2—液压缸；3、4—换向阀

(二) 行程控制顺序动作回路

行程控制顺序动作回路是利用运动部件到达一定位置时会发出信号这一原理来控制液压缸顺序动作的回路。

如图 8-46 所示为电气行程开关控制的顺序动作回路。当电磁铁 1YA 通电时，液压缸 A 的活塞向右运动。当液压缸 A 的挡块随活塞右行至行程终点并触动电气行程开关 1ST 时，电磁铁 2YA 通电，液压缸 B 的活塞向右运动。当液压缸 B 的挡块随活塞右行至行程终点并触动电气行程开关 2ST 时，电磁铁 1YA 断电，换向阀换向，液压缸 A 的活塞向左运动。当液压缸 A 的挡块触动电气行程开关 3ST 时，电磁铁 2YA 断电，换向阀换向，液压缸 B 的活塞向左运动。这种顺序动作回路的可靠性取决于电气行程开关和电磁换向阀的质量，特点是变更液压缸的动作行程和顺序都比较方便，且可利用电气互锁来保证动作顺序的可靠性。

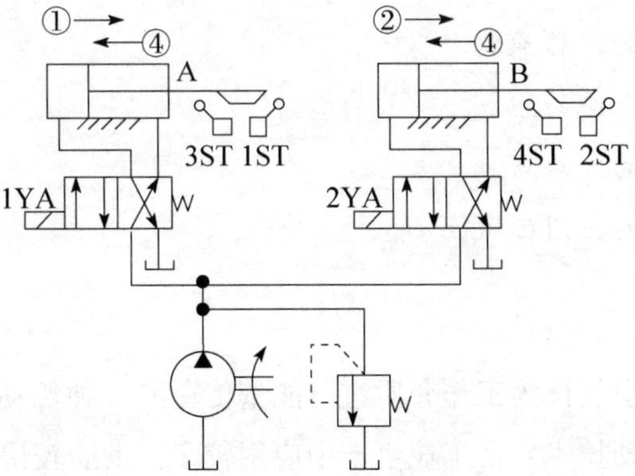

图 8-46　电气行程开关控制的顺序动作回路

技能训练

一、训练目的

（1）熟悉液压基本回路的原理与组成。

（2）了解液压回路的组装过程。

二、训练器材

YD－A 基本型液压实验台若干套。

三、训练内容

（1）分别组装进油路节流调速回路、回油路节流调速回路、旁油路节流调速回路，观看调速效果。

（2）组装差动回路，比较差动连接和非差动连接时液压缸的速度变化。

课后讨论

（1）液压系统回路中，不可或缺的液压元件有哪些？

（2）液压系统回路中，是否存在某一核心液压元件？

任务 5 了解气压传动

任务目标

（1）掌握气压传动的工作原理。

（2）熟悉气压传动系统的组成。

（3）了解气压传动的优缺点。

（4）了解气压传动的应用领域。

知识链接

气压传动是以压缩空气作为工作介质进行能量传递的一种传动方式。目前，气压传动及其控制技术（简称气动技术）在工业生产中应用较多，发展较快。

由于气压传动和液压传动都是将流体作为工作介质，因此在工作原理、系统组成、元件结构及图形符号等方面，二者有不少相似之处。在学习气压传动时，液压传动的基本知识有很大的参考和借鉴作用。

一、气动系统的组成

如图 8－47 所示为剪切机气动系统的工作原理（图示位置为工料被剪前的情况）。当工料 12 由上料装置（图中未画出）送入剪切机并到达规定位置时，机动阀 9 的顶杆受压而使阀内通路打开，气控换向阀 10 的控制腔便与大气相通，阀芯受弹簧力作用而下移。由空气压缩机 1 产生并经过初次净化处理后储藏在气罐 4 中的压缩空气，经空气干燥器 5、空气过滤器 6、减压阀 7、油雾器 8 及气控换向阀 10，进入气缸 11 的下腔；气缸上腔的压缩空气通过气控换向阀 10 排入大气。此时，气缸活塞向上运动，带动剪刃将工料 12 切断。工料剪下后，即与机动阀 9 脱开，机动阀复位，所在的排气通道被封死，气控换向阀 10 的控制腔气压升高，迫使阀芯上移，气路换向，气缸活塞带动剪刃复位，准备第二次下料。由此可以看出，剪切机构克服阻力切断工料的机械能是由压缩空气的压力能转换后得到的；同时，由于换向阀的控制作用使压缩空气的通路不断改变，气缸活塞方可带动剪切机构频繁地实现剪切与复位的动作循环。

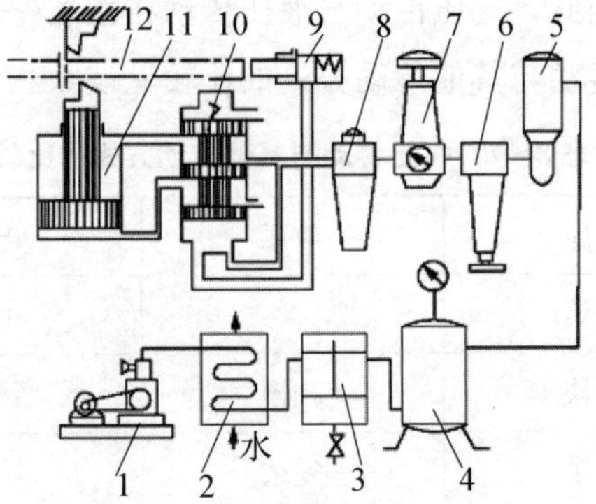

（a）元件示意图

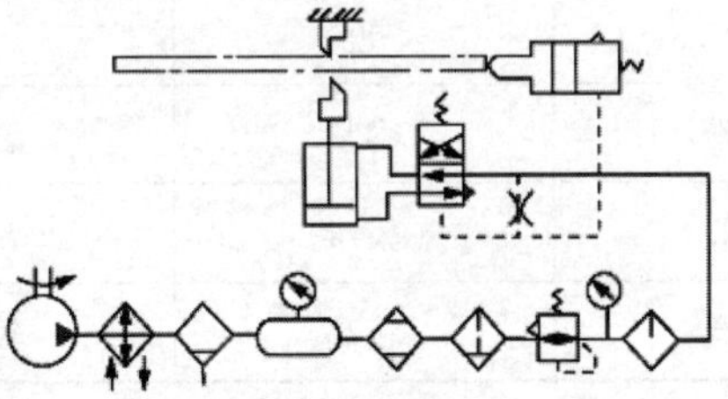

（b）符号简图

图 8－47　剪切机气动系统工作原理

1—空气压缩机；2—冷却器；3—分水排水器；4—气罐；5—空气干燥器；6—空气过滤器；7—减压阀；8—油雾器；9—机动阀；10—气控换向阀；11—气缸；12—工料

由图 8－47 可知，气压传动系统由以下五个部分组成：

（1）动力元件（气源装置）。其主体部分是空气压缩机（图中元件 1），它将原动机（如电动机）供给的机械能转变为气体的压力能，为各类气动设备提供动力。

(2) 执行元件。包括各种气缸(图中元件11)和气压马达，作用是将气体的压力能转变为机械能，输给工作部件。

(3) 控制元件。包括各种阀类以及逻辑元件等，如压力阀(图中元件7)、方向阀(图中元件9、10)、流量阀，用于控制压缩空气的压力、流量、流动方向以及执行元件的工作程序，以便使执行元件完成预定的运动。

(4) 辅助元件。使压缩空气净化、润滑、消声以及用于元件间连接等的装置。如各种冷却器、分水排水器、气罐、干燥器、过滤器、油雾器(图中元件2、3、4、5、6、8)及消声器等，它们对保持气动系统可靠、稳定和持久地工作起着十分重要的作用。

(5) 工作介质。工作介质即传动气体，为压缩空气。气压传动就是通过压缩空气实现运动和动力传递的。

二、气压传动的特点

由于气压传动的工作介质是空气，具有压缩比大、黏度低、清洁度高和安全性好等特点，与液压油差别较大。因此，气压传动与液压传动在性能、使用方法、使用范围和结构上存在较大的差别。气压传动与其他传动方式的比较见表8-7。

表8-7 气压传动与其他传动方式的比较

项目	气压	液压	电气	机械
输出力大小	中等	大	中等	较大
动作速度	较快	较慢	快	较慢
装置构成	简单	复杂	一般	一般
受负载影响	较大	一般	小	无
传输距离	中	近	远	近
速度调节	较难	容易	容易	难
维护	一般	较难	较难	容易
造价	较低	较高	较高	一般

通过以上比较可知，气压传动具有如下特点：

(一) 优点

(1) 动作迅速、反应快，调节控制方便，维护简单，不存在介质变质及补充等问题。

(2) 气体流动阻力小，能量损失小，易于实现集中供气和远距离输送。

(3) 以空气为工作介质，不仅易于获取，而且用后可直接排入大气，处理方便，不污染环境。

（4）工作环境适应性好，无论是在易燃、易爆、多尘埃、强磁、辐射、振动等恶劣环境，还是在食品加工、轻工、纺织、印刷、精密检测等高净化、无污染场合，都具有良好的适应性，且工作安全可靠，过载时能自动保护。

（5）气动元件结构简单，成本低，寿命长，易于标准化、系列化和通用化。

（二）缺点

（1）由于空气具有较大的可压缩性，因此工作速度受外加负载影响大，运动平稳性较差。

（2）工作压力低（一般为0.3～1MPa），不易获得较大的输出力或转矩。

（3）排气噪声较大。

三、气压传动的应用

气压传动在相当长的时间内仅被用来执行简单的机械动作，但近年来，气动技术在自动化技术的应用和发展中起到了极其重要的作用，并得到广泛应用和迅速发展。气压传动在工业领域中的应用见表8-8。

表8-8 气压传动在工业领域中的应用

工业领域	应用
机械工业	自动化生产线，各类机床、工业机械手和机器人，零件加工及检测装置
轻工业	气动上下料装置，食品包装生产线，气动罐装装置，制革生产线
化工、医疗	化工原料输送装置，石油钻采装置，射流负压采样器
冶金工业	冷轧、热轧装置，金属冶炼装置，水压机
电子工业	印制电路板自动生产线，家用电器生产线

四、气动元件

（一）动力元件

如图8-48所示的空气压缩机是将原动机提供的机械能转变为气体压力能的装置，属于动力元件。空气压缩机的种类很多，按工作原理不同，可分为容积式和动力式，其中容积式有活塞式、膜片式、叶片式、螺杆式等，动力式有离心式和轴向式。常用的是容积式空气压缩机，它利用运动部件的位移来改变密封工作容积的大小，不断吸入和排出空气，以获得压缩空气。

图8-48 空气压缩机

（二）执行元件

1. 气缸

气缸（如图 8-49）是主要的执行元件，用于将空气压缩能转变为机械能，实现直线运动或摆动。

气缸的应用十分广泛，其结构形式多种多样，通常分类如下：

（1）按压缩空气的作用方向分类，有单作用气缸和双作用气缸。单作用气缸的特点是，压缩空气只能使活塞（或柱塞）向一个方向运动，反方向的运动则需借助外力或重力。双作用气缸的特点是，压缩空气可使活塞向两个方向运动。

图 8-49　气缸

（2）按气缸的结构特征分类，有活塞式气缸、叶片式（摆动式）气缸、薄膜式气缸及组合式气缸等。组合式气缸主要有伸缩式气缸、增压气缸、气液阻尼缸、滑动单元、气夹钳、气液线性进给单元等。

（3）按气缸的功能分类，有普通气缸和特殊气缸。常用的特殊气缸有冲击气缸、回转气缸、无油润滑气缸、数字（步进）气缸及伺服气缸等。

2. 气马达

气马达（如图 8-50）也是主要的执行元件，作用是实现旋转运动或摆动。

（三）辅助元件

1. 后冷却器

后冷却器（如图 8-51）装在空气压缩机的后面，主要作用是冷却空气、除水、除油。常用的后冷却器有列管式、套管式、蛇管式和散热片式等。

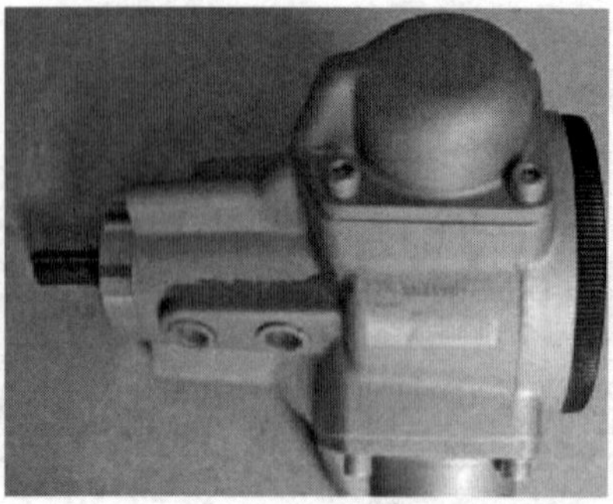

图 8-50　气马达

图 8-51　后冷却器

2. 除油器（油水分离器）

除油器（如图 8-52）的作用是分离并排除压缩空气中凝结的水、油和灰尘等杂质。其工作原理是当含有杂质的压缩空气进入除油器后沿其内壁旋下，离心作用使杂质从气流中析出并沿内壁向下流到除油器底部，再由滤芯进行精过滤。

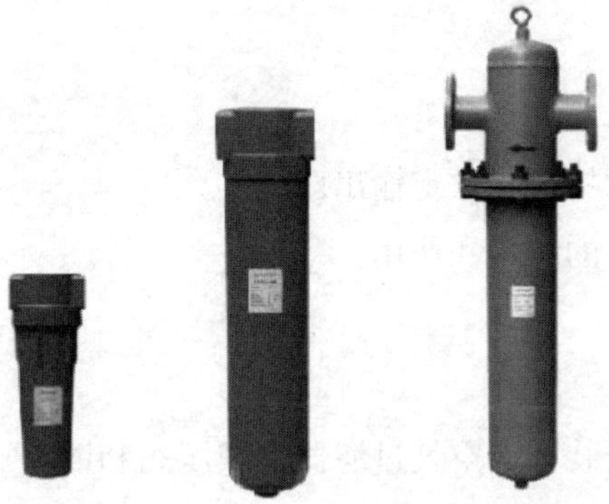

图 8－52　除油器

3. 贮气罐

贮气罐（如图 8－53）是气源装置中不可缺少的组成部分，主要作用是储存压缩空气，保证输出气流的连续性和平稳性，以备发生故障时或应急使用，也起到进一步分离油和水等杂质的作用。

4. 气源处理装置（气动三联件）

气压传动系统中，空气过滤器、减压阀和油雾器这三大件无管连接而成的组件称为气源处理装置，如图 8－54 所示。这三大件是多数气压传动系统中不可缺少的气源装置，安装在近用气设备处，是压缩空气质量的最后保证。三大件的安装顺序依进气方向为空气过滤器、减压阀和油雾器。

图 8－53　贮气罐

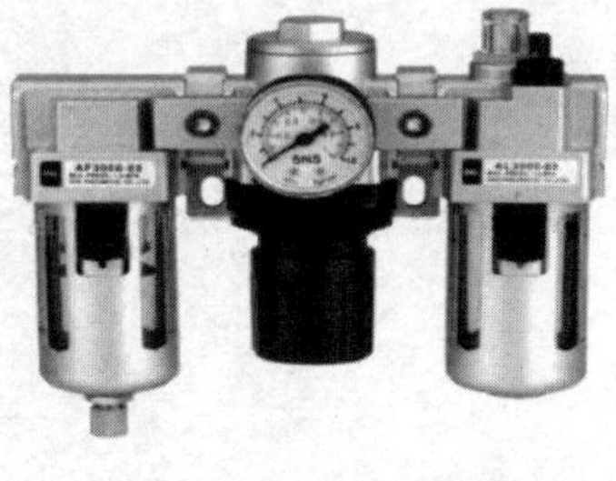

图 8－54　气源处理装置

空气过滤器的作用是清洁气源，可过滤压缩空气中的水分，避免水分随气体进入装置。

减压阀的作用是对气源进行稳压，使气源处于恒定状态，可减小因气源气压突变而对阀门或执行器等硬件的损伤。

油雾器的作用是对不方便加润滑油的部件进行润滑，可延长机体的使用寿命。

技能训练

一、训练目的

（1）了解空气压缩机的构造和额定输出压力。

（2）了解气源处理装置的结构和作用。

二、训练器材

空气压缩机、气源处理装置（空气过滤器、减压阀和油雾器）和活塞式气缸。

三、训练内容

拆装活塞式气缸，仔细观察活塞式气缸的结构与特点。

课后讨论

（1）液压传动与气压传动的传动原理是否一样？

（2）除了可利用液压油和空气作为传动介质外，还有哪些传动介质可用？

（3）液压传动与气压传动的应用场合有何不同？

素质提升

公交车车门中的气压传动

项 目 9

机械的节能环保与安全防护

在工程机械领域倡导节能环保与安全防护具有重要意义。提倡节能环保可以降低生产成本，减少对能源的依赖，减少环境污染、提升生态环境；加强安全防护可以提高设备效率，保护工作人员健康，提升设备可靠性。

任务 1 机械润滑

任务目标

（1）了解润滑的概念。

（2）熟悉润滑剂的种类及主要特点。

（3）了解润滑剂的选用原则。

知识链接

摩擦是指相互接触的物体有相对运动或相对运动趋势，在接触处产生阻力的现象。机械的各种运动副普遍存在摩擦现象。磨损会降低机械运动的精度和可靠性，是机械零件报废的主要原因。

润滑是向承载的两摩擦表面间注入润滑剂，以降低摩擦阻力和减缓磨损的技术措施。良好的润滑还可起到降温冷却、防止锈蚀、清洁冲洗、减少振动和噪声的作用，显著提高机械的使用性能和寿命并减少能量消耗。

良好的密封可阻止机器内部的润滑剂和工作介质泄漏，防止杂质侵入机械，避免环境污染。

一、机械的摩擦

机械中常见的摩擦有两大类：一类是发生在物质内部，阻碍分子间相对运动的内摩擦；另一类是在物体接触表面产生的阻碍其相对运动的外摩擦。根据摩擦表面的润滑状况，可分为干摩擦、液体摩擦、边界摩擦和混合摩擦，如图 9－1 所示。

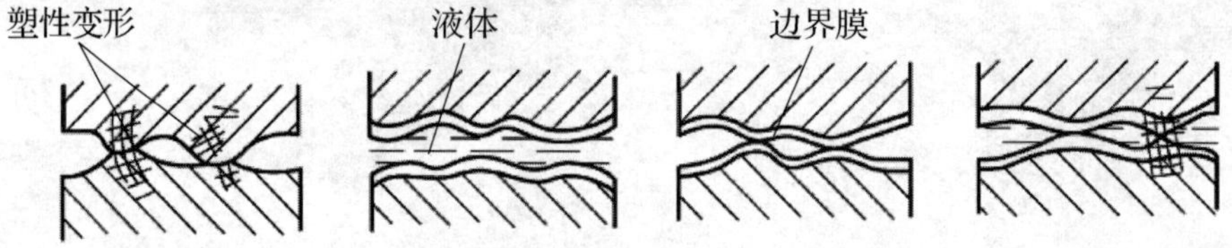

（a）干摩擦　（b）液体摩擦　（c）边界摩擦　（d）混合摩擦

图 9－1　摩擦表面的润滑状况

二、润滑剂及其选择

能降低摩擦阻力的材料称为润滑剂，有液体、半固体、固体和气体四类。

固体润滑剂（如石墨、二硫化钼、二硫化钨、聚四氟乙烯等）耐高温、高压能力强，常用在高压、低速、重载、高温或不允许有油、脂污染的场合，也可以作为润滑油或润滑脂的添加剂使用。气体润滑剂包括空气、氢气及一些惰性气体，其摩擦因数很小，在轻载、高速时润滑性能良好。

一般的机械中常用液体润滑剂（润滑油）和半固体润滑剂（润滑脂）来润滑。

（一）润滑油及其选择

1. 润滑油的主要性能指标

（1）黏度及黏度指数。

1）黏度是指油品抵抗剪切变形的能力，是选用润滑油的主要依据。润滑油黏度越大，承载能力也越大。国家标准将温度在 40℃时的润滑油运动黏度数字整数值作为其牌号。

2）黏度指数是衡量润滑油黏度随着温度变化程度的指标。润滑油的黏度指数越大，说明润滑油的黏度受温度变化的影响越小，润滑油的性能也越好。

（2）闪点和燃点。在规定条件下加热油品，当油蒸气与火焰接触时，发生闪火的最低温度称为闪点；闪火后持续 5s 以上的最低温度称为燃点。

（3）倾点。油品在规定条件下冷却到能继续流动的最低温度称为倾点。润滑油的使用温度应高于倾点 3℃以上。

（4）油性。润滑油吸附于摩擦表面形成强固油膜的性能称为油性。油性受温度的影响较大，温度越高，油的吸附能力越低，油性越差。

（5）水分。水分指润滑油中的含水量，以其质量占油品总质量的百分数表示。

2. 润滑油的品种

润滑油主要有矿物油、动植物油、合成油等，其中以石油产品为主的矿物油资源丰富，价格便宜，适用范围广且稳定性好（不易变质），应用广泛。

工业用润滑油按照应用场合分为全损耗系统用油，齿轮油，压缩机油，主轴、轴承和离合器用油等。

润滑油的牌号是按照润滑油的黏度来划分的，工业用润滑油牌号有 2、15、46、320、1000、3200 等。数值越大，黏度越高。

3. 润滑油的选用

选用润滑油主要是确定油品的种类和牌号。一般先根据所润滑的机械选择品种，然后根据运动速度、载荷、温度等工作情况选择黏度等级或牌号。选用原则如下：

（1）在高速运转或轻载的摩擦部位，宜选用黏度较低的润滑油。

（2）在低速运转或重载的摩擦部位，宜选用黏度较高、油性较好的润滑油。

（3）在较高温度下工作的摩擦部位，宜选用黏度较高、闪点较高的润滑油。

当现有润滑油的黏度不能满足要求时，可以选用两种润滑油掺配，以获得所需黏度。

（二）润滑脂及其选择

半固体润滑剂称为润滑脂，又称干油，俗称黄油。润滑脂的基本组分是基础油、稠化剂和添加剂。

1. 润滑脂的主要性能指标

（1）锥入度。润滑脂在外力作用下抵抗变形的能力称为稠度，表征稠度的指标是锥入度。锥入度自大至小分为 000、00、0～6 号，常用 0～4 号。号数越大，锥入度越小，润滑脂越稠越硬。

（2）滴点。将润滑脂放在滴点计的脂杯中，按规定条件加热，滴落第一滴油时的温度为滴点。滴点表示润滑脂的耐热性。润滑脂中的金属皂含量越多，锥入度越小，滴点越高。

2. 常用润滑脂的品种

按基础油可分为矿物油润滑脂和合成油润滑脂。

矿物油润滑脂通常按稠化剂分类和命名，有皂基脂、烃基脂、无机脂和有机脂四大类。其中以皂基脂应用最为广泛，约占润滑脂总量的 90%。皂基脂又分为单皂基润滑脂（见表 9-1）、混合皂基润滑脂（钙钠基润滑脂）和复合基润滑脂（如复合钙、复合锂、复合铝基润滑脂）。

表 9-1 单皂基润滑脂的分类和特点

种类	特点
钙基润滑剂	呈黄色，具有良好的抗水性，但耐热能力差，工作温度不宜超过 55℃。适用于温度不高或潮湿的场合
钠基润滑剂	呈暗褐色或黑色，具有较强的耐热性，但抗水性较差，工作温度可达 120℃。能与少量水乳化，从而保护金属免遭腐蚀，比钙基润滑脂有更好的防锈能力。适用于高温、重载的场合
锂基润滑剂	呈白色，表面光滑，既能抗水，又耐高温，而且有较好的机械安定性，是一种高效能、多用途的润滑脂。工作温度不宜超过 145℃。适用于高速场合或精密机床的滚动轴承
铝基润滑剂	呈奶油状，表面光滑，缺乏塑性。具有良好的抗水性、耐热性。对金属表面有较高的吸附能力，故可起到良好的防锈作用。适用于精密仪器和高速齿轮等

3. 润滑脂的选择

（1）转速高时，一般选用锥入度较大的润滑脂。对于重载荷场合，或有严重冲击振动时，选用锥入度较小的润滑脂。

（2）在潮湿或与水、水汽直接接触的工作部位，宜选用抗水性好的润滑脂。钠基润滑脂抗水性差，易于乳化，不能选用。

（3）在低温或高温下工作的部件，所选用的润滑脂应满足允许使用温度范围的要求。

（4）无合适牌号的润滑脂时，可选用滴点、锥入度相近的润滑脂，同时皂分含量也应符合要求。当工作温度在 60℃以下并处于干燥环境中，大部分润滑脂可相互代用；当工作温度在 60℃以上且其他条件相同时，应根据滴点选择代用润滑脂。

三、润滑方法和润滑装置

（一）油润滑常见润滑方法及润滑装置

1. 间歇式润滑

操作者用油壶或油枪向油杯、油孔加油，使油流至需要润滑的部位，适用于低速、轻载或间歇工作的场合，如开式齿轮、链轮等处的润滑。如图 9-2 所示为间歇式润滑装置。

2. 连续式润滑

对于重要的轴承，必须采用连续供油的方式润滑。

（1）滴油润滑。可采用针阀油杯润滑方式或油芯油杯润滑方式进行滴油润滑。针阀油杯可通过调节滴油速度来改变供油量，并且停车时可扳倒油杯上端的手柄以关闭针阀，停止供油。油芯油杯在停车时仍继续滴油，导致浪费。如图 9-3 所示为滴油润滑装置。

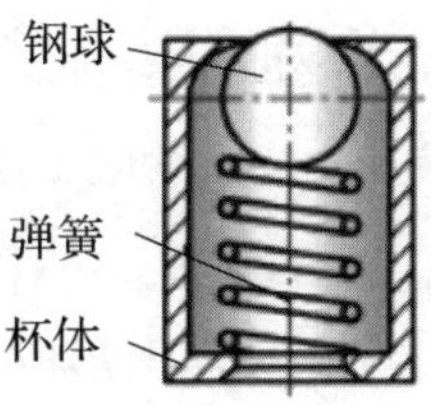

（a）压配式注油杯

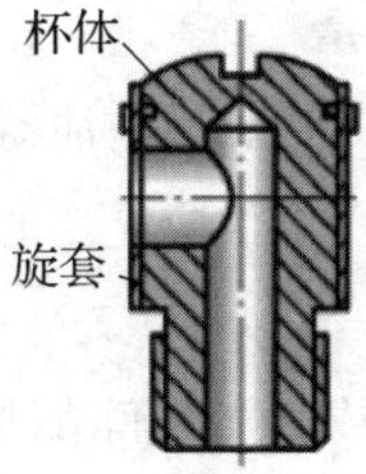

（b）旋套式注油杯

图 9-2　间歇式润滑装置

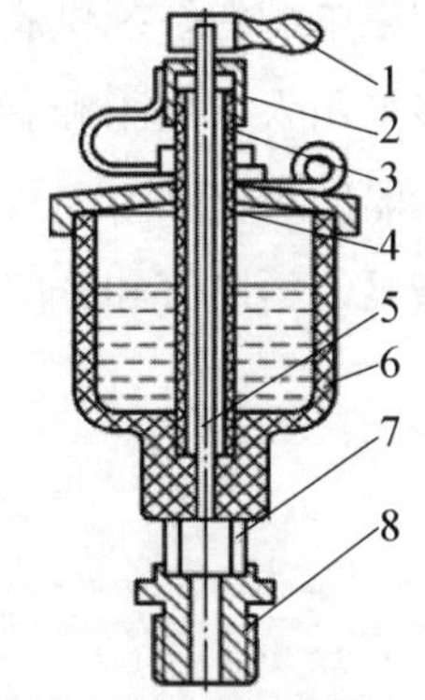

（a）针阀油杯润滑

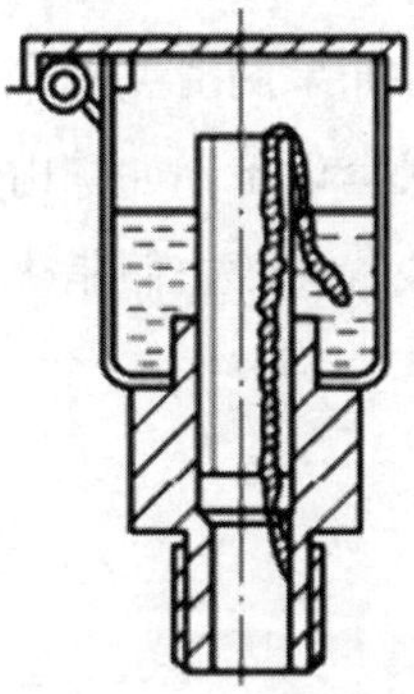

（b）油芯油杯润滑

图 9-3　滴油润滑装置

1—手柄；2—调节螺母；3—弹簧；4—芯管；5—针阀；6—杯体；7—观察孔；8—联接螺纹

（2）油环润滑。如图 9-4 所示，在轴上套一油环，油环的下部浸在油池中，借助摩擦力被轴带动旋转，将油带至轴承工作面上。轴的转速过高或者过低，油环带起的油都会不足，因此采用该润滑方式时，转速不应低于 50r/min。采用油环润滑的轴承，其轴线应水平布置。

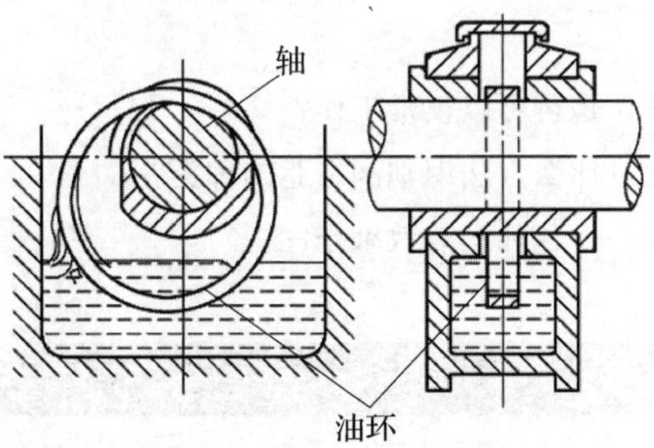

图 9-4　油环润滑

（3）飞溅润滑。利用转动件或者曲轴的曲柄等将润滑油溅成油星以润滑轴承。主要应用于闭式齿轮、链条及内燃机曲轴箱等。

3. 强制送油润滑

强制送油润滑是指利用注油器、叶片泵或齿轮泵按需要的量均匀地向润滑点输送润滑油。这种润滑方式可以供应充足的油量，使轴承获得良好的润滑和冷却效果。

4. 油雾润滑

利用压缩空气或蒸气将润滑油吹散成雾状，使其在摩擦表面上形成极薄的油膜，从而实现润滑。

（二）脂润滑常见润滑方法及润滑装置

润滑脂的加脂方式有人工加脂、脂杯加脂和集中润滑系统供脂等。对于单机设备上的轴承、链条等摩擦部位，如果润滑点不多，大多采用人工加脂和脂杯加脂的方式；对于润滑点较多的大型设备、成套设备，如矿山机械、船舶机械和生产线，可采用集中润滑系统供脂的方式。集中供脂装置一般由储脂罐、给脂泵、给脂管和分配器等组成。

技能训练

一、训练目的

了解常用机械零部件的润滑方式。

二、训练器材

油壶或油枪，油杯，机床润滑系统。

三、训练内容

采用合理的方法对机床各部位进行润滑保养。

课后讨论

（1）机器中没做润滑，是否可以正常工作？

（2）日常生活中，通过什么方法识别润滑脂的种类？

（3）请结合所学内容，给各种润滑效果排序。

任务2 机械密封

任务目标

（1）了解机械密封的分类。

（2）掌握机械密封的特性和应用。

知识链接

由于机械零部件难免存在加工误差，使连接部位出现间隙，因此会导致气、液泄漏。另外，设备的密封面两侧出现压力差也会导致泄漏。机械密封的作用是阻止液体、气体工作介质以及润滑剂泄漏，防止灰尘、水分及其他杂质进入润滑部位。

根据密封结合面的运动状况，机械密封分为静密封和动密封。

一、静密封

在工作状态下，两零件无相对运动，其结合面之间的密封称为静密封，如图 9－5 所示。

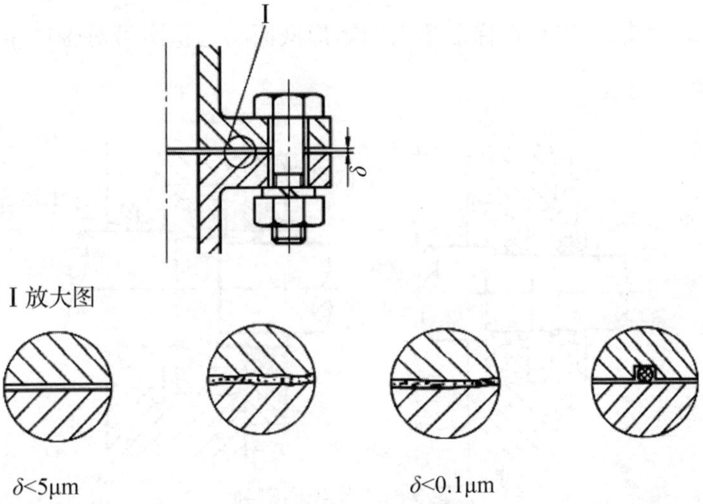

（a）研磨面密封　（b）垫片密封　（c）密封胶密封　（d）密封圈密封

图 9－5　静密封

静密封的类型、特点及应用见表 9－2。

表 9－2　静密封的类型、特点及应用

类型	特点及应用
金属垫片密封	采用纯铜、铝、铅、低碳钢、不锈钢及合金钢等制成的各种类型的垫片进行密封。适用于高温、高压的场合
非金属垫片密封	采用天然橡胶、纸板、牛皮、聚四氟乙烯及其合成品制成的各种类型的垫片进行密封。适用于常温及中、低压场合
密封胶密封	直接采用成品密封胶进行密封。使用时，把密封胶涂在静结合面上即可。可用于形状复杂或者材料不同的结合面间
管螺纹密封	将聚四氟乙烯薄膜缠绕在螺纹表面（缠绕方向与螺纹旋向相反），拧入后，薄膜便填充在管螺纹之间，实现密封。厌氧胶也是用于管螺纹密封的材料，使用时，先清除结合面上的油污、水、灰尘、锈蚀，然后将厌氧胶涂在螺纹表面，涂层厚度为 0.06～0.1mm，凝固后即可起到很好的密封作用

二、动密封

在工作状态下，两零件有相对运动，其结合面之间的密封称为动密封。因为两零件有相对运动，所以选择动密封件时，既要考虑密封性能，又要注意避免或减少密封引起的摩擦发热和磨损，以保证一定的使用寿命。根据密封材料是否与运动元件接触，动密封分为接触式密封、非接触式密封和组合式密封。

（一）接触式密封

1. 毛毡圈密封

适用于脂润滑情况，要求环境清洁，轴颈圆周速度不大于 5m/s，工作温度不大于 900℃。如图 9-6 所示，安装在梯形槽内的矩形截面的毛毡圈可对轴产生一定的压力，从而起到密封作用。

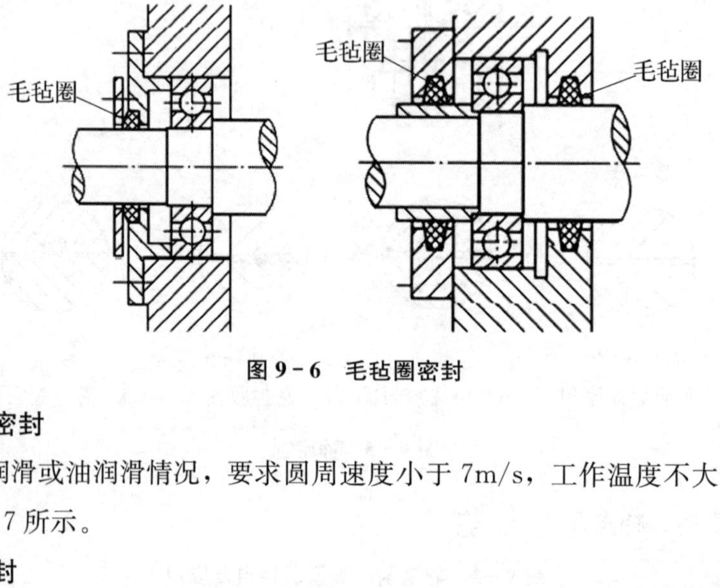

图 9-6 毛毡圈密封

2. 密封圈密封

适用于脂润滑或油润滑情况，要求圆周速度小于 7m/s，工作温度不大于 1000℃。密封效果如图 9-7 所示。

3. 机械密封

机械密封又称端面密封，动环固定在轴上随轴转动，静环固定在轴承盖内，如图 9-8

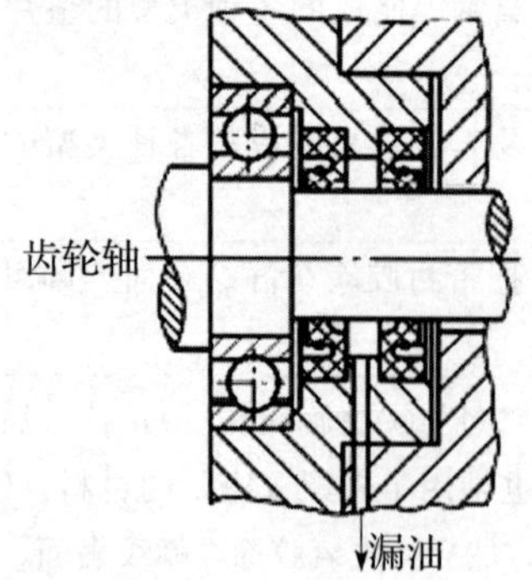

图 9-7 密封圈密封

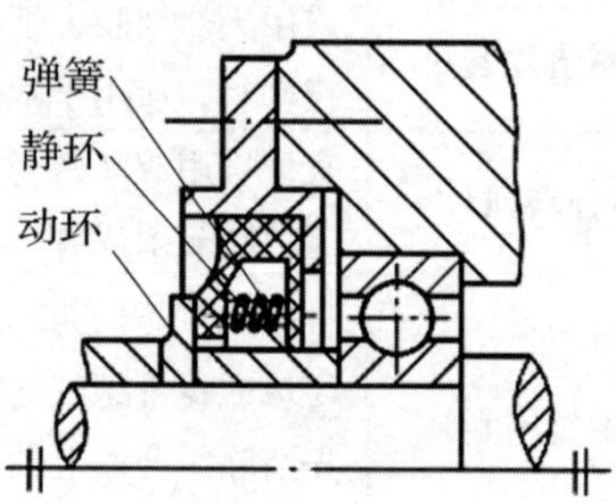

图 9-8 机械密封

所示。在液体压力和弹簧压力作用下，动环与静环的端面紧密贴合，实现密封。机械密封已经标准化，该密封方式具有密封性好、摩擦损耗小、工作寿命长和使用范围广等优点，适合高速、高压、高温、低温或强腐蚀条件下工作的转轴的密封。

（二）非接触式密封

1. 油沟式密封

油沟式密封又称为缝隙沟槽密封，依靠轴与盖间的细小环形间隙来密封（如图 9－9），间隙越小越长，效果越好。适合干燥、清洁环境中脂润滑轴承的外密封。

图 9－9　油沟式密封

2. 曲路密封（迷宫式密封）

在轴承盖与轴套间的曲折的缝隙中填充润滑剂，即可形成曲路密封，如图 9－10 所示。曲路密封既适用于油润滑情况，也适用于脂润滑情况。转速越高，密封性越好，密封处的轴线速度可达 30m/s。

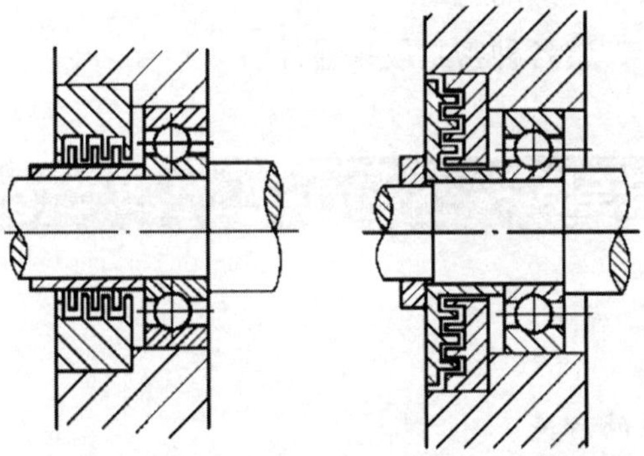

（a）径向曲路密封　　（b）轴向曲路密封

图 9－10　曲路密封

（三）组合式密封

为了使密封效果更好，可以将几种密封形式组合使用，如图 9－11 所示。

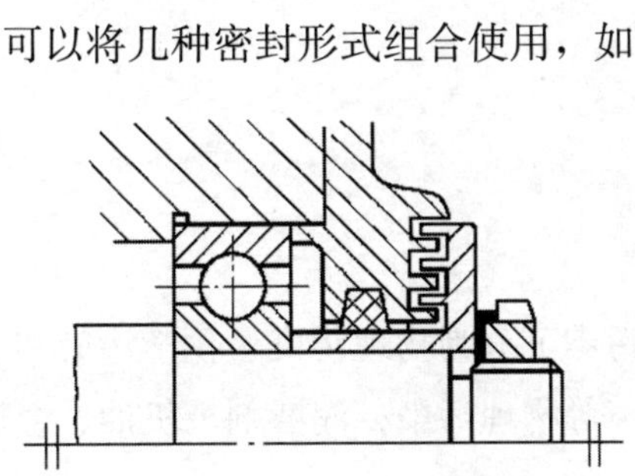

图 9－11　组合式密封

技能训练

一、训练目的

了解常用机械零部件的密封方式。

二、训练器材

典型的动密封轴承零件、毛毡圈、O 型圈。

三、训练内容

对密封装置进行拆装，仔细观察密封部位。

课后讨论

（1）机器中没做润滑，是否需要密封？

（2）请列举你在生活中见到的密封。

（3）请结合所学内容，给各种密封效果排序。

任务 3 机械环保与安全防护

任务目标

（1）了解机械对环境的污染。

（2）了解机械振动、噪声的成因及其控制方法。

（3）了解机械“三废”的减少及回收方法。

（4）掌握机械安全防护知识。

知识链接

一、机械环保知识

（一）机械对环境的污染

按性质进行分类，环境污染可分为物理污染、化学污染和生物污染。部分机械在运行过程中会产生机械振动、噪声等物理污染；润滑剂、机油、金属切削液等的泄漏，会导致化学污染。

（二）机械振动及其控制

机械振动是物体或质点在其平衡位置附近所做的往复运动，属于常见现象。例如，建筑物在阵风或地震的激励下会振动，飞机和船舶在航行中会振动，机床和刀具在加工时会振动，各种动力机械在运行中会振动。现代机械的结构更加复杂、精密，运动速度更快，机械振动的危害也更为突出。例如，机械振动会影响精密仪器的功能，降低加工精度和表面质量，加剧构件的疲劳和磨损，从而缩短机械的使用寿命。

生产过程中产生的机械振动源如下：

（1）铆钉机、凿岩机、风铲等风动工具。

（2）电钻、电锯、林业用油锯、砂轮机、抛光机、研磨机、养路捣固机等电动工具。

（3）内燃机车、船舶、摩托车等运输工具。

（4）拖拉机、收割机、脱粒机等农业机械。

机械出现超过允许范围的振动时，就需要采取减振措施。为了减小机械本身的振动，可配置各类减振器，如汽车采用钢板弹簧来减小振动；为了减小机械振动对周围环境的影响，或减小周围环境的振动对机械的影响，可采取隔振措施，如磨床、空气锤采用减振沟来相互隔离，减小振动，并消除彼此的影响。另外，在设计和使用机械时必须防止共振，如为了确保旋转机械安全运转，轴的工作转速应处于各阶临界转速的一定范围之内。

（三）噪声的形成与控制

机械噪声是由机械部件振动产生的，如齿轮的啮合声、车床的切削声、压力机的冲压声、锻锤的捶打声等。噪声污染主要来源于交通运输、工业制造、建筑施工等。噪声可用分贝（dB）来衡量，0dB 是人们能听到的最微弱的声音。噪声是感觉性公害，30dB 左右的声音一般不会影响正常生活；达到 50dB 以上时，人们有较大的感觉，很难入睡。通常将达到 80dB 或以上的声音归为噪声。

控制噪声必须从噪声源、噪声传播途径、噪声接受者三个方面着手。

（1）降低噪声源。这是治本，包括用液压传动设备代替机械传动或气压传动设备，用斜齿轮代替直齿轮，用焊接代替铆接，使用先进的阻尼材料，在噪声源附近配置消声器等。

（2）改变噪声源的传播途径，如用弹性连接代替刚性连接，或用高阻尼材料吸收机械部件的振动能。

（3）对噪声接受者或受音器官采取防护措施，如戴耳罩、耳塞或头盔。

（四）机械“三废”的减少及回收

工业生产过程中产生的废气、废水、固体废弃物称为“三废”。减少“三废”排放的常用方法如下：

（1）避免“三废”泄漏。

（2）采用高效发动机，提高燃料利用率；不轻易使用易挥发的清洗剂；不在生产区焚烧废弃物。

（3）不随意将“三废”排入下水管道或丢弃。例如，不能再利用的切削液、更换下来的润滑油、废电池等应集中保存，并送专业部门处理，循环利用。

二、机械传动系统中的危险零部件

机械传动系统中的危险零部件有皮带轮、齿轮、飞轮、摩擦轮、传动链与链轮、轴、联轴器等。这些零部件的存在增加了机械操作中的风险，因此在使用和维护过程中需要特别注意安全防护措施。

三、机械伤害的类型及防护措施

机械伤害是指机械设备的运动（静止）部件、工具、加工件直接与人体接触而引起的夹击、碰撞、剪切、卷入、绞、碾、割、刺等形式的伤害。

机械伤害的风险除了与机械的类型、用途、使用方法有关外，还与操作人员的职业素养、职业技能、工作态度以及对机械伤害的正确认识有关。为了杜绝机械伤害，企业和员工应从以下几个方面采取措施：

（1）树立“安全第一，预防为主”的意识，根据行业特点和企业实际，建立科学合理的安全管理制度。

（2）定期对机械设备操作人员进行安全培训，提高人员的安全操作技能和规范意识，提高人员避免机械伤害的能力。

（3）尽可能消除机械设备存在的机械伤害因素。

（4）采取合理的安全措施，如对机械设备的危险部位进行隔离，或者设置保护机构，避免操作人员受到伤害。

（5）在机械设备的危险部位设置警示牌。

技能训练

一、训练目的

了解常用机械零部件的危险部位。

二、训练器材

实训卧式车床、铣床。

三、训练内容

作为生产安全员参观学生实训课堂，找出安全隐患，指出并纠正操作中的问题。

课后讨论

（1）在生产实习中，你能预见的安全风险有哪些？请举例说明。

（2）生活中，你做过哪些伤害大自然的事情？给同学警醒。

素质提升

我国古代关于轴承润滑的记载

参考文献

［1］ 周大勇，浦如强，孙日升．机械基础［M］．2版．北京：机械工业出版社，2019．

［2］ 王英杰，彭敏．机械基础［M］．2版．北京：机械工业出版社，2021．

［3］ 栾学钢，赵玉奇，陈少斌．机械基础（多学时）［M］．2版．北京：高等教育出版社，2024．

［4］ 朱明松．机械基础［M］．2版．北京：机械工业出版社，2023．

［5］ 余萍．机械基础［M］．上海：航空工业出版社，2022．

［6］ 韩志勇．金属材料与热处理［M］．北京：中国劳动社会保障出版社，2018．

［7］ 杨曙东，刘银水，唐群国．液压与气动技术基础［M］．2版．武汉：华中科技大学出版社，2019．

［8］ 鄂大辛．液压传动与气动技术［M］．北京：机械工业出版社，2023．

［9］ 柴鹏飞．机械基础（少学时）［M］．2版．北京：机械工业出版社，2020．

［10］ 杨可桢，程光蕴，李仲升，等．机械基础［M］．7版．北京：高等教育出版社，2020．

［11］ 王希波．机械基础［M］．7版．北京：中国劳动社会保障出版社，2023．